THE ARCHITECTURAL UNCANNY

Essays in the Modern Unhomely

建筑的异样性

关于现代不寻常感的探寻

AS 当代建筑理论论坛系列读本

THE ARCHITECTURAL UNCANNY

Essays in the Modern Unhomely

建筑的异样性

关于现代不寻常感的探寻

[美] 安东尼·维德勒 著

贺玮玲 译

贺镇东 校

中国建筑工业出版社

总序

“AS 当代建筑理论论坛系列读本”的出版是“AS 当代建筑理论论坛”的学术活动之一。从 2008 年策划开始，到 2010 年活动的开启至今，“AS 当代建筑理论论坛”都是由内在相关的三个部分组成：理论著作的翻译（AS Readings）、对著作中相关议题展开讨论的国际研讨会（AS Symposium），以及以研讨会为基础的《建筑研究》（AS Studies）的出版。三个部分各有侧重，无疑，理论著作的翻译、解读是整个论坛活动的支点之一。因此，“AS 读本”的定位不仅是推动理论翻译与研究的结合，而且体现了我们所看重的“建筑理论”的研究方向。

“AS 当代建筑理论论坛”，就整体而言，关注的核心有两个：一是作为现代知识形式的建筑学；二是作为探索、质疑和丰富这一知识构成条件的中国。就前者而言，我们的问题是：在建筑研究边界不断扩展，建筑解读与讨论越来越多地进入到跨学科质询的同时，建筑学自身的建构依然是一个问题——如何返回建筑，如何将更广泛的议题批判性地转化为建筑问题，并由此重构建筑知识，在与建筑实践相关联的同时，又对当代的境况予以回应。而这些批判性的转化、重构、关联与回应的工作，正是我们所关注的建筑理论的贡献所在。

这当然只是面向建筑理论的一种理解和一种工作，但却是“AS 读本”的选择标准。具体地说，我们的标准有三个：一、不管地域背景和文化语境如何，指向的是具有普遍性的建筑问题的揭示和建构，因为只有这样，我们才可以在跨文化和跨越文化中，进行共同的和有差异性的讨论，也即“中国条件”的意义；二、以建筑学内在的问题为核心，同时涉及观念或概念（词）与建筑对象（物）的关系的讨论和建构，无论是直接的，还是关于或通过中介的；三、以第二次世界大战后出版的对当代建筑知识的构成产生过重要影响的著作为主，并且在某个或某些个议题的讨论中，具有一定的开拓性，或代表性。

对于翻译，我们从来不认为是一个单纯的文字工作，而是一项研究。“AS 读本”的翻译与“AS 研讨会”结合的初衷之一，即是提倡一种“语境翻译”（contextural translation），和与之相应的跨语境的建筑讨论。换句话说，我们翻译的目的不只是在不同的语言中找到意义对应的词，而且要同时理解这些理论议题产生的背景、面对的问题和构建的方式，其概念的范畴和指代物之间的关系。于此，一方面，能相对准确地把握原著的思想；另一方面，为理解不同语境下的相同与差异，帮助我们更深入地反观彼此的问题。

整个“AS 当代建筑理论论坛”的系列活动得到了海内外诸多学者的支持，并组成了 Mark Cousins 教授、陈薇教授等领衔的学术委员会。论坛的整体运行有赖于三个机构的相互合作：来自南京的东南大学建筑学院、来自伦敦的“AA”建筑联盟学院，和来自上海的华东建筑集团股份有限公司（简称“华建集团”）。这一合作本身即蕴含着我们的组织意图，建立一个理论与实践相关联而非分离的国际交流的平台。

李华　葛明

2017年7月于南京

学术架构

“AS当代建筑理论论坛系列读本”主持

李华
东南大学

葛明
东南大学

“AS当代建筑理论论坛”学术委员会

学术委员会主席

马克·卡森斯
“AA”建筑联盟学院

陈薇
东南大学

学术委员会委员

斯坦福·安德森
麻省理工学院

阿德里安·福蒂
伦敦大学学院

迈克尔·海斯
哈佛大学

戴维·莱瑟巴罗
宾夕法尼亚大学

布雷特·斯蒂尔
“AA”建筑联盟学院

安东尼·维德勒
库伯联盟

刘先觉
东南大学

王骏阳
同济大学

李士桥
弗吉尼亚大学

王建国
东南大学

韩冬青
东南大学

董卫
东南大学

张桦
华建集团

沈迪
华建集团

翻译顾问

王斯福
伦敦政治经济学院

朱剑飞
墨尔本大学

阮昕
新南威尔士大学

赖德霖
路易威尔大学

“AS当代建筑理论论坛”主办机构

东南大学

“AA”建筑联盟学院

华建集团

目录

序言

由于着迷于当代建筑令人不安的特质，我一直期望对于空间场所的和建筑的异样性进行探索。异样性已经成为从 19 世纪初以来在文学、哲学、心理学以及建筑学领域中的特征。异样性那片段的新建构主义的形体模仿着被肢解的身体；它广为人知的表现形式被掩埋，迷失在镜子的反射所形成的虚幻影像中；它的“观察墙”呼应着对已被驯服的半机械人不经意的扫视；它的空间被移动的目光和令人兴奋的“透明性”所审视；具历史价值的遗迹与炫目的复制品之间难辨真伪。异样性这一主题因其浪漫意识的起源而引人注目,它与建筑学关于“房屋和住宅”不稳定本质的思考相关联，更启示着人们对于社会与个人之间的不和谐、疏远、流亡以及无归属感，进行全面的反思。

自18世纪以来，建筑就与异样性的议题紧密关联。一方面，住宅为文学和艺术中出现的种种恐怖情形的表现形式，提供了演绎的场所——包括闹鬼的、成双癖的、被肢解的；另一方面，现代城市中如同迷宫一般的空间，成为人们产生现代焦虑的一种缘由——从革命和流行病，到恐惧症和精神错乱。侦探小说的存在也正来源于这种恐惧。如心理分析家西奥多・雷克（Theodor Reik）所说，“未被破解的谋杀案是异样的”。

但是，在戏剧化的角色之外，建筑在深层结构中，而不只是在类比结构中，体现出异样性。建筑展现处一种在貌似平常与绝对不寻常之间的令人不安的游移状态。正如弗洛伊德的理论阐述所指出的，“异样性”或“不寻常”（unheimlich）的词源和用法来源于家居环境，或者是“平常”（heimlich）。因此,“不寻常”一词引出了围绕着自我、他人、身体及其缺席所展开的对身份特征的讨论，也因此具备阐释心理与居住的关系、身体与房屋的关系、个体与都市的关系等问题的强大效力。异样性被弗洛伊德将其死亡动机、对阉割的恐惧以及对无法实现的回归母体的欲望联系起来。这样，异样性被诠释为现代怀旧的组成部分，其相关的空间性质涉及社会生活的各个方面。

这解释了为什么诸多建筑师，跟随着拉康（Lacan）和德里达（Derrida）所主导的文学和心理分析的评析，关注着异样性这个领域。他们展开对家庭化和质疑家庭化的研究，故意在设计中激起纷乱与不安，以此呈现出潜藏在住宅里的恐惧。这些设计延承了曾经为文学和社会思辨领域所独有的批判态度，假借建筑和城市形态以模拟一种疏远的状态。尽管这些设计在真正的无所归属感面前显得苍白无力，然而它们表现了空间异样性的不同版本，以及建筑设计关于家庭化主题的各种处理方式。正如产生于义肢建筑的令人身临其境的凝视解析图，这些设计拓展了建筑理论讨论的广度与深度，同时迫使政治讨论对空间分析的模式进行更新。

在本书中，我不试图穷举历史和理论领域对异样性的论述；也不试图在现象学、否定辩证法或心理分析的基础上，构想或运用关于异样性的综合理论。我只是选择这样一种方式来展开讨论，它或许与诠释当代建筑和设计相关，进而再度将异样性比喻成现代状态不适合居住的根本原因。在这个意义上，本书是关于历史的和理论的讨论。在历史方面，它将关于当代建筑的论述定位于思辨的传统之中。在理论方面，它分析了在现存城市的现实和新先锋主义理想二者彼此脱节的状况下，政治、社会思想和建筑设计之间的尴尬关系。

本书第一部分讨论了从谢林（Schelling）到弗洛伊德，异样性在文学、哲学和心理分析方面的概念。弗洛伊德在1919年关于异样的论述，为研究19和20世纪的异样故事这一风格提供了理论起点，其中包括弗洛伊德情有独钟的E·T·A·霍夫曼（E. T. A. Hoffman）案例。我将追溯空间异样性的历史，它从非凡这一美学概念发展而来，然后在浪漫主义期间，被维克多·雨果（Victor Hugo）、托马斯·德·昆西（Thomas De Quincey）、查尔斯·诺迪埃（Charles Nodier），以及赫曼·梅尔维尔（Herman Melville）所想象的无数的“鬼屋”故事中被充分拓展。梅尔维尔反思了居家的幽秘，从而引起诸如下葬和复活，这些19世纪历史及考古中与自我意识密不可分的概念相关联的讨论。考古中的异样性，从庞贝到特洛伊，为弗洛伊德的心理分析提供了指导性的隐喻，并且促成了他对活埋恐惧心理的研究动机。活埋恐惧心理作为介于真实的惊骇和淡淡的焦虑之间的特例，是弗洛伊德心理分析异样性的一个实验案例。带着19世纪怀旧的痕迹，并被沃尔特·佩特（Walter Pater）的忧郁幻想所唤醒，在从加斯顿·巴什拉（Gaston Bachelard）到马丁·海德格尔（Martin Heidegger）对现代性的评析中，异样性成为以想象失去诞生地的比喻，它抵制着后工业社会里逐渐消亡的家。

上述的主题为检验诸多当代建筑和城市设计，提供了一个概念上的起始点。这些设计或明或暗地导向对于现代文化的不寻常感的质疑。在本书的第二部分，我将仔细观察房屋与身体、结构与场地等问题的复杂性，及其变化的关系。对于这些要素的讨论，展现了近些年来理论界试图动摇传统建筑规则的倾向。这些讨论引用隔阂、语言的不定性等概念，并体现前卫建筑试验的批判性理论。由此，无所归属的问题被具体化，并且表现在表达心理和物质两者之间不稳定关系的建筑形态之中。弗洛伊德的异样性理论影响着关于肢解身体的分析，并尤其明显地反映在建筑的拆解现象之中。建筑的拆解背弃了设计造型中的人格化形体的传统。

在此背景下，蓝天组（Coop Himmelblau）在维也纳的作品，由沃尔夫·D·普里克思（Wolf D. Prix）和H·斯维金斯基（H. Swiczinsky）20世纪60年代的工作奠基，从功能上质疑了建筑在传统意义上的真实性。蓝天组的作品运用新建构主义的形式的明晰的设计表现力，并降低了古典人体模拟曾经在建筑理论和实践中的特殊位置，进而质疑了小资产阶级的秘密。他的作品源于类似于习惯性写作的过程，试图重启肢体语言与空间，以及无意识与其环境之间的直接关联。此外，肢解物质形体的设计倾向同样在詹姆斯·斯特林（James Stirling）的斯图加特美术馆表现出来——这座建筑尽管具有古典魅力，却未贴上传统立面的标签。伯纳德·屈米（Bernard Tschumi）在巴黎东北部设计的拉维莱特新公园则参考了现代主义对于古典拟人设计观在摄影和电影中的评论。屈米的作品“福利斯”[①]——18世纪公园亭子在20世纪晚期的翻版——结合电影理论和班德得思尼（bande dessinèe）风格或漫画书，创造了着意的不平衡美学。

纽约建筑师彼得·埃森曼（Peter Eisenman）同样执着于一种，用他自己的话说，“肢解”的古典拟人的形式。他深受雅克·德里达（Jacques Derrida）对哲学语言的激进评论的影响，并且从地形演变的痕迹中衍生出半下沉的建筑形式。他的设计无意中回应了黑格尔（Hegel）关于建筑死亡的理论。

通过总结和类比人体模拟方法在近代建筑中的演进，我认识到，纽约建筑师伊丽莎白·迪勒（Elizabeth Diller）和里卡多·斯科菲迪欧（Ricardo Scofidio）在其作品中，创造了可能被称作生物的和工艺的异样性的几个特征。基于对达达主义和超现实主义的机械肢体的细致分析，迪勒和斯科菲迪欧的作品把建筑及其附件视为义肢。这些义肢具有邪恶的生命周期，它们会引起奇怪的生物污染和工艺污染。迪勒和斯科菲迪欧的研究，由于近来女权主义对控制论文化的理论化，而成为被关注的焦点。女权主义的代表人物唐纳·哈拉维（Donna Haraway）开创了半机械人的概念—— 一种不能感受渴望回到母体的怀旧之情，却具有替身幽灵般作用的生物。哈拉维将半机械人作为审视性别的政治关系的启发性装置。

第三部分，我将讨论异样性对城市主义的潜在意义，尤其是对城市空间状态诠释的意义。弗洛伊德对迷失在城市中的异样性效应进行了引人入胜的描述。顺着这个描述，并且认识到从布雷顿（Breton）到本雅明（Benjamin），这些孤独漫游者对现代主义的执着，我试图审视心理学和心理分析学解析城市中

①Folies，来源于法语，可作娱乐表演解，也可作疯狂解。译者只作音译，以保留原词的多重含义。——译者注

的焦虑和恐惧的感受，探讨了可能被称作后城市主义的敏感性。从超现实主义到情境主义，后城市主义以记忆的敏感性对抗着现代城市主义所造成的没有记忆的白板。作家和建筑师们因遗迹和残留——梦的原料而着迷，而不是因新事物而着迷。他们愈来愈多地发现了追踪城市的隐秘影响的途径。他们有关归属问题的讨论，运用了诸如领地的不确定、被伪装、被挖掘等反语措辞，以及对军事和地理政治策略的多重模拟或借用。人在居无定所的背景中，被渲染成多种多样的具有流浪感的或自省的形象。这些流浪的环境拒绝常态的家庭生活，推崇类似无人地带的飘忽不定。

1972年创立的大都会建筑事务所（OMA）［创始人埃利亚·增西里斯（Elia Zenghelis），雷姆·库哈斯（Rem Koolhaas），和艺术家玛德琳·弗里森多夫（Madelon Vriesendorp）、佐伊·增西里斯，在伦敦、荷兰和希腊发展］一直采取后超现实主义的并置和反语手法，并利用城市建筑与心理学的关联，重新构成现代主义的建筑形象。库哈斯于1978年出版的《癫狂的纽约》（Delirious New York）运用了萨尔瓦多·达利（Salvador Dalí）"偏执评论法"的一个版本来探讨城市建筑，并为他后期在欧洲的独立作品，以及理性走向的规划奠定了基础。这些思想探索之路，被诸如维尔·阿瑞兹（Wiel Arets）和维姆·万·德·伯格（Wim van den Bergh）这些年轻的荷兰建筑师所追随。荷兰建筑专刊《Wiederhalle》主编——阿瑞兹和万·德·伯格不断将他们的作品基于探讨记忆和欲望在城市中的作用。而约翰·海杜克（John Hejduk）对安德烈·布雷顿（André Breton）和雷蒙·鲁塞尔（Raymond Roussel）的解读更侧重于超现实主义。他发展了一种现代主义的形式，借以刺激新事物的出现，并对抗功能主义的所谓积极意义。海杜克设计的移动装置，标致性地包含了卡夫卡般的所有现代职业，布局了从海参崴到柏林，以游击队方式向特权城市地区的出击。上述的建筑师们有一个共同的兴趣，即是，无形但可触知的不自觉范畴已成为建筑和城市所开拓的领域。现有的造物所包含的观念——如它们和使用者的思想，以及其他因素与房屋的关系等，被整体地运用到房屋设计中。这个观念启发了相关因素的彼此关联，并作为异样性的运作机制。这些运作机制曾在布雷顿的《纳嘉》（Nadja）和阿拉贡（Aragon）的《巴黎农人》（Paysan de Paris）里被讨论过。

我在本书的结论中评价了现代主题在建筑中的地位，因为它已被当代的心理分析理论所重新定型。现代主义对普遍主题的理想化——表现于透明性，又被不透明的后现代主义所批判——在最近诸多公开竞赛所体现的审美模式中再次显现，其明显代表要数巴黎的"重大项目"。在追求壮观场面，在坚决压抑所有现象学深度的社会中，这样的审美观参与其中，并无可避免地反映出，人类学在建筑人体化方面的悠久传统已被割裂，并留下了异样的结局。

本书在过去五年中写成，由约翰·西蒙·古根海姆基金会、国家人文资助会和普林斯顿大学的两次教授休假所资助。一些章节最初应以下这些个人之邀发表在不同的期刊：苏珊·斯蒂芬斯《地平线》[Suzanne Sephens（Skyline）]，休伯特·达弥施（Hubert Damisch）和让-路易·科恩《评论》[Jean-Louis Cohen（Critique）]，迈克尔·海斯《装配》[Michael Hays（Assemblage）]，亚历山德拉·庞特（Alessandra Ponte）和马可·德·米切利斯《八角形》[Marco De Michelis（Ottagono）]，乔治·泰索（Georges Teyssot）和皮埃尔·路易吉·尼科林《莲花国际》[Pier Luigi Nicolin（Lotus International）]，伊尼亚齐奥·索拉·莫拉莱斯《笔记本》[Ignazio Solà Morales（Quaderns）]，中村俊雄《A+U》[Toshio Nakamura（A+U）]，马鲁·沃尔《AA档案》[Maru Wall（AA Files）]，和弗朗斯·莫林《新当代艺术馆，纽约》[France Morin（The New Museum for Contemporary Art，New York）]。彼得·布鲁克斯（Peter Brooks）、迈克尔·弗里德（Michael Fried）、拉斐尔·莫内奥（Raphael Moneo）、马克·泰勒（Mark Taylor）、伯纳德·屈米、苏珊·苏莱曼（Susan Suleiman）都友善地提供了跨学科讨论的机会。马克·卡曾斯（Mark Cousins）提供了重要意见，哈尔·福斯特（Hal Foster）鼓励我将异样性置于当代环境中探讨。我在普林斯顿的同事们对论题的发展作出了重要贡献，他们是：比阿特丽斯·科洛米纳（Beatriz Colomina）、艾伦·科洪（Alan Colquhoun）、伊丽莎白·迪勒、拉尔夫·勒纳（Ralph Lerner）、罗伯特·马克斯韦尔（Robert Maxwell）、马克·威格利（Mark Wigley）。我在普林斯顿的理论与批评研究生课程的参与者，督促我将论点加以提炼和升华。佐治亚理工大学博士班曾邀请我将本书的阶段性结果作了报告，该校的教授与学生对报告的反馈对于书稿的修订起了重要作用。彼得·埃森曼一直是位很具鼓动性的评论家，他提出的问题帮助我架构了本书的中心章节。MIT出版社的罗杰·康诺弗（Roger Conover）自始至终对本书给予了很大支持。我还特别感谢马修·阿巴特（Matthew Abbate）的严谨编辑。如果没有埃米莉·阿普特尔（Emily Apter）——她的洞察力和敏锐的指点对于本书自开始即具有的影响——本书可能不会完成。

我以本书纪念我的朋友和代言人，“AA”建筑联盟学院（Architectural Association School of Architecture）的院长——阿尔文·博亚尔斯基（Alvin Boyarsky）。他为建筑辩论提供了独一无二的平台。由于他的坚持，我把在建筑联盟的报告和研究生课程系列组成了本书的第一稿。本书归功于他的关爱和指教。

巴黎，1991年夏

导论

事物有些异样——故事就是这样开始的。然而，我们同时又必须寻找那更遥远的“事物”，其实它早已在我们手中。

——恩斯特·布洛赫，《侦探小说的哲学观》（Ernst Bloch，“A Philisophical View of the Detective Novel”）

当代文化的敏感性目睹了异样性在空旷的停车场或是废弃的购物中心迸发，抑或出现在银幕上摹写空间的错视画中，或者呈现于后工业文化濒于衰败的表象中。这种敏感性根植于久远的、但本质上是现代的传统。异样性那表面无害而本质普通的场所，它居家的却又略带俗气的背景，它早已变成厌倦的大众出于惊恐的战栗——所有这些都是对最初在18世纪晚期出现的不安情绪的传承。

异样性是伯克式的非凡美学的分支，是绝对恐怖的家庭化版本。它在家的舒适环境中被体验，然后被弱化成童话和传说的次风格。不过，异样性却在E·T·A·霍夫曼和埃德加·艾伦·坡（Edgar Allan Poe）的短篇故事中首次找到了归宿。确切地说，异样性这个受青睐的主题是一种反差，一种在安全、平常的室内空间与陌生人的可怕入侵之间的反差。从心理学角度而言，异样性所操作的是复制——感觉他人奇怪地成为自身的复制，明显的相似使人觉得更为可怕。

这种由陌生而引起的焦虑，其核心是根本上的不安——一个新兴阶级，他们虽然在自己的家却不怎么自在。在这个意义上，异样性可能是一种典型的小资情调的恐惧——小心翼翼地被有限的物质保障和享乐法则所界定，被至少是艺术化了的、完全被控制了的恐惧所造成的享乐法则所界定。异样性最初的表现是一种内在隐秘的感性体验。恩斯特·布洛赫虽不是作出这样评述的第一人，他说，“多数人在欣赏侦探小说的时候，总是处在太过安逸的环境里。在舒适的座椅里和落地灯下，享用着一杯茶、朗姆酒和卷烟，安全而平静地融入危险的事物之中。所有这些给人一种肤浅的感觉。”[1] 这种通过想象所体味到的异样性，在现代文化中一直持续着，其表现媒介的转换更增加了对于异样性感受的强度。

沃尔特·本雅明注意到，异样性是在大城市勃兴的过程中诞生的——城市里令人不安的混杂人群，以及改变了尺度的空间呼唤着一种参照系。这种参照系虽然不能对抗城市中的不稳定性，却在美学的层面上控制着不稳定性。正如霍夫曼笔下的观察者保持着与市场的距离，从看歌剧的眼镜中透视“表兄的转角窗”；坡和狄更斯（Dickens）的观察人群；波德莱尔（Baudelaire）在拥挤的城市街道上迷路——这些例子中的特殊视角，试图维持一种个体的安全感。而这种安全感，又在侦探们追踪蛛丝马迹于混乱的现代城市生活之中，摇摇欲坠。[2]

在19世纪的城市背景下，从卢梭（Rousseau）到波德莱尔笔下的个体与城市之间的疏远感，由于城市居民体验到的真实生活与政治经济之间的隔阂而更为明显。本亚明·康斯坦特（Benjamin Constant）在回顾法国大革命和拿破仑帝国时认为，城市的隔阂是国家集权化和政治文化集中化的结果。在这个过程中，“地方常规”和社会纽带被粗暴地割裂：“社会个体迷失在自身与自然的隔阂之中，成为自己诞生地的陌生人。他们只生活在瞬息万变的现时，与过去失去联系，随机而无根基，仿若被洒在巨大平原的无数原子。他们与故乡脱离，并且故乡无处可寻。”[3]大约三十年后，马克思（Marx）指出，社会个体的隔阂导致了阶级的隔阂。马克思在1844年所著的《经济和哲学笔记》（Economic and Philosophical Notebooks）中提到，房屋租赁的发展使得“家”成为一个最多只是临时的幻象。

5

> “我们已经说过……人类正在回归到穴居，不过，是回归到穴居的疏远的恶性形式。洞穴给予穴居者免费的使用和保护。穴居者觉得自己不过是个陌生人，或者相反地会觉得如鱼得水。穷人住的地下室是一个有敌意的元素——它保持着一种格格不入的控制力，直到其居住者将自己的血汗所得以租金的形式交付给它。这种住处不能被居住者视为自己的领地，不能最后大声说，‘这是我的家’。相反，他感觉自己是在别人的家，在一个陌生人的住宅里，陌生人时刻监视着他，如果他不付房租就会被赶走。”[4]

“陌生人”这一问题，是乔治·齐美尔（Georg Simmel）以及他的追随者们在20世纪初叶社会学中的一个中心议题。之后，它同政治的迫切性一起，与黑格尔所称的“异化”和马克思所指的“外化”相交织。

由于历史和自然，这两个19世纪确定性的孪生基础被瞬息变幻所扰乱，隔阂感在理性和思维的层面上被强化了。历史一次次被重演，并且回到不被预料和不被期望的异样习惯；自然对人类同化的顽强抵抗，以及它在非自然中被孤立的悲哀倾向，似乎证明了“安逸生活”的不可能。在此意义上，隔阂成为历史这个概念的自然结果，一种难以平息的时间冲动的结果。这种冲动扫除过去，取向未来，唯独对于现在不确定。然而，对于不定性的补救，却又被卷入某种临时性的窘境之中——从革命到回复、从改革到乌托邦，然后被约束在一种无所适从的，身处此时此地却想象着他时他地的不安环境之中。对于时间的焦虑，表现在思维中所设想的不可能的未来和无可回归的过去。这种焦虑伴随着对于时间偏差后果的幻想—— 一方面，是反乌托邦对自然界事物发展进行的不为人预料的干预效应；另一方面，是过去和未来强烈相互冲击的心理学效应。

6

异样性的逐渐普遍化成为现代焦虑的先决条件，尽管它与独特的、诗意的浪漫主义渊源已经脱节，却最终在大城市里被大众化。作为一种感觉，异样性不再被局限于小资产阶级的温室里，或是被放逐于对神秘而危险的阶级困扰的梦呓中。它像瘟疫一般对于阶级之间的界限不屑一顾。这或许解释了，自1870年以后，城市异样性与城市疾病的混合之缘由—— 一种病态或许正在折磨着所有大城市的居民，它以一种来自环境的力量，逃脱了短篇故事中被过度保护着的领地。异样性成为空间中的种种恐惧症，包括恐惧空间或恐旷症，而且很快又与其对立面——幽闭恐惧症同组。

异样性在19世纪晚期，被从心理学的角度加以分析，并被视为从恐惧症到神经官能症的诸多现代病症之一。这些疾病被心理分析家、心理学家和哲学家们，描述为由现实所导致的与现实的距离感。异样空间仍然被界定为一个内向空间，但它现在是思维的内向，没有发散和内省的边界。异样性的病征包括空间恐惧，它导致行动的瘫痪、对时间的恐惧，直至历史遗忘症。正如弗洛伊德所述，每个案例的异样性，出现在从看似寻常的感觉到向其反面的转换，亦即从平常到不寻常。

在1919年弗洛伊德发表的关于异样性的论文中，他探究了个人的和审美上的隔阂感——德语中“异样性”一词的定义复杂，“das Unheimliche”一词的字面上的含义是“不寻常的”。[5]从表面上看，弗洛伊德所述的“das Unheimliche”，是对于文学风格和审美知觉的研究。他对E·T·A·霍夫曼的短篇故事——《睡魔》（The Sandman）的缜密解读，在文学评论界中被称颂和讨论。异样性的提出是心理解析对文学研究的贡献，它在诸如奥托·兰克（Otto Rank）的《替身》（The Double）以及在玛丽·波拿巴（Marie Bonaparte）对埃德加·艾伦·坡的研究等文学作品中出现。[6]弗洛伊德对于异样性这一论题在战时的关注背后，以及在他的论文的繁复论证中，或许存在着一种更为广泛的对社会心理进行分析的兴趣。

7

对弗洛伊德而言，“不寻常感”不只是无归属的简单感受，它是一种原本熟悉的事物背弃其主人，突然变得不再熟悉、不再现实，仿若梦境一般的一种基本倾向。弗洛伊德对异样性文学意义在心理分析层面上所进行的看似并无危害的研究，促使异样性进入了死亡动机的令人不安的境地。异样性在弗洛伊德的笔下，是应对战争创伤的一种尝试——他从1915年至1916年发表的《关于战争与死亡时代的思考》（Thoughts for the Times on War and Death）和《关于短暂》（On Transience），到《哀悼和忧郁症》（Mourning and Melancholia）等著述开始，最后以关于神经官能症合作研究的介绍为总结。“异样性”研究以一种潜在的形式，吸取了关于焦虑和惊骇的各种观察的成果，然而弗洛伊德并未将这些观察成果纳入对长时期作战引起的精神疾患的临床研究中。与此同时，异样性在诸多方面还将心理分析向社会问题作了延伸，其代表作是1920年的《超越快乐准则》（Beyond the Pleasure Principle）。“焦虑和担心”这一论题由于或真实或想象的不寻常感而被激发。弗洛伊德于1915年提出，这一现象与当时的历史时段十分呼应。当时，整个欧洲本土，以及西欧文明的摇篮和十分安全的家，正在步入文化的退化。由统一的文化所扶植的领域的安全感被打破，它带来了对于欧洲“祖国”的共同“博物馆”这一幻想的破灭。[7]异样性的场所不再局限于住宅或城市之中，它们延伸到了诸如战壕或是被轰炸后的废墟，这样一些渺无人烟的地方。

在历史似乎被野蛮地加以控制的境况下，异样性增强了它原有的怀旧情结。这一情结又结合了二战后诸多作家提及的超凡的飘零感——一种如乔治·卢卡斯（Georg Lukács）所言，在现代条件下看到的飘零感。[8]“乡愁”，一种对母体这一真正的家的怀念，亦即随着在战后的大量迁移而出现，并使得无家可归感在心理学上延伸成为一种忧郁症。在这样的背景下，从马丁·海德格尔（Martin Heidegger）到加斯东·巴什拉（Gaston Bachelard）的哲学家们，通过对于怀旧诗人们最初对浪漫异样性的阅读，伤感地表述已经（失去的）“居住”的本性。对海德格尔而言，“unheimlich”，或者如休伯特·哲福斯（Hubert Dreyfus）所译述的“不稳定感”，至少在1927年海德格尔的理论形成时期，是当时世界焦虑产生的一个根本条件——即世界如何被体验为“不是家”的缘由。正如哲福斯所述：

8

> 不仅人的诠释趋于竭尽，以至于我们的实践不再基于人的本性、上帝的意志或理性结构；而且这种状况再现了如此强烈的无根基性，以至于个人从根本上感到不寻常——一种永远难以回归的感觉。正如海德格尔所述，这正是为什么我们置身于试图使自己感觉到回归和安全感的原因。[9]

海德格尔在二战后所寻找的正是这样一种安全感：他试图追溯居住概念在焦虑时期之前的认知根源，他陈述着现代主义之前的深远的怀旧情结。海德格尔晚期的著作，奠定了对于居住概念进行诠释的基础。这些诠释被后来的现象学者和后现代学者所继承。[10]

对于放逐、理性和存在的敏感性的重叠，以及对于被迫的游牧主义和现实生活中的无家可归的忧郁，强化了一种愈趋明显的现代人从根本上没有根基的感受。正如海德格尔在其著名的《人道主义的信》(Letter of Humanism)中写道:"无家可归已经成为世界的归宿。"

与此同时,对现代主义先锋派而言,异样性成了使事物变得"生疏"或是"不熟悉"的工具。正如一个与其自身疏远了的社会,只有借助强烈的震撼或是被"刻意营造的奇怪"效果来唤醒。表现主义艺术家和作家,从顾彬(Kubìn)到卡夫卡(Kafka),探索了现代异样性中不太怀旧的一面。他们将双重性、自动性以及脱离现实,归纳为后历史①存在的征兆。象征主义、未来派、达达主义,当然还有超现实主义和形而上的艺术家们,发现异样性是介于梦幻和觉醒之间的一种独特的和易于利用的状态。因此,异样性曾被作为一种美学类别加以重新审视,而现时则往往被视为现代主义倾向某种震撼或骚乱的标志。

阿多诺(Adorno)引用了弗洛伊德关于异样性的文章。他认为"从世界中疏离是艺术的重要时刻"。对阿多诺而言,异样性的诡秘运动是解释下述观点的唯一途径:"最为强烈的现代艺术所折射的震撼和疏远——如同震动图笼统的无法逃脱的反应方式——它比过去任何一个时代的艺术距离我们都近,而过去的艺术只不过是因为历史的物化而看似与我们接近。"[11]他说,艺术家渲染异样性的技巧,不足以表现他们所期望表现的艺术疏远感。

9

毫无疑问,马克思所说的异化——一种敌对的状态,已成为现代艺术的酵母。然而,现代艺术不是这种异化状态的复制。相反的,现代艺术明确地谴责了这种状态,而趋向于更成熟(演变为精神图像"imago"②)。正因如此,现代艺术成为陌生和疏远状态的对立面。前者的自由度与后者不自由的程度相当。[12]

阿多诺运用了弗洛伊德的格言来引证他自己的观察,"异样性之所以异样,正是因为它隐含着太多熟悉的因素,因此异样性被熟悉所压抑。"[13]阿多诺总结道,现代艺术中对隔阂的熟悉感,而不是与熟悉的"古典"艺术至今的距离,是对现代艺术的效应进行"压抑"的结果。现代艺术被当代评论家置之一边,这正是现代艺术只能被神秘解读的一种征兆。

如果我们将异样性这一概念历史化,它可以被理解为对于现代主义的震撼在心理分析和审美层面上的一种意义深远的反应。异样性如同一记重创,以第二次世界大战的可怖规模重演,又无法被当代的虚幻所驱除。隔阂和不寻常感成为20世纪思想

---

①"后历史"(post-history)这个理论概念指的是,19世纪后期之后的不同历史事件,它们标明了独立个体在历史中的死亡,认为个人对历史没有影响,也没有重要意义。——译者注

②"imago"一词还可理解为昆虫的成虫阶段。这里指现代艺术的成熟阶段。——译者注

的暗号。无家可归的重演不时地给予这个暗号以物质上和政治上的推动力。无家可归现象一部分来自战争，一部分来自社会财富的不平等分配。

如果说，异样性成为对两次世界大战（1919年和1945年）的一种战后思考，那么，异样性在20世纪60年代中期作为美学感受的重新崛起，则似乎是现代先锋派对于“负面辩证”的特殊地位的一种延续。异样性这个角色由于后现代主义对现代主义的讽刺而被加强，它仍然是文化在新技术背景下的一种表现形态。后现代主义的异样性已经被建构，它是拉康和德里达阅读弗洛伊德的产物，更是批评理论分析通俗文化的一种运用。[14]对拉康而言，异样性构成了他考究焦虑这一概念的起点——“不足的画面”[15]的起始点。对德里达而言，异样性潜伏在所指和象征之间，以及作者和文字间的某种不稳定的关联背后。[16]对鲍德里亚（Baudrillard）而言，异样性则倾向于复制，倾向于现实和虚构之间的界限模糊。它的引人注目的视觉幻象，使它成为解释图像表现的重要元素。[17]

异样性的诠释功能在文学、绘画中，更多的是在电影中被更新。它的理性的历史痕迹，在所有的当代敏感性中被唤醒。在大卫·林奇（David Lynch）导演的《蓝丝绒》（Blue Velvet）以及最近的电视系列片《双峰》（Twin Peak）中，体现着一种家庭或市郊的异样性，并且受到讽刺半个世纪以来平庸的异样性影片的影响。韦姆·文德斯（Wim Wenders）的《欲望之翅》（Wings of Desire）的都市异样性，是二战后对本雅明的历史异样性的再设想。科幻片的出现考察了网络空间和它的居民——半机械人的各个维度，传达着一种特殊的当代困扰感，并且在威廉·吉布森（William Gibson）的经典片《神经操纵者》（Neuromancer）中成为典范。在计算机创造的虚拟现实中，这种困扰因失去传统意义上的躯体和地点的参照而被唤起；因那些用无孔不入的以仿真替代“真实”而被唤起。从当代女权作家——从萨拉·考夫曼（Sarah Kofman）到卡家·西尔弗（Kaja Silver），都曾经以怀疑的姿态重新阅读弗洛伊德。她们发现，弗洛伊德的理论总是强调男性对阴茎的“异样创伤”，以此为基础的理论很难令人信服。[18]

朱利亚·克里思特瓦（Julia Kristeva）延承了马克思和齐美尔的传统，在种族主义复活和无家可归现象递增的背景下，阐述了“陌生感”和“反个性化”之间的偶合。这种偶合早已在弗洛伊德的论述中被阐释。克里思特瓦追溯了陌生人的长久历史——那些距离我们太近的幽灵，他们有自己的需求。正如迈克·叶礼庭（Michael Ignatieff）与茨韦坦·托多罗夫（Tzvetan Todorov）所述，这些幽灵与我们自身没有什么区别。[19]霍米·巴巴（Homi Bhabha）在对后殖民“民族”在时间和空间方面的精辟解读中，运用异样性阐释了“移民、少数民族、离散民族”

对城市的回归，认为城市是“身份和人民新社会运动萌生的场所”。我们可以通过异样性的理论，对巴巴所说的“生活的困扰”进行诠释。这一理论冲击了传统意义上的中心与周边的概念——民族的空间形态，解释了“西方民族界限的划定，是如何在无形之中转化成了一种有争议的内在限定。这些限定涉及并代表了少数民族、放逐民族、边缘的和正在出现的群体。”[20]

11

异样性作为一个概念，自然而然地在建筑界找到了一个比喻性的家：首先是在住宅里，包括闹鬼的住宅和普通住宅。这些住宅看来似乎是最安全的庇护所，却暗中向恐怖的入侵开敞。其次是在城市中，那里曾经是用墙围合的、亲密的、见证着群落的存在的场所——想想卢梭笔下的日内瓦——而今，却因现代性在空间上的入侵而让人们感到陌生。在以上的例子中，“异样性”不是空间的属性，也不能被空间形式所激发。从美学维度而言，异样性是一种心理状态的表现，一种在真实和不真实之间删除彼此界限的预测，以唤起令人不安的模糊性，以及处于行走和做梦之间的一种游移态。

从这种意义上讲，套用文学和心理学的术语去讨论“建筑”异样性或许十分困难。确实，没有一幢建筑物或是特殊的设计效果可以确保对异样感觉的激发。不过，在历史上每一个异样性表现的时刻，以及心理分析的特定瞬间，那些激起异样体验的建筑和空间，都具备可识别的特征。正如哥特浪漫故事里鬼屋的特征，这些几乎是典型的并且最终是普遍的特征，虽然在本质上不具备异样性，却作为特定时期陌生感的一种文化迹象，被视作异样性的象征。早期的心理学，已经能够将空间作为恐惧和陌生感的起因——这也是迄今虚构故事的特权。对早期社会学家而言，“空间疏远感”不只是一种想象，而是精确地表述了在精神上对异样性的一种掺杂的期待，以及相关于异样性的空间特质。

因此，在本书中所侧重探讨的建筑异样性必然是模糊的。本书的讨论将综合异样性虚构故事的历史、心理分析以及文化表现。如果透过这个焦点去解读具体的建筑或空间，可以发现，往往不是因为它们具备异样性的特征，而是因为它们在历史和文化的层面上表达了一种疏远感。一个来自对现代文化的异样性研究的前提，就是建筑中的异样性原本并不存在，存在的是不同时间和目的之下的建筑被赋予了异样性的特质。

12

异样性的当代意义，正如我将在本书中的论证，不是平庸的浪漫主义的残余，或者是由恐怖艺术风格所界定的感觉。异样性在弗洛伊德和海德格尔笔下的理论阐述，将其置于讨论现代性，特别是建筑和城市的空间环境条件的中心位置。德语中“das Unheimliche”（异样）这一词的概念作为一个参照框架，它面对对于家的渴望，和家庭安全感与思维上和实事上的无家可归的对抗，以及它们之间的交织关系。异样性突显了建筑在现代时期理论探讨中的困境。作为一个概念，异样性在过去的两个世纪以不同的效应而重演。它起到了诠释范本的作用，解剖了历史学家基于归类的分期，诸如浪漫主义、现代主义、后现代主义，从而成为一个理解现代感的方法。而这个新方法给予了传统意义上荷马式的“思乡情节”以新的意义。

同样，对异样性理论的思考，给予我们重新书写传统的和现代的美学史的机会，因为异样性涉及模仿（替身和复制）、重复、符号以及非凡感等诸多方面。在诸如种族、少数群体的隔阂这些社会和政治背景下，关于性别和主体的问题又与长期以来对疏远感和另类人群的探讨相关。在资本主义的最后一线幸福被一步步摧毁之际，无家可归这一复出的论题，最终折射了思考现代不寻常感的迫切性。

但是，关于疏远感的美学理论，在与社会和政治实践的对立中受到了顽固的挑战。正如最初先锋派的苦恼，对异化的逻辑和思辨的表达并不总是与转化或是改善异化的实践相呼应。基于对美学准则夸张的逆转，对生疏感在形式上所进行的探索——诸如以奇特替代崇高，用异样替代平凡，这些过程很容易变成一种表面的修饰或是简单化的模仿。面对实实在在无法忍受的无家可归的境地，任何对于“先验”或心理上的无所归属感，都可能堕入被小视抑或被推崇的政治和社会作用的迷途之中。

13

我仍然认为异样性这一论题——历史上的或是弗洛伊德之后的——很有可能揭示不仅仅是关于建筑领域的一些问题，这些问题顽固地排斥着政治的解决方案，同时也排斥着建筑学的专业解决方案，这种状况与20世纪晚期的建筑环境密切关联。在此意义上，我将提示性地和批判性地运用异样性这一论题的内涵，试图理解与之相关的各式各样的文本上和建筑上的表现，对问题重重的未完成的历史作出的贡献。这一段历史陷入了以温馨的、家庭的、怀旧的情感，来对抗往往是可怖的、入侵的、颠覆性的“对立面”。

如果对于异样性的理论阐述可以帮助我们解释现代疏远感的背景，那么，建筑与城市作为特定意义的艺术这一特征，会有助于我们将这一讨论推进到有形的领域。后历史对“虚空间”的描述几乎被异样地重复着，“不寻常的家”也因此找到了某种凄美的表达和存在问题的答案。这些情形出现在诸多事实的和知觉的层面上。事实上，由城市主义所导致的“虚空间”——那些闲置的或被占据的空地，与现代主义乌托邦想象中的一张白纸般的开始在知觉层面上相并列，直至两者交汇于现代城市发展的屡见不鲜的案例中。填补那些虚空间——同时又是恩斯特·布洛赫所指的“资本主义的空缺空间”，成为建筑学被强加的任务。这个任务没有存在的过去，却试图寻求后历史的基础，以承托社会的“真正的”家。[21]所以，在更加事实性的层面上，建筑在传统或先锋的伪装下“重复”着历史，建筑自身产生了一种异样的似曾相识感，它印证了弗洛伊德对异样性“强制重复”的描述。这些明显不可调和的需求——对过去的彻底否定和对过去的完全“回复”，导致了对某种特殊建筑形式语言的必然依赖。至少从表面上看，其目标是回应早已枯竭的深渊主题。 14

正因如此，异样性可能重新获得政治内涵，这个当代令人困扰的因素。20世纪60年代的理论和实践否定了形式主义，并以社会实践、乌托邦或物质取而代之，却在现时90年代，被浮华享乐和自我取悦的形式主义所压抑。但我认为，政治实践并不能轻易在文化实践中被忽略。政治实践在文化实践中的存在，正是它在形式主义技法的压抑中再度迸发，并获得异样性特征的时刻。杰夫里・梅尔曼（Jeffrey Mehlman）首次点明，革命的本质是借助在实践和文字上的重复，激发异样的效应。[22]在本书中我注意到，当代建筑不断引用先锋派的技巧，却回避其意识形态的冲击力，因而仅仅表现了被剥夺了社会使命的所谓革命。这一现象与弗洛伊德的估计十分接近——一种异样的感觉正在成熟。如果我感觉到由于政治压抑而导致的自身的异样性，其原因可能是：太多的建筑佯装了对文化表现的激进批判，却逃不出先锋派政治内涵的魅影。“这种异样性”，如弗洛伊德所述，“事实上并不新奇，它在我们的思维中早已确立，只是在我们对自身的压抑中而变得陌生……异样性原本应该被隐藏着，却被暴露在天日之下”。（U64）

第一部分

住宅

当下的语言只能用“鬼（haunted）屋”描述德语中的“异样（unheimlich）屋”。

——西格蒙德·弗洛伊德，《异样性》①

（Sigmund Freud，“The Uncanny”）

19世纪，关于异样性最为时髦的主题要数鬼屋了。那些无孔不入的文学幻想，以及建筑复兴作品一类的主题，它们在神话、恐怖故事、哥特小说中的描述形成了一种写作风格。到世纪末，这种风格代表着浪漫主义。住宅成为异样的不安所青睐的场所：明显的家居感，家族史和怀旧的残留，住宅作为最终私密舒适的庇护，以及与惧怕陌生幽灵入侵的强烈反差。埃德加·爱伦·坡的《厄舍之屋的倒塌》②（The Fall of the House of Usher）有这样堪称经典的描述：“初看这座房屋，一种无可承受的阴冷充斥了我的灵魂……那种感觉无法被不完整的愉悦所缓解，因为那是一种自然界中最为严峻的荒凉和恐怖所带给我的精神的诗意和伤感。”[1]

在坡的笔下，“厄舍之屋”虽然唤起了“不祥臆想”的预感，却无任何外在的不幸表现。书中对于“苍凉的墙壁”和“空洞的眼睛般的窗”的描述十分直白，但厄运的情绪却来自讲故事的人的幻想，而非由住宅里惊人的细节所调动。的确，客观而言，住宅的古老石料、雕饰、壁毯、奖杯，看上去都十分熟悉。萦绕在住宅周围的“气氛”——“坟墓般腐烂的气息、灰色的墙、无声的小湖”，这些都很难被人理解，因为那种“朦胧情绪”仿若梦的产物。人们不禁缓慢地意识到，这些住宅的特质嵌在石材里，而石材本身就是死亡。因此，住宅自身就是一种异样的力量。异样的意识不自愿地袭来，没有任何理由。绝对正常的环境越是令人不安，那种冥冥之中的恐怖就显得越真实。这种效应是对于明摆着很熟悉的环境而产生令人不安的不熟悉感——“那些物件环绕着我……它们是我从婴儿时就熟悉的，

18

①弗洛伊德（1856—1939年）所著的文章《异样性》于1919年发表，是继恩斯特·延奇（Ernst Jentsch）在1906年首次从心理学角度讨论异样性之后，对这一概念的重要论著。——译者注

②坡（1809—1849年）所著的短篇故事《厄舍之屋的倒塌》于1839年首次发表，被认为是坡最具代表性的作品之一。坡在故事中运用不同的细节和元素对情绪进行渲染，尤其是对恐惧、厄运，以及负罪感的渲染。——译者注

虽然我从不迟疑地承认它们有多熟悉，我仍然想知道这些寻常的画面会激起多少不寻常的幻想”。[2]

然而，在坡的典型的鬼屋里，他有系统地从先前的浪漫作品中摘录出，展现闹鬼的所有迹象。鬼屋坐落在荒凉的场地，墙壁的空白得可称作“无脸面”、“眼睛般的”窗户毫无生机，只有“空白”。不仅如此，鬼屋是几个世纪的记忆与传统的储存库，这些记忆与传统体现在墙壁和陈设里；墙壁被褪色和摇摇欲坠的石材所注记；家具颜色沉闷，穹顶的房间阴郁；鬼屋是个博物馆，正如亚历山大·德·索默拉尔①（Alexandre du Sommerard）在克鲁尼旅店收集的藏品，这里保存着对家庭的记忆。最终，家庭为家族命运所诅咒，几乎已经消亡。这部家族史将坟墓的气息附着在那座曾经生机勃勃的宅子之上。家庭的肌理是朽木的遗迹，“这些朽木已经被遗忘在地窖里腐烂多时，从未受到外界空气的骚动。”[3]

住宅是地穴，注定被掩埋，这是一个从屋顶到地基那条“几乎看不见的”裂缝所预示的事件。在住宅内部，厄舍自己描画的看上去像屋子的坟墓——一幅在叙事者看来最为异样的抽象图景：

> 我朋友的关于鬼魂的概念，有一点抽象，却可以用文字虚幻地展示于人前。在一张小照片里，有颀长的穹顶或是隧道的内部，有低矮光滑的白墙，不被任何装置打断。一些设计配件也传达着这样的概念：这个空间在地下很深处。虽然看不到出口，也没有手电筒或其他的人工照明，但是一束强烈的光线将整个空间沐浴在阴森和失宜的华丽光彩之中。[4]

19

被遗弃的宅子，不论是真实的或是想象中的，都对观者有类似的作用。维克多·雨果笔下的泽西岛和根西岛，这两个他曾被放逐的真实地方，与厄舍之屋异曲同工。不同之处在于，泽西岛和根西岛被岛民的迷信而不是被想象中的祖先幽灵所侵扰。

> 有些时候在泽西岛和根西岛，在乡间或是小镇上，当路过冷清的地方或是拥挤的街道，你会发现一座有栅栏入口的屋子，冬青阻塞着大门，没人知道有什么藏在屋子底层窗户的那些层层叠叠的木板里，二层的窗户既开又合——所有的窗扇都被钉死了，但所有的窗格都已残破。

这样的宅子为其自身的空虚和周遭的迷信所消磨，“这是一座鬼屋（une maison visionée）。魔鬼每夜光临。”[5]

---

①索默拉尔（1779—1842年）是法国考古学家和艺术收藏家。他将克鲁尼旅店，这座15世纪晚期建的哥特式宫殿保存下来，同时也是巴黎仅存的中世纪宫殿，作为自己的宅邸和收藏馆。——译者注

在这些“死屋”中，尤其让雨果着迷的是根西岛上的一个叫朴兰山（Pleinmont）的村子。雨果在七年中曾去过三次，从不同的角度速写这个村子，并把它作为《海上苦力》①（Les Travailleurs de la mer）的主题。有一座茅舍在棕色水墨渲染画中略显不寻常。四扇窗、底层实墙、坡顶、烟囱——就像“儿童屋”的原型，是简单住屋元素的组合。雨果写道，“场地没问题，屋子也完好。这座两层住宅由花岗石砌成，周围环绕着绿草。屋子没有一点儿损坏，完全可以居住。它的墙体厚实、屋顶坚固，没有一处缺砖少瓦。”尽管屋子很简单，但毕竟有闹鬼的名声，“它的外观其实很奇怪。”首先，荒凉的场地几乎完全被大海环绕，这或许太过美丽：“场地很壮观，也因此显得阴险。”其次，底层由墙堵住的窗户与上层的空透窗户形成对比，“窗扇开向室内的阴影”为整座住宅平添了类似人形的感觉：“或许我们可以认为，那两扇空窗是眼睛被挖出后剩下的眼窝。”门上莫名的铭刻更添了神秘，它标示着这座屋子在大革命前就被废弃：“ELM-PBILG 1780”。最后，寂静和虚空造就了坟墓的氛围。“有人会觉得看到了一座开窗的坟墓，让幽灵窥视外面的世界。”雨果就是这样将神秘加入当地的传说，借以解释什么叫闹鬼。谁是最初的居民？为什么房屋被遗弃？为什么现在没有房主？为什么没人打点院落？这些疑问在找到未知的和玄虚的答案之前，显得高深莫测。它们强化着这样的气氛：“这座屋子在正午变得异样；午夜会有什么出现？看着它，你看到的是一个秘密，……一个谜团。祭奠的恐怖渗透在石块里。那些占据着被堵住的窗的影子，不只是影子，而是未知。”[6]在雨果的描述中，这幢住宅被恐怖看守，似乎成为那些不受鬼怪影响的人的庇护所；它成为走私者、叛徒、放逐者和难民的家园。只有那些边缘人物才能在这样不安的住处，感觉像回到了家一样。这座房子里曾有过罪行的传说，那永远不可恢复的，却不可磨灭的一幕。而这一幕又与屋子里现今的被庇护的人们结合。被记忆消磨的宅子所象征的家族整体，在这幅被强盗占据的坟墓的画面里，重新完整起来：“就像人一样，住宅可以成为一具骷髅，迷信已经足够杀死它。这很可怕。”[7]

20

以上提到的“恐惧”并不与埃德蒙·伯克②所定义的恐惧相称；在浪漫主义风格中，异样性与更为宏大和庄重的“非凡”紧密联系，而又不同于“非凡”这一大范畴——渴望、怀旧、高不可攀。正因如此，坡试图定义厄舍之屋所激发的特殊情感，

①《海上苦力》是雨果（1802—1885年）于1866年发表的小说。这部小说专门写到根西岛——这座雨果曾经在此被放逐了十九年的小岛。——译者注

②伯克（1729—1797年）是一位出生于爱尔兰的政客和哲学家。他于1757年发表了《对非凡与美丽概念起源的哲学探讨》（A Philosophical Inquiry into the Origin of Our Ideas of the Sublime and Beautiful）。这部著作被公认是首次将非凡和美丽这两个概念区分开的哲学阐释。——译者注

将它与非凡引起的更可怕的感觉作了区别。“心的寒冷、沉重和厌恶，化成一种无可救药的思绪的沉寂，无论用想象如何刺激，也不能勉强成为非凡。”[8]

当然，传统上所有非凡性的次风格——怪异、滑稽、妖术故事、强烈剧情、鬼魅以及恐怖故事——都被认为削弱了非凡性的总体前提和超凡意向。虽然伯克在恐惧中追溯到了非凡性的源头，他承认不是所有诱发恐惧的事物都具备非凡性。[9]康德（Kant）①对非凡性的描述同样完全基于思维。康德的论述只是关于“不可及的自然界的思考”，不适用于所有不可及的事物。隐藏在表达非凡性的尝试背后，是一个从平庸到无意义的陷阱。从隆基努斯②（Longinus）到尚·保罗·里希特（Jean Paul Richter）的修辞学家们，都认识到非凡性可能陷入荒唐性的趋势。荒唐性虽然与非凡性相反，却与它有着诸多共同的特征。如伯克所述，“我认为丑陋与非凡性是一致的。但我绝不是说丑陋本身就是非凡的，除非它有着激起强烈恐怖的特质。”[10]

21

异样性，或许是最具颠覆性的概念。这不仅因为它的意义容易被低估，而且因为有些时候它与非凡性难辨彼此。伯克概括了异样性这种被误定义、却日趋流行的感觉。这种感觉包含在唤起恐惧的朦胧感、夜晚和绝对黑暗之中。“夜晚加剧了我们对危险的恐惧，”伯克这样观察到，“鬼怪与幽灵这些没人能加以清晰定义的概念左右着我们的想法。”[11]这正是整个浪漫时期，来自异样性的威胁。黑格尔在这个浪漫时期试图维护对希伯来文字中的真实非凡性的记忆，但最终成为徒劳。他试图消除“魔力、对磁力的迷信、魔鬼、千里眼的幻影，和梦游症”，试图将黑暗势力从纯净透明的艺术中驱逐。但黑格尔不得不承认，“在同时期还存在着对那些隐藏着无法解释的可怕事实的‘未知能量’的普遍认同。”[12]

八十多年后，弗洛伊德认识到，至少就其内涵而言，异样性在美学范畴中与“所有的可怖事物”相关，也就是在传统意义上的非凡性的范畴之内。（U339）弗洛伊德力求识别“是什么特殊的性质使得我们在‘可怕’的范畴中辨认出‘异样’”。他几乎是以一种愉悦的心情去探索与美学界“对美、具吸引力的和非凡的陈述”的详尽论述的对立面——那些令人不悦的、排斥的情感。（U339—340）他探讨非凡性的边缘，与其公认的中心相对。对弗洛伊德而言，异样性成为用心理分析的立场来打消空洞美学的有效工具，也是他打击玄学心理学的一个前哨阵地：

22

> 异样性这一主题无疑与恐怖相关；同时，“异样性”

①康德（1724—1804年），德国哲学家，是现代哲学的核心人物。——译者注

②隆基努斯是一位公元1世纪的希腊修辞和评论教师，真实姓名与生卒年月不详。他所著的《关于非凡》（On the Sublime）是美学界公认的第一部留存下来的关于非凡的论著。——译者注

一词不总是在明确的定义下使用的。因此，它的意义与“恐惧”一词的宽泛意义重叠。不过，我们可以预想，这个特殊的概念总以某种特殊的情感作为其核心。人们不禁好奇，究竟是什么样的核心使得我们将异样性与恐怖区分开来。（U339）

“异样”的感官感觉是难以精确定义的。既不是绝对的恐惧，也不是和缓的焦虑，异样性似乎易于被定义成它所不包含的意思，而不是它自身的特质。因此异样性或许可以与恐怖和所有强烈的畏惧感区分开来。在辅助心理学中，它不是唯一定义的——神奇的、幻影的、超自然的事物并不必然意味着“异样”；表面上稀奇、怪异、古怪、奇妙的事物也不一定具有异样性。异样性正相反于那些夸张的变形状态，因为这些状态由于夸张而不能激起恐惧感。异样性分享着所有相关的恐惧特征，展示着不确定性。而不确定性又被多重性所加强，在不可相互翻译的多种语言中共存。

事实上，弗洛伊德最初运用比较语言学定义的尝试，在诸多的案例面前失败——“unheimlich”，“inquiétant”，“sinister”，“lugubre”，“étrange”，“mal à son aise”，“sospechoso”，“de mal aguëro”，“siniestro”，当然还有“uncanny”，这些词无法翻译。希腊语有“ξένος”（奇怪的，外来的），拉丁语只有“locus suspectus”，或者“异样之所”（U341-342）。不论弗洛伊德如何被这些词语所困扰，这些词语的集合毫无疑问地界定了一个含义区间，一种性质上的集合。因此，异样是阴险的、烦扰的、怀疑的、陌生的。较之于恐怖，它的特征更趋近于“恐惧”。产生异样性的动力来源于费解，一种潜伏着的不安，而不是明显的恐惧——一种不适的困扰，而不是鬼影的展现。这里，英文词汇要比弗洛伊德愿意承认的更为有效：超出眼界——即超出知识——来自于“canny”，意思是具有超现实的知识或技能。[13]

23

弗洛伊德在1906年发表的用作调研起点的文章中写道，心理学家恩斯特·延奇①（Ernst Jentsch）早已指出心理学与语言之间的密切关系：“我们的德语似乎已经在unheimlich一词中建立了完美的结构。这个词无疑表达了体验异样的人不感觉‘zu Hause’（在家），不感觉“heimisch”（平常），他的周遭是外来的”。[14]简斥将异样的情感归结于根本上的不安全感，这种不安全感来源于“方向感的缺失”，一种新的、外来的，和有敌意的因素，侵犯原有的、熟悉的、习惯性的环境的感觉。正如弗洛伊德总结道：

1

延奇将产生异样情感归因于思维上的不确定；所

①延奇（1867—1919年），德国精神病学家。他所著的《异样心理学》[On the Psychology of the Uncanny（1906年）]一文对弗洛伊德关于异样性的研究有深刻影响，并在弗洛伊德所著的《异样性》（1919年）中被提及。——译者注

以异样性总是让人无所适从。一个人越是对环境有方向感，就越不容易对周遭有异样的印象。（U341）

尽管弗洛伊德不愿承认这个解释的局限性，他总结道，延奇的定义是不完整的，但它强调了异样性与空间和环境的关系——“方向感”和“知晓路径”。

从弗洛伊德的用意出发，德语“unheimlich”的多重意义和联系，更有希望解释异样性。这些多重意义曾被用来阐明异样性是如何作为有系统的原理运作的，并将其置于家居的和寻常的环境中，因而使得它成为浪漫的家庭故事在个人体验中的不经意的产物。弗洛伊德有意地通过其相反意义的“heimlich”来定义“unheimlich”，借此揭示两者间的纠缠不清的关联，从而建构了两者之间直截互相生成的关系。

24

弗洛伊德长篇引用了两部19世纪的字典，使其论点自然展开。（U342-347）[15]在丹尼尔·桑德斯[①]（Daniel Sanders）1860年所著的《字典》（Wörterbuch）中，“heimlich”一词最初被定义为“属于住宅或家庭的”，“不奇怪的和熟悉的”，它与私密相关联，“友好而舒适，”“对宁静满足感的享受，等等，借以唤起一种安逸感，一种处在四面墙壁围合中的安全感。”桑德斯找到了大量的“摧毁家的私密（heimlichkeit）”的例子。“我找不到任何一处比这更私密和平常的（heimlich）地方。”“我们把它描画得如此舒适，如此美丽，如此安逸和像家一般（heimlich）。”“墙紧密围绕着宁静的秘密（Heimlichkeit）。”正如桑德斯用区域的和如画的方法将“heimlich”这个概念本土化，斯瓦比亚（Swabian）和瑞士作家们似乎颇为接受这些观念。“每天晚上当亦佛在家的时候，是多么满足（heimelich）。”“在宅子里是多么舒适（heimelig）。”“温暖的房间和舒适（heimelig）的下午。”“那幢他曾经和自己人同座的小屋，好不安逸（heimelich），好不快乐。”“heimelich”一词因此联系着家居（häuslichkeit），在家里（heimatlich），和有邻居的（freundnachbarlich）这些意义。[16]

然而，潜伏在快乐的画面背后，不断在桑德斯的亲身经历中爆发的却是一种完全与平常（Heimlich）相反的烦扰。正如桑德斯所写：“那人直到现在还是让他感觉很奇怪”；“那个新教徒地主，在天主教劣等群面前难以感到自在（Heimlich）；”“从远方移居的人在当地人中间不觉得舒适（heimlig）。”桑德斯早已对陌生人的入侵有所察觉，他忧虑地告诫道，“‘heimlich’一词的原始形态应保持宽泛的含义，这样才能使它不变得陈旧。”他担心“heimlich”一词会因为被“隐含的、隐藏的、不为人知的”这些次要意义代替了它全部的含义，而背叛了词的本义。比如，“heimlich”在这个语境中的意义：“做不为人知的（Heimlich）

①桑德斯（1819—1897年），德国词典学家。——译者注

的事，也就是是背着人做事。在隐秘的（heimlich）场所，礼貌的规范迫使我们隐瞒”。意义不断偏移——从家到私密，到隐秘（“heimlich”的密室），到秘密，再到有魔力的（heimlich的艺术）——意义的偏移太容易了。因此，桑德斯指出，从平常（heimlich）到不寻常（unheimlich）只是一小步：“注意那个负意的‘un’，怪异、离奇、激起可怕的恐惧：‘看上去不寻常（unheimlich），有鬼似的’；‘感觉到一种不寻常的（unheimlich）的恐怖’；‘不寻常（unheimlich）、没有动静，如同一幅石头的画面’；‘不寻常的（unheimlich）湿气叫作山雾。’”[17]

25

同样地，孜孜不倦的神话传说的收集者——格林兄弟①（the brothers Grimm），在《德语大词典》（Deutsches Wörterbuch）（1877）中定义了“heimlich”。他们追溯家居的概念，那些属于家的安全感、一种远离恐惧的感觉，又逐渐向不祥的维度转变，成为其相反的不寻常感：“4.‘heimlich’来自属于住宅的、‘像家一样的’概念，进一步发展成从陌生人的眼里察觉的、被隐瞒的、秘密……这些意义。”“heimlich”是与表达隐瞒的动词相关联的。

发布重要的保密指令的官员被叫作“heimlich政务员”；“heimlich”作为形容词在现代用法中被“geheim”（秘密的）所替代。

“heimlich”一词在形容知识的时候，意思是神秘的和寓言的：“heimlich”的含义是神秘、神圣、隐匿、有形的。在另一个语境中，“heimlich”一词的意思是从回避知识、不自觉的……“heimlich”还有晦涩和难于接近知识的含义。

将隐藏的、危险的……这些概念再进行延伸，“heimlich”就有了原属于“unheimlich”的含义，因此“有时，我觉得像是在黑夜里行走，并相信幽灵的存在，每一个角落都感觉不寻常（Heimlich），充满了恐怖”。[18]

弗洛伊德着迷于从平常感到不寻常感的逐渐展开，他欣喜地发现“heimlich一词的意义一直含糊不清，直到它与其完全相反的意义重合。”（U347）桑德斯甚至用一段引言点明了在“heimlich”一词的多种语义色彩中，有一层意义与其对立面——“unheimlich”完全一致。戏剧家卡尔·费迪南德·古茨科（Karl Ferdinand Gutzkow）的名言是，“我们称这unheimlich；你们可以称它heimlich。”弗洛伊德对古茨科所说的这一段话更感兴趣：

> “泽克（Zeck）家的人都很heimlich”。……
> “heimlich？……你说的heimlich是什么意思？”“嗯，

①格林兄弟［雅各布Jacob，（1785—1863年）和威廉（1786—1859年）］，德国学者、语言学家、文化研究家、词典学家。他们收集整理了诸多19世纪的民间传说，例如，《灰姑娘》、《青蛙王子》、《睡美人》、《白雪公主》等等。——译者注

> 就像被埋藏的溪流或是干涸的池塘，走在上面总觉得水会泛上来。”“噢，我们称这unheimlich；你们可以称它heimlich。”[19]

桑德斯的其他例子，肯定了那种宛如曾被埋藏的泉水突然迸发的感觉，那种unheimlich被比作令人不安的回归。这些例子与heimlich的“隐藏的”和“被掩埋”的意义重叠。如果沉睡在某种意义上是heim'lig，那么墓地也变得“安静，优雅，和heimlich，没有比这更适合逝者休息的地方了”。下葬不再是“抛进沟壕或heimlichkeiten”。“我有最为heimlich的根基，我从土地深处长出。”一位桑德斯引用过的作家哭道。[20]从这个意义上讲，unheimlich似乎从heimlich的下面浮出，从仿佛的休眠中复活，从家的纽带中逃脱。

26

弗洛伊德肯定了这种归因说，他找到了桑德斯引用的哲学家谢林①的警句：“异样（unheimlich）指所有必然是秘密的、隐藏的，但已经重见天日的事物。”[21]弗洛伊德抓住了这句话，并将其作为研究的重要线索。异样（unheimlich）作为主旋律在弗洛伊德的论文中反复出现，提供了暗示前心理分析理论中的“从压抑中回归”的确实“原理”，使弗洛伊德超越了延奇所说的“知性的不确定性”。确实，整个关于“异样性”的辩论都将融汇到这个简单的阐述中去，而且，正如弗洛伊德所说，最后只有从压抑的概念中被理解。

桑德斯从谢林1835年出版的《神话学的哲学》（Philosophie der Mythologie）一书中，摘录了他对异样性的恰当“定义”。在该书中，谢林试图综合宗教历史和小群体极端宗教的人类学，借以提出异样性的起源。他认为，这个起源与宗教、哲学、诗歌的起源相交织。作为尼采②（Nietzsche）的前身，谢林断言异样性作为被克服的力量，是诗歌的第一步。在讨论荷马史诗这个最纯粹的非凡例证时，谢林提出，荷马史诗是原始压抑的结果，是对神秘、神话、隐匿的一种征服。正如阿波罗主义者生出狄俄尼索斯主义者③，荷马史诗中的非凡性是以对异样性的压抑为基础的：

> 希腊有荷马是因为有神话，因为神话完全征服了过去的原则，那些仍然是东方系统的主流的原则，并将它们内向化，使之成为秘密，返归到神话（而神话正是那些原则的起源）。悬挂在荷马史诗上的清亮的天空是荷马头顶的天堂。如果没有异样性晦涩黑暗的力量充斥着早期的宗教，然后转化成为神话，这些史诗

27

①谢林（1775—1854年），德国唯心论发展过程中的哲学家。——译者注

②尼采（1844—1900年），德国哲学家、文化批评家、诗人、拉丁语和希腊语学者，对西方哲学和现代思想史具有意义深远的影响。——译者注

③阿波罗主义者（Apollonian）象征理性，狄俄尼索斯主义者（Dionysian）象征非理性。——译者注

是不可能在希腊广为流传的（所有被称作异样的事物原本将一直是秘密、被隐藏、潜在的，却重见天日）。在真实的宗教原则从内在得到保障，由此让思维获取完全的外向自由之前，荷马时代是无法设想其纯粹的诗意神话的。[22]

以上对“异样原则”的综述基于一种原始的压迫，一种杀父情节（正如谢林所述，“荷马不是神话之父，神话是荷马之父。”[23]）。这除了给弗洛伊德一个便利的起点之外，还说明unhelmich是由浪漫主义引发的。异样原则同时作为一种心理和美学现象，它既确立又动摇。这个结果由原始的真实性所决定——就像那第一次的下葬，然后返回到其实是错位的文明，变得更为强烈。异样性不仅被鬼魂缠绕，而且被一种已经死亡很久的力量再次光顾。浪漫主义的心理和美学敏感性是对这一力量开放的；看上去私密的、舒适的、安全的和没有悬念的事物，被不该公开的秘密重新定义，就像要在快门的响声中现形。[24]

在著名的异样性的实践家中，黑格尔①引用了作家E·T·A·霍夫曼②的论述，将异样性定义为“幻想的概念”，“其中，除了灵魂的厚度，什么也没有表达；诗意变成含混、虚无和空洞”。霍夫曼由于种种原因，将异样性作为自己独有的风格。也正是霍夫曼作品的这种不可解读的特征，将弗洛伊德深深吸引。再者，霍夫曼的故事似乎是谢林“异样性理论”的所有可能的组合。

霍夫曼的探讨绝对不是偶然的。他几乎是有系统的对寻常与不寻常、熟悉与陌生的关系进行讨论，再延伸到细致观察建筑对感觉的摆布，以及建筑作为叙事和表现空间的手段。霍夫曼是个业余建筑师、舞美、古怪住宅的“收藏家”。他最崇拜的作家、音乐家、建筑师是卡尔·弗雷德里克（Karl Friedrich）。霍夫曼曾被委托设计弗雷德里克的歌剧《水女神》（Undine）的舞美。[25]建筑在霍夫曼所定义的异样性概念中的重要地位，不只是缘于他对弗雷德里克的崇拜。对霍夫曼那一代人的浪漫主义而言，建筑是表现自然的中心，是真正概括社会和自然的小环境。例如，康德③将他的整个哲学体系用建筑来比喻，通过建筑的建构来解释思维中的结构关系。对歌德（Goethe）之后的年轻的日耳曼人来说，建筑体现了完美主义的美学，尤其是在哥特式和古典建筑中——古典建筑奠定了规范，哥特

28

①黑格尔（1770—1831年），启蒙运动晚期的德国哲学家，对大陆哲学传统和分析传统有深远影响，在西方哲学界享有权威性的声望。——译者注

②霍夫曼（1776—1822年），德国浪漫主义作家，他同时是法学家、作曲家、音乐评论家，以及漫画家。他所著的故事《胡桃夹子和鼠王》（The Nutcracker and the Mouse King）是芭蕾舞剧《胡桃夹子》的原型。——译者注

③康德（1724—1804年），德国哲学家，被公认为现代哲学的中心人物。——译者注

式则伴随着日耳曼民族的诞生。席勒①（Schiller）、谢林、施莱格尔（Schlegel）兄弟，以及之后的黑格尔（Hegel），将建筑作为他们的美学关注核心。荷尔德林（HÖlderlin）、诺瓦利斯（Novalis）、克莱门斯·布伦塔诺（Clemens Brentano）在古黄金时代的庙宇和讲坛中找到了神秘观的素材。卡斯珀·大卫·弗雷德里克（Caspar David Friedrich）则描写了象征着完美主义被时间摧毁的废墟。霍夫曼尽管强调着反语，但是发现了建筑中可触摸到的，却在音乐中不可触及的和谐。他精心“设计”故事的背景，以此反映故事人物的自身心理维度的空间——不是描写原始的哥特式建筑的恐怖，而是在建筑中建构了心理的异样性。

霍夫曼的故事里有无数的鬼屋。比如，《金壶》（Der Goldne Topf）中的档案管理员林霍斯特（Lindhorst）的屋子与街道上相邻的屋子看上去没什么区别，不同的只是它所暗示着的内在的异样。在屋内，那些看上去熟悉的图书馆、温室、书房，有可能在一刹那间变成奇异的半生物的环境：在一间由棕榈树造型的房间里，镀金的叶片盖住了天花，铜的树干像有机的柱子一样矗立着，热带花园没有对外的采光。然而，《荒凉屋》（Das öde Haus）中无人居住的房屋与它相比之下，则少了些传奇多了些异样，如同雨果描写的废墟被弃之于街道，窗和门都被堵住了。房屋的年久失修，在周围华丽的街道背景下显得奇怪。这座屋子像“一块被开了四扇窗的方石头，只有两层高，又破又旧，那四扇窗紧紧关闭着。屋子的底层完全被墙围着。”[26]最后，《意味契约》（Das Majorat）中的罗斯腾城堡只有外表看上去浪漫——它是一个被主人的命运所诅咒的阴暗废墟。在城堡的内部，舒适与不适、安全与不安之间的迅速转换，产生了半梦幻的效果，类似一个旋转舞台。

29

以上的屋子都没有像“克来斯佩政务员”（Councilor Krespel）或“克来斯佩密报”（Rat Krespel）传说中的屋子那样，展现异样性的结构。这个故事于1818年首次发表，于次年收录于《谢拉皮翁兄弟》[Serapion Brethren（Die Serapions Brüder）]第一卷。故事建立了建筑和异样性之间的关系，却没有依赖梦境、闹鬼，或是神话。[27]

故事的开场是对一座住宅的不经意的描写。表面上，正如叙事者所说，它莫过于那个最古怪的政务员“最疯狂的一幕”。（K80）这座住宅，按照政务员的古怪要求建造在花园底下，并且是某个当地人抵押来的。政务员自己买来建筑材料，切割和垒石块，自己和石灰、筛沙子。他拒绝建筑上的专业帮助，直接找来石匠和木匠。这让邻居们赞叹不已。更特别的是，他从没找人

①席勒（1759—1805年），德国诗人、哲学家、物理学家、历史学家和剧作家。他和歌德（Johann Wolfgang von Goethe）一起推动了“魏玛古典主义”——德国的一次文学和文化运动。——译者注

设计过住宅的平面，而是挖了一个正方形的地基。石匠们遵循他的描述在地基上垒了四堵墙，没有窗或门洞，只是由政务员决定了高度。尽管整个建筑过程有些离谱，建筑工人们却十分开心，享受着充足的食物和饮料。一天，克来斯佩（Krespel）叫道："停！"所有的墙都在这一刻完成了。（K80-81）

然后，政务员开始了最奇怪的活动，他在花园和屋子里来回走，在复杂的三角形路线中发现了开门的最佳位置，于是他让人在石墙上开了门。他在屋子里运用了同一方法，看似随机地决定了开窗和隔墙的位置和尺寸。住宅就这样完工了。为了庆祝他的新居，克来斯佩办了丰盛的宴席，邀请了建筑工人和他们的家人，但没邀请朋友。他自己表演了小提琴。克来斯佩的努力的成果，是一幢从外观看十分不一般的住宅。例如，每扇窗都各不相同，但屋子的室内布局却洋溢着轻松的氛围。（K82）

霍夫曼的故事里，这段简短的轶事展示了克来斯佩这个音乐家、律师、小提琴匠人的古怪性格。他有个美丽却不幸的女儿安东尼雅（Antonia）。她天生美妙的声音，却被困在这座房子里，生怕会死于歌唱。对于克来斯佩的离奇住宅的描写，在安东尼雅受诱惑和最终的绝唱的对照下，似乎是对其主人的荒谬特征或是傲慢性格的展现。因此，这座离奇的住宅只不过是整个故事的优美片段和生动引子。

克来斯佩拒绝建筑师的古怪行为，其灾难性结果在歌德[①]的"建筑"小说《选择的亲和力》（Elective Affinities）中也有所演绎。在另一层面上，这种古怪行为或许会让我们从霍夫曼的引言中读出伦理。通过克来斯佩的滑稽行为，霍夫曼讽刺了"自然建筑师"的神话，这个启蒙运动和浪漫主义时期所流行的神话。在这些传说中，建筑师被描写成卢梭般的人物，被放逐到原始丛林，立即知晓如何建造，并在架设第一根梁和柱子的时候就奠定了建筑法则。克来斯佩作为与自然对立的设计师，他的原始和笨拙的行为只是把事情弄得一团糟。但是，正如霍夫曼热衷于展示的，克来斯佩展示了伤感神话的负面价值。顺延着这样的理解，我们可以设想，克来斯佩拒绝建筑师（现代职业）却雇佣石匠（传统建造工人），他成为浪漫主义保护人的一个典型。他通过恢复手工艺行会的智慧，回归到真正的日耳曼式的建造的"根"。

克来斯佩的住宅也可被看作是建筑美的一个范例。它的基础是一个完美的正方形；克来斯佩是位音乐家，我们可以想象在建筑和音乐的无数古典理论中，建筑中的几何和谐与音乐相呼应。谢林曾说过，"建筑是凝固的音乐"。他引用了神话中安菲翁（Amphion）用七弦琴声让石头组成了底比斯的墙。[28]"建筑是凝固的音乐"是一个受人青睐的浪漫类比，曾引发了诸多

①歌德（1749—1832年），德国作家和政治家。——译者注

讨论。歌德在《马克思主义和反思》(Marxisms and Reflections)提到"石化的音乐"。他回顾了奥菲斯(Orpheus)的神话，论证了建筑是和弦的遗留——和弦的声音虽然消失了，但在建筑中却留了下来。[29]从这个意义上说，克来斯佩的住宅就像个巨大的音乐盒，为它的主人——安东尼雅歌唱。而安东尼雅被困在屋子里不能出声。当她第一次歌唱，整个屋子都发出熠熠的光彩——"窗户比平时更加靓丽"。住宅的外观没有任何地方呼应石化的和弦，没有那些歌德记忆中的有节奏感的墙。但是，克来斯佩不正是一位非正统的音乐家吗？[30]

同样地，依据同感理论，克来斯佩的住宅可以被看成他的音乐性格在石头中的写照，这种写照不只在于外表的古怪，更在于内在的灵魂。他的外在是其内在情感的表现：

> 对有些人来说，自然或是命运带走了他们用来掩藏内在疯狂的表面。他们就像表皮很薄的昆虫，明显的肌肉运动让人觉得它们是畸形的，虽然它们很快会回到正常的形状。我们暗存于内的东西，都会成为克来斯佩的外在举动。(K92)

因此，那些看似疯癫的举动，不过是克来斯佩内心的外在表达。尽管有它疯癫的表象，其实是健康的表达。克来斯佩的住宅外表混乱和内部秩序的对比，类似一种逆向的压抑。这种逆向在整个故事中出现，每一次疯癫或邪恶到来，总有明智和善良出现在另一面。在克来斯佩的住宅中总能发现上下颠倒、内外互置的典型。

32

这一特征性的描述，让我们不再将这栋住宅只看成一个比喻，而是让我们开始去体验与故事的情绪相吻合的内在结构，并由此获得解读它的方法。克来斯佩的住宅外表不寻常，内在却像家一样平常。

> 这座屋子的窗户各不相同，因此外表极其不寻常(tollsten,"发疯的"或"疯狂的")。但屋子内部的陈设却让人产生宁静中的舒适感(Wohlbehaglichkeit,"安逸的"、"安宁的")。每个到过那座屋子的人都会有这样的评论。(K 82)

因此，用我们的术语说，克来斯佩的住宅外在极不寻常，内在却平常。这验证了弗洛伊德所言，在平常的住宅和鬼屋之间只有一步之遥。正常和安全会变成秘密的、离奇的、不可及的、危险的，或是充满恐怖的。"heimlich"一词在与"unheimlich"重合之前，它的意义一直是模棱两可的。

然而，克来斯佩的住宅展示了与异样性从平常到不寻常的相反结构。也就是说，在一些鬼故事中，看似温暖的家会逐渐变成恐怖之所，而克来斯佩的住宅却没有从表面上掩盖异样感。因此，是克来斯佩建造这座房子的行为自身决定了异样性。

> "让路！"克来斯佩大叫着跑向花园一端，然后

缓慢踱向他的方形屋子。当走近屋墙时，他不满意地摇着头，跑向花园的另一端，然后再向着屋墙踱回来，依然不满意。他重复着这个过程。*直到他的硬鼻子撞到墙上*，他才大叫道，"过来，快过来，把门开在这里"。（K82，Anthony Vidler的斜体注释）

克来斯佩像个只能用拐杖和鼻子引路的老人，他不像普通人那样看见什么就用手指着，而是跑向它，然后触摸它。他即或用眼观看，也是近视的，几乎是触觉的视距。这一特征在以下的故事中得到了证实。克来斯佩像个醉汉或盲人那样走动。"看上去像是随时会撞到什么或损坏什么"，但在某种无法解释的感觉的指引下，他没打破桌上的杯子，而且绕过了一面他以为是空洞的长镜子。 33

只有半失明的人才会把镜子看成空洞。晚餐之后，克来斯佩再次摆弄着用兔子的骨头做成的小玩意，像个近视的珠宝匠，他的眼睛可以把小的东西放大，而大的东西却超出了他眼睛的焦距。克来斯佩能看得见，但他似乎有意识地压抑着视觉，让其他更深和更有力的感觉显现。对视觉的压抑在霍夫曼的其他异样故事中也有解释，尤其是弗洛伊德所指的异样性场所的代表作——《睡魔》[①]（Der Sandmann）。如沃尔特·佩特所说，在这个故事中，"眼睛的欲望"被表现得淋漓尽致。[31]

如弗洛伊德所说，霍夫曼在《睡魔》中强调了视觉的力量。如果读者关注数量，他们会发现故事中描述了六十多双眼睛，更何况睡魔搬来的那一麻袋的眼睛，或者晴雨表商人科波拉（Coppola）用反射眼镜做的各式各样的眼睛，抑或采用眼神、扫视、视野等词语对眼睛概念的频频引用。所有这些引用可以分为两类：一类是可以看清事物的眼睛，就像克拉拉（Klara）的眼睛，明亮、童稚，只看到世界光彩的表面（S287）。这些眼睛的观察力停止于表象。而另一类眼睛更具有洞察力，像睡魔的眼睛或者内森那（Nathanael）的眼睛，虽然视觉含混但能穿透表象。前者清晰的眼睛被形容为镜子，它们反射外界。比如，克拉拉的眼睛"像雷斯达尔（Ruïsdael）笔下的湖，反映着纯天蓝的无云天空、树林和长满鲜花的原野，以及所有靓丽多姿的生命"。（S290）后者，暗淡的眼睛被描写成为有内在光明的火花。它们折射而不只是反映，双目将内在的力量推向外界，并改变着外界。对具有这样眼睛的人来说，镜子的生机全无。"你瞧"，克拉拉对内森那说，"我至少还有自己的眼睛"。内森那看着克拉拉的眼睛，却看到死亡在向他回视。（S293）不必担心那些镜子般的眼睛却被夺去，克拉拉确信地说："睡魔不会伤害我的眼睛。"（S287） 34

然而，那些具有内在的不可言表力量的眼睛总是担心会被失

①《睡魔》是霍夫曼于1816年所写的短篇故事。——译者注

去。与肉眼不同，心智的眼睛容易失去，或者被更强有力的心智的眼睛所征服。弗洛伊德认为失去眼睛的恐惧类似于对阉割的恐惧，他说，“眼睛和男性生殖器的互换性存在于梦境、神话和传奇故事中。”（U352）在父亲去世后，睡魔变成了一个破坏者、分裂者、阉割者，他把内森那推进了视觉力量毁坏性的焦虑之中。

在《睡魔》中还有第三类眼睛，即眼睛的复制品。它们或者模仿真眼，比如奥林匹亚（Olympia）洋娃娃的眼睛；或者拓展眼睛的功能，比如眼镜或望远镜。这些眼睛有一种无法言表的力量。考坡拉卖给内森的那副间谍眼镜能够使奥林匹亚的人造眼变活。“当考坡拉越来越专注地透过眼镜观看时，视觉的力量仿佛刚刚被启动，奥林匹亚的目光充满着炙热的生命力。”（S297）间谍眼镜还有一种力量，就是能把有生命的眼睛带入死亡的眼睛的状态。内森那拿出眼镜看克拉拉指向的灌木，他无意中看进克拉拉的眼睛里，立即被带到了奥林匹亚被肢解成木偶的最终一幕。这些机械眼是真眼睛的复制，是点缀自然的艺术产品，它们加强了自然眼睛已经很强大的功能，而且总在变换着这些功能。它们是名副其实的视觉幻象的写照。

霍夫曼的作品有这样一个主题，同时也是浪漫文学的主题——艺术是自然的复制，复制着人自身的存在，在自我和观察着自身的自我之间的存在。霍夫曼名为《替身》（Die Doppelltägnger）的故事讲述了一个画家和他自己的复制，以及在他的画中的双重生活。另一个例子是《魔鬼的长生丹》（Die Elixiere des Teufels），艺术作为自然的复制这一主题体现在皮格马利翁（Pygmalion）使他的雕塑加拉蒂亚（Galatea）复活的故事里。这里，霍夫曼重写了奥维德式的故事，将雕塑变成了绘画，然后神秘地为它的画家弗兰切斯科复活。在这两个故事中，对艺术的复制蒙骗了眼睛，生性险恶。在《替身》的故事结尾，画家哈伯兰为了纯理想化的娜塔莉而放弃了真正的娜塔莉。在《魔鬼的长生丹》中，弗兰切斯科的钟爱实际上是魔鬼的魔法。正如在墙上描画爱人的剪影，艺术最初被用来抵抗灭亡，却变成了死亡的象征。在这个意义上，正如弗洛伊德所说，艺术自身反映了异样性的一面。

艺术是异样的，因为它掩盖现实，而且具备一定的欺骗性。但它不是因自身的特征而具欺骗性，它的误导力来自于观众自己的期望。正如雅克·拉康[1]所述，宙克西斯[2]（Zeuxis）所画的

①拉康（1901—1981年），法国心理分析学家和精神病学家，被公认为弗洛伊德之后最具争议的心理分析学家。他的理论影响了20世纪60年代至20世纪70年代的思想界，尤其是后结构主义、批评理论、语言学、20世纪法国哲学、电影理论以及临床心理分析。——译者注

②宙克西斯和帕罗西奥斯都是公元前5世纪的希腊画家，也是竞争对手。在他们的一次竞赛中，宙克西斯画的葡萄让小鸟信以为真，而帕罗西奥斯画的帷幕却让对手宙克西斯信以为真。因此，帕罗西奥斯胜出。这成为一个经典的故事。——译者注

葡萄之所以能使小鸟信以为真，不是因为他画出了完美的葡萄，而是因为小鸟的眼睛被骗了——“凝视的目光胜过了眼睛”。同样的，当帕罗西奥斯（Parrhasios）在墙上画了十分逼真的帷幕而战胜了宙克西斯，宙克西斯说，“让我们看看帷幕背后画了什么。”这里至关重要的是，充满了占有欲望的观众的目光与绘画欺骗性之间的关系。[32]这样，复制和魔鬼之间的险恶关系便产生了。复制既是对原型的掩盖，又是对原型的表现。而魔鬼的那只贪婪的眼睛，等待着被自己蒙骗。

难怪克来斯佩压抑了他的眼睛的威力，有意识地让自己近视。他无疑特别优待了触觉和听觉——这两个音乐家的主要感觉。而且，在浪漫主义神话中描写视觉的阴暗面的背景下——罪恶之眼、分化、隐瞒，克来斯佩实现了一种自愿的稚气，一种像小孩般的洞察力。只有这样，他才能建造一幢不是邪恶的替身的房子，它不是对他过去痛苦的激情的复制，而是一座包容他自我的住宅，一个完整的、不受困扰的自我。这可能是为什么克来斯佩的房子从外面看上去不寻常，而内部却平常的原因。它就像盲文或是他内心的自然写照，在回旋中异样性转化成了平常的气氛。克来斯佩的古怪行为，被教授解释为，预示着“明天他又会回到驴子般的蹦跳常态”。类似地，克来斯佩住宅的古怪外观暗示着其熟悉的内部。教授观察到，“克来斯佩把来自于大地的资源还给大地，但他知道如何保留其中神圣的部分”。（K92）他的荒唐的屋子是他自我保护的方式。

36

克来斯佩的屋子具有疗效——他用屋子的疯癫去对抗外界，从而获得内心的平静。这是遵循霍夫曼的“谢拉皮翁原则（Serapions Prinzip）”的精明方式。这个原则最终把霍夫曼笔下的人物联系起来。这样，外界实际是内在的杠杆，它使得艺术家们清晰地辨识诗意和现实之间的界限。艺术家必须培养一种沉着态度，或是一种特殊的精神状态，借以有控制地把外界的图像和信息传输到内在的心灵中去。正如玛丽亚·塔塔尔（Maria Tatar）所述，“没有这样的特质，画家的画布是空洞的，作家的手稿只是一张白纸，作曲家的乐谱没有一个音符，艺术家也将被社会打上疯子的烙印”。[33]在分析盛行的时代之前，克来斯佩以人为的边界——一个反映他的灵魂的住宅，保护了诗意的自我。

克来斯佩的屋子由于它特殊的内外关系，成为19世纪异样住宅的典型。内和外通过这些住宅，正如“平常”和“不寻常”，成了异样性的特别主题。这样，平常的室内变成为恐怖之屋这一典型的鬼故事的背景，而且就此产生了多种演化：在美满的家庭，晚饭后男人们吸着烟斗，女人们缝补衣物，小孩子们可以玩到晚些再睡。这是对不眠的夜晚的小木屋生活的怀旧，尤其被生活在向郊外移居时代的人们更为青睐。在这样的安全状态下，恐怖故事被轻松地玩味着。许多作家没有去写外面的风暴，而是写一家人相拥在家里的温馨。在霍夫曼的《异样客》（“Der unheimliche Gast”）中，秋天、风暴、炉火、一大瓶果汁，这四个元素让人们产生了一种奇怪的敬畏感，一种对超自然的畏惧。它们贯穿在整个故事中，提醒着读者他们周围的神灵世界的存在。[34]

37

类似的，托马斯·德·昆西，这个尽管有时借助鸦片，在作品中唤醒噩梦的艺术老手，也意识到给予恐怖故事一个安全起点的重要。他的故事发生在格拉斯米尔山谷里的一座曾属于沃兹沃思的白色木屋。这座被鲜花盛开的灌木所环绕的温暖小屋，由山谷庇护着。简单的房间里排列着书，燃着温暖的火炉。[35]德·昆西也总是让他的故事发生在冬天或是暴风雨中。他好像是无意间吸取了科尔里奇（Coleridge）的建筑非凡感。而科尔里奇则受到皮拉内西（Piranesi）铜版画《监狱》（Carceri）的影响。[36]

皮拉内西①对从霍勒斯·沃波尔（Horace Walpole），到卢瑟伯格（Loutherbourg），再到威廉·贝克福德（William Beckford）的“误读”已经非常丰富。德昆西则是以皮拉内西的“误读”为基础，勾勒出对空间异样性的第一次浪漫主义的冥想。这种冥想不再依赖于压抑和回归之间的错位，或是平常和不寻常之间的游移，而是表现在想象虚境中的无尽循环。[37]在以下的文字中，德·昆西描述了皮拉内西被困在他自己的画里，在迷宫般的监狱里攀登无止尽的楼梯。

> 沿着边墙爬行，会看见一跑楼梯，皮拉内西就在楼梯上。楼梯向前有一个陡然中断，没有栏杆，没有给这个已经到了绝境的人的下一个踏步，只有下面的深渊。不论结果怎样，可怜的皮拉内西必须在此终止他所有的努力。但是，往上看，在另一座更高的楼梯上，另一个皮拉内西停在了另一个深渊的边缘。再往上看，还是一样，直到楼梯和皮拉内西消失在深远而阴暗空间里。[38]

德·昆西②超越了伯克式的发现废墟的不确定性的欣喜，在非凡中暗示了一种已经成熟的空间异样性。雅顿·瑞德（Arden Reed）认为，昆西所描述的在催眠状态下的那种“无所不能的想法”，以及把无穷无尽的重复空间释读成由禁锢场所所合并成的一连串的心理空间，这些与弗洛伊德定义的异样性之间存在着关联。[39]正如德里达结合了弗洛伊德对尼采的“永恒回归”的重复引用，认识到这种重复有一种可怕的特质。因此，德

38

①皮拉内西（1720—1778年），意大利艺术家，因感情气氛浓郁的罗马废墟和虚构的“监狱”为主题的铜版画而著名。——译者注

②昆西（1785—1859年），英国著名作家，因作品《压迫吸食者的坦白》（Confessions of an English Opium-Eater）（1821）而著名，被认为是瘾文学的开创者。——译者注

里达在谈到弗洛伊德的《超越愉悦规则》（Beyond the Pleasure Principle）一文时这样论述："整篇文章展示着一种魔鬼般的推进，它似乎在模仿行走，从不停止，却丝毫不前。它有规律地跟踪一两步，却没有向前移动一寸。"[40]这种对无止境的重复的欲望显得异样：一方面是因为它与趋向死亡的欲望相关，另一方面是在运动中却没有运动的"双重性"。

皮拉内西的绘画为浪漫主义者们（当然多数是通过误读）提供了空间不稳定性的比喻，它们象征着无休止的对虚无的向往。德昆西所写的他与科尔里奇（Coleridge）的对话，引起了对皮拉内西的绘画的长期读解，或是误读。皮拉内西的画中的监狱蚀刻，被描写成各式各样的梦境，由毒品引起的幻觉，或者是对思想的禁锢。它们都成为艺术家们流连的迷宫，以及浪漫思维的比喻。

查尔斯·诺迪埃①（Charles Nodier）虽然没有明说，却有创造性地从德·昆西的作品中汲取灵感，并在他的短篇故事《皮拉内西》（Piranèse）中发展了一个值得玩味的主题。这个故事发表于1836年，是原始的博尔赫斯式②的寓言。它触发了一个内省空间，成为无休止地拓展着的图书馆的象征，通天塔里的重复的象征，以及对没有源头的双重性的象征。[41]诺迪埃将一种疾病称作"偏执内省"。他在概括这种疾病的特质的时候，找到了与皮拉内西的"西班牙的城堡"中那些变幻莫测的空间的相似之处。这里，浪漫主义的行家们却发现，约翰·马丁（John Martin）绘画中的非凡与皮拉内西画中的内在噩梦，有着惊人的区别：

> 皮拉内西笔下的废墟行将坍塌。它们呻吟着，哭喊着……这些伟大的建筑有着非凡的影响力。它们令人目眩，仿佛当你在这些建筑的高处测量，正要试图寻找那些令你感动的情感时，你会惊奇地发现自己在檐口由于恐惧而颤抖，或是感到所有柱头下的东西在旋转。
>
> 但皮拉内西的噩梦不是这样的。我相信马丁的噩梦是多重空间，而皮拉内西的噩梦却是孤独和禁锢，就像监狱、棺材、窒息、无声的哭喊和没有反抗余地的空间。[42]

诺迪埃区分了非凡空间和异样空间。非凡空间指伯克所归纳的高度、深度和广度。而异样空间则指寂静、孤独、内在的禁锢与窒息，以及一种时间和空间瓦解的心理空间。非凡空间所导致的眩晕与异样空间的幽闭症并置——想象皮拉内西建了

39

①诺迪埃（1780—1844年），法国有影响的作家和图书馆家，他传播了奇幻文学、哥特文学，以及嗜血鬼文学等浪漫主义的风格。——译者注

②若热·路易·博尔赫斯（Jorge Luis Borges）（1899—1986年），阿根廷作家，以其深奥和富于想象力的短篇小说而尤为著名。——译者注

一座宫殿，比如大学。而诺迪埃则用室内空间与皮拉内西的宫殿外观的“强烈的辉煌”和“惊人的壮丽”形成对比，虽然同样用的是石木结构。没有一幢建筑是完成的，没有一幢建筑是明晰的：

> 大楼梯旋转着，门厅深深，长长的画廊通向远处狭窄的楼梯，阻碍着正在进行的建造过程，几乎不可想象工人们能出得去，他们在精疲力竭、饥饿和绝望中哭喊着。

诺迪埃像昆西一样，将皮拉内西置于这个建筑工地里。他一只脚向前迈出第一步，凝视着室内。一种不可战胜的力量驱使他向最高层攀登。这种“奇怪的沉迷”在沉睡中占据了他的灵魂。它既是梦又是皮拉内西这个浪漫主义天才的命运的象征。“他必须在障碍和危险中攀登，不是胜利就是死亡。”这个深渊般的空间与昆西的描写类似，但更强调了通向无限空间的重复过程。

> 噢，可怜的皮拉内西能成功吗？能在压抑的房梁和不结实的脚手架中攀登吗？他怎能跨越那些用摇晃而细小的椽子所承托的摇摇欲坠的柱子？他怎能穿过那些岌岌可危的穹顶下垒错了的石块？这些，只有最轻的蜥蜴才能跨过啊！
>
> 皮拉内西仍然攀登着，虽然难以想象，他居然成功了。他到达了与开始攀登时相似的一幢建筑，可是这幢建筑意味着相同的困难和危险。由于皮拉内西的疲劳，他显得比他的年纪要老很多。然而，皮拉内西攀登着，他必须这样，攀登、到达。皮拉内西到达了又一座建筑的底层，极度疲劳和衰老，像影子一般空虚无力。他到达的这座建筑与他开始攀登时的那一幢十分相似……

40

就这样，皮拉内西不断地攀登着。他在那个被透视原则所控制的空间里，缩小着、消失着、重复着，直到所有的建筑都消失在只有想象可以测量到的地方。这时，就连皮拉内西也变成了一个无法识别的小黑点，他攀登着、走着，到达新的建筑，忍受着永远无法到达尽头的痛苦，消失在天空的无尽深度之中。诺迪埃略带欣慰地说，“在这之后除了空间什么也没有。”[43]

这个漫长而令人疲惫的建筑中的漫步，对于诺迪埃而言，起到描述“病态睡眠”空间的作用，起到“无法忍受”病态的内省作用。在这里，“所有的印迹变得漫无止境，每一分钟像一个世纪般漫长”。这成了G伯爵异样的精神空间的前奏。G伯爵是个富有的单身，他决定从社会中隐退，而去依据“皮拉内西式宫殿的辉煌模式”翻新他的城堡室内。建造这个空间——一个石头迷宫——掩盖着主人的孤独隐蔽。G伯爵就像德萨德①（De Sade）所写的《120日志》（120 Jours）里的人物，用周围世界里破裂的关系来定义自己："需要非常耐心才能环行的画廊；狭窄的楼梯时上时下，并且被黑暗而不明方向的走道所打断"。只有那个最狭窄的且需带着恐惧穿过的通道，才能通向伯爵的公寓。它几乎是一个密不透风的避难所，主人在这里生活了三年时间，独自冥想，就像柱子上雕刻的修行者一般。最后，主人死在自己的床上。在对圣经进行内在化的最核心，他成功地疏远了周围环境。诺迪埃强调，这绝不是医生所说的疯癫。正像这位学者所期望的独处（诺迪埃指出），他待在公寓里，并拉起钢丝，小心翼翼地在上面平衡着，一步步地离门越来越远。这种与环境的疏远使得所有深层思维获得自由——一种对完美的憧憬。[44]如诺迪埃所言，这种内向性是真正的异样性，是最后一个拒绝"进步的进步"之所。[45]

41

从平常的感觉转化成不寻常的感觉，如今完全发生在脑子里，它加强了真实世界和梦境之间，以及真实世界和精神世界之间的含糊性，几乎破坏了专门做梦的人的安全感。依照康德所描述的，基于对安全的了解而去体验在危险中的快感——"如果我们处在安全的位置，（自然中的恐怖）会变得更具吸引力"，关注恐怖的审美学家们成功地在自己与自然之间建立了隔离，为的是沉浸在恐惧的滋味中。然而，由于异样性转向了思维，这种隔离又不易维持。于是，它被化解到梦境里，像鬼魂一样出没在自身的恐怖之中。

这样，veillée（即"不眠的夜晚"）也变得异样，正如迈克尔·卫非特（Michael Riffaterre）翻译兰波②（Rimbaud）的诗的标题，[46]因为它的安全感注定会终结。就像在霍夫曼的故事中，纳撒内尔的父亲等待睡魔的到来，坐在摇椅上吐着烟圈，直到屋子里的人感觉像是沐浴在烟里。（S278）那个夜晚，在兰波的笔下，当地幔和墙纸融合进梦的航程，只有在作为平常的象征，也就是作为死亡的象征的时候，才会回航。

> 光回照在屋脊上。房间的两面呈现出和谐的立面，一幅平常的图景。面对巡夜者的墙是一个心理序列——檐口的碎片、大气层带、地理断层，就像迅速变幻着的、形形色色的伤感者的梦。[47]

正是由于遭遇了这样的不眠的夜晚和现代城市，兰波发展出关于皮拉内西式的深渊的设想——光照"城市"。

从霍夫曼到兰波，在诸多短篇小说中，屋子变成了烟雾，消失在梦境中。同样的，在非凡性的渲染中，烟雾总是把过分

---

①萨德（1740—1814年），法国贵族、政治家、哲学家、作家。推崇极度自由、不受道德、法律、宗教的约束。施虐狂（Sadism）这个词来源于萨德的名字。——译者注

②兰波（1854—1891年），法国诗人，影响了法国现代文学和艺术，是超现实主义的前身。——译者注

的清晰变成晦涩。

没有比梅尔维尔①的短篇小说《我和我的烟囱》（I and My Chimney）中的叙事者的生活更安稳、更舒适的了。他总是在烟囱旁吸着烟斗。[48]叙事者抵抗着现代化，保持着与烟囱这个安静的老朋友之间的和睦关系。他捕捉到了人们对火炉作为家的中心这一“美国式”观念的想象力——这是定居者的起源，它根植于森佩尔（Semper）的人类学，并在弗兰克·劳埃德·赖特（Frank Lloyd Wright）的草原别墅中获得建筑表现。[49]

42

叙事者确实很爱他的烟囱。烟囱为他的屋子提供了结构上和功能上的温暖与稳定。它不像他的太太那样“回嘴”，它象征着过去的好日子抵御现在的坏日子入侵的最后堡垒。叙事者同时也承认，烟囱是个暴君。它的基座12英尺见方，顶座4英尺见方，完全占据了屋子的中心，阻挡了从屋子一边到另一边的交通，迫使人们在屋子的周边走动。烟囱的存在感如此强烈，使得叙事者不得不成为它的奴隶。烟囱其实是房屋的主人，它的“拥有者”在背后保护着它不受外界的破坏，并为它守夜以免它在不注意的时候被拆掉。畏惧弥漫在整个故事中：恐怕烟囱被拆了之后而失去了“脊梁”；恐怕失去永久的住处；恐怕与他的太太冲突；恐怕与烟囱的形状和竖直的能力相比，失去男人的强劲。

烟囱还提供了另一种支持，它是叙事者对生活产生幻想的中心物件。烟囱提醒着人们，年代遥远的埃及金字塔和德鲁伊教仪式上矗立的石头。烟囱代表着整个浪漫主义关于起源的历史，像一个纪念碑，既赋予生命又夺去生命。它是长明火的预示和国王的墓冢。烟囱还是驾驭知识的工具，是一个瞄向天堂的观象台。它体积不成比例，不能被简化成建筑师的数学逻辑（被蔑称为“画线器”），它的大小无法削减。烟囱的内部隐藏着秘密，而外部却严丝合缝。它正像黑格尔所说的，是完美的象征性建筑，一个还没有完全从魔幻世界或是人们的幻想中分离出来的物件。在这个金字塔般的坟墓周围，屋子依赖着烟囱的支撑而建造起来。由于烟囱的位置，周围的屋子看似一个受保护、不被亵渎的迷宫。房间也因此变得令人费解，每个房间是通向另一个房间的通道。其中一个房间居然有九扇门。这些房间组成了复杂的网络关系。“几乎每个房间就像一个哲学系统，各自是自己的入口，或者通向别的房间和房间系统的通道。其实，它是一个由入口组成的系统。”这些房间看似真切，就像做白日梦的人的臆想地图。“走进屋子，你仿佛一直朝着一个地方走，但永远无法到达。”确实，有的人可能会完全迷路，“围绕着烟囱走啊走，就像在树林中迷失方向。如果能到达什么

43

①梅尔维尔（Herman Melville，1819—1891年），美国文艺复兴时期的小说家、短故事作家、诗人。——译者注

地方，那便是你开始的地方，然后又开始走，然而到达不了任何地方。”[50]

以上的状况让我们想起弗洛伊德描述的一段在小镇行走的独特经历。“这个小镇的特征十分明显”，因为镇上小屋的窗子里堆满了女人的画像。

> 我仓促地在拐弯处离开了狭窄的街道。但漫无目的地走了一会儿，忽然发现自己回到了相同的街道。我的出现引起了过路人的注意。我赶紧再次离开，但最终又回到那条相同的街道。这时，只有异样能表达我的感觉。（U359）

弗洛伊德比较了把平静的意大利小镇［热那亚（Genoa）］变成皮拉内西式的幽闭场所的“不自愿的重复”，以及类似于迷失在深山里的经历——尽管每次寻着记号或是熟悉的路径，结果总是把人带回到原地；抑或类似于在一个黑暗的陌生房间里摸索，寻找出口或是电灯开关，却总是撞到相同的一件家具。（U359）梅尔维尔的叙事者在烟囱的强力面前也感觉到如此的异样。并且，他似乎同样不愿意找到自己“不自愿”行为的无意识动机。

叙事者隐瞒对烟囱的依赖，还反映在他不愿解释这个密闭的烟囱，好像这种解释将会导致他自己的躯体被灭绝一般。相比之下，他喜欢金字塔在文字发明前的原始力量，就像商博良[①]（Champollion）破译之前的象形文字。它们拒绝所有的解释。即使最后，当建筑师试图用虚构的“密室”说服叙事者拆掉烟囱，还是被他拒绝了。这不是因为他不相信密室的存在。恰恰相反，他太相信玄虚了。但烟囱所隐藏的幽冥世界应该继续被隐藏。他说，“无休止的悲惨事件往往是由于秘密被泄露而造成的。”这正呼应了谢林的论断。这样，在宅子的恶性能量和良性能量之间暗暗达成了平衡，使得它至少在房主在世的时候还是可居住的。

44

---

①让-弗朗西斯·商博良（Jean-François Champollion）（1790—1832年），法国学者，是最先破译埃及象形文字的第一人。——译者注

活埋

曾经的庞贝城已面目全非，一片死寂，仿佛石化。死亡的感觉油然而生。

——威廉·延森，《格拉迪瓦》①

（Wilhelm Jensen，Gradiva）[1]

梅尔维尔故事中的叙事者受困于烟囱，直至死亡；确确实实是被活埋了—— 一种因烟囱和埃及金字塔类似而被强化了的状况。这里，梅尔维尔预演了有关异样的熟悉比喻；这种异样，与19世纪引发的考古学兴起基本同步，对它的文学探索也由此时按序展开——一连串的"重新发现"引发了对古城挖掘的热潮，如庞贝、埃及、特洛伊等。诚如弗洛伊德后来所认为的，长期地下深埋的世界被重新发现，不仅为精神分析过程提供了现成的类比实例，而且符合异样自身的变化："对于某些人，最异样的事，莫过于被意外活埋。"（U 366）

所有地方中，庞贝似乎是许多作家变现异样最极端的例子。因为，"活埋"意味着几近完整的保存，并且包涵了作为由房屋与商铺组成的"家庭"城市所独有的特征。庞贝城被埋葬的特别状况，使得直接的日常生活的痕迹得到保存。所有参观者都认同，相较于罗马，庞贝城的意义在于其对日常性的存留。它的街道、商铺和房屋，在来自北方的旅行者看来是如此的亲密。夏多布里昂（Chateaubriand）曾于1802年路过罗马和庞贝，目睹了"耗资昂贵，由花岗岩和大理石砌起的公共纪念碑"——典型的罗马，及"仅赖简单个人之力建成"的"日常住宅"——庞贝，两者巨大的反差令他震撼。"罗马是一座巨大的博物馆，而庞贝则是古代的真实再现。"[2]他甚至梦想，应发明一种非纪念性博物馆的新形式——将废墟中发现的工具、家具、雕像和手稿保留原处（通常被转移至波蒂奇博物馆展示），并重建房屋屋顶和墙壁，体现古罗马日常生活场景。"在重建后的庞贝城内长廊中，我们会学到更多罗马的风土人情、历史背景和罗马文明的当时盛况，这远比阅读所有典籍更为有效，"按此提议，他预想20世纪的民俗博物馆："仅需小砖、陶片、石膏、石块和木

46

①延森（1837—1911年）是一位德国作家，他的短篇故事《格拉迪瓦》描述了，一个年轻的考古学家似幻似真地在庞贝城，遇到一位曾在浮雕中见到的女子。这个故事之所以出名，是因为弗洛伊德在1907年发表了一篇文章，分析了这个虚构的考古学家，并使得格拉迪瓦成为现代神话人物。——译者注

材，以及大木、细木工匠……有才华的建筑师就可遵循当地法式，修复遗迹；也可按庞贝断壁残垣中所残存绘制的景观进行重建。”如此，即以较小的代价，建造“世界上最奇妙的博物馆”，“将罗马城全部保存，如同居民十五分钟前刚刚离开。”[3]

其他作家，从温克尔曼（Winckelmann）到勒·柯布西耶（Le Corbusier），也都目睹了几处不起眼的遗迹：如所谓的狄俄墨得斯别墅，牧神之家，香槟奈特之家，贝克家宅。这些是仅存的几座房屋，经历代建筑学子煞费苦心地测绘和“修复”；但我们仍会有一种破坏感——新近废弃的日常场景已遭外物入侵——尤其随着发掘出的大量家居用品，或者瞥见壁画所绘的民俗场景甚至性生活场面，这种感觉会愈加强烈；尽管有些用品为了满足游客的兴致而特意留在现场。另外，由于对性问题的避讳，此类题材的壁画大都长期秘藏于博物馆，如今重见天日，成为完整全景和名副其实的民族志研究工作的一部分。皮埃尔-阿德里安·帕里斯（Pierre-Adrien Pàris）就曾仔细复制了一处小店墙上的阳物浮雕，年轻的福楼拜（Flaubert）认为这是镇上最令人难忘的装饰品。[4]

尽管废墟存有明显的生活痕迹，有时它们也并不寻常。平常与异常，两种特征也会同时呈现，如同在平常的外表背后潜藏着恐怖惊心的一幕：例如骨架林立。克鲁兹·德·列瑟（Creuze de Lesser）曾经描绘，在士兵营房，“法官与被告均已消失”，囚犯的遗体仍拴在墙上。赫库兰尼姆①（Herculaneum）的死亡，据流传说，其过程是缓慢的——夏多布里昂②写过，“熔岩浸满了赫库兰尼姆，好似熔化的铅慢慢填满了模具空腔”。庞贝城的覆灭，是突然的。杰拉德·德内瓦尔（Gérard de Nerval）曾重现了火热的灰雨场景，雨点在飞行中燃烧，令人窒息。直到18世纪中叶，庞贝城此次令人惊惧的毁灭，才为人所知。同时，埋葬的街区也被挖掘发现，我们才感觉并不那么恐怖，略显平常。考古的目光是无情的：“上世纪中叶，学者开始挖掘巨大的废墟。哦！这是一个难以置信的惊喜——他们发现了火山中的整座城市，火山灰下的房屋，房屋里的骷髅骨架，还有骨架旁的家具和图片。”[5]显然，这座城市并不是一般的考古遗址，它的废墟经过太阳的漂白，已失去社会记忆：然而，历史似乎在这些恐怖的遗骸和日常的场景中得以停留。因此，夏多布里昂所谓的民俗博物馆，事实上真的存在。

47

平常与异常的强烈反差，使得庞贝成为19世纪文学和艺术形式中表现“异样”的典范，如内瓦尔（Nerval）的神秘幻想，布尔沃·利顿（Bulwer Lytton）的流行情节剧，西奥佛尔·戈

①赫库兰尼姆是一座罗马古镇，和庞贝城一样，它被公元79年的维苏威火山爆发的火山灰淹埋，也因此成为世界上仅存的几处保留完整的古城镇。——译者注

②夏多布里昂（1768—1848年），法国作家、政治家、历史学家、外交家。他被公认为是法国浪漫主义文学的奠基人。——译者注

蒂埃（Théophile Gautier）的成熟浪漫主义，抑或威廉·延森的梦幻故事。他们的故事，淋漓尽致地描绘了奇异、怪诞、离奇的景象，以历史停顿的幻想为中心，希冀梦幻成真，将往昔留在今朝。庞贝城，与传统的鬼屋和恐怖场景相比，拥有考古学上的逼真；在醉心于研究过去与未来模糊关系的19世纪，其意义表现在历史剧中，很好地诠释了戈蒂埃所谓的“追忆理想”、“追忆契合”、“追忆欲望”以及与庞贝城有关的“追忆爱情”。[6]这种带有忆旧风格的特性，将过去与现在令人不安地混合起来，强调着那些未被掩埋的死者的权利，认同超越命运的力量无处不在。在庞贝城，由物证和历史学家的解释所组成的历史学领域，似乎在对其创建者进行着报复。

48

如此，庞贝城，显然是在各种层面上，均属异样的典例：从日常生活内部隐藏的恐怖，到对神话和宗教的展现。然而，谢林却坚持认为，如果庞贝城从未被发现，可能更好。戈蒂埃①（Gautier）在叙事剧《阿里亚·马赛拉》（Aria Marcella）中，将这座城市的陈腐和非凡、琐碎和伟大、壮丽和怪诞等诸方面进行了对比：光辉的灿烂和空气的透明，对比着灰暗的火山沙、脚下的黑色粉尘和无所不在的火山灰。维苏威火山仿佛巴黎北部的小山蒙马特高地，性情温和——如同展示梅尔维尔笔下的烟囱的主人，年事已高，静静地抽烟，似乎衰败的声誉与己无关。在这座城市，现代的火车站和古老的城镇可以同时展现眼前；穿行于墓葬街的游客，却可以深感惬意；导游面对废墟，口中的“陈腔滥调”，复述着这座城市中人们可怕的死亡：一切都证实，场所环境似乎有着某种特殊力量，可以系统地复制异样性的结构。[7]

谢林曾说过，荷马赞美诗中，充斥了宗教萌芽时期的黑暗神秘与崇高壮丽的外表之间的斗争；纯粹从美学角度而言，庞贝正反映了这种斗争，仿佛为了展现异样性而重新上演那场黑暗和崇高之间的战役。首次发掘的庞贝，完全是一座完整的古城，与温克尔曼及追随者们描述的宏伟城池并不一致。在这座矗立在古希腊基础的城市里，绘画、雕塑、宗教文物，均非想象中的柏拉图式新古典主义；农牧神、丘比特、森林神、男性、半人马和妓男、妓女的塑像，取代了温克尔曼美学中的阿波罗式的典雅和拉奥孔式的力量。伊西斯（Isis）的神秘和埃及宗教的祭品，取代了高尚的哲学和雅典卫城的仪式感。考古在揭示那些本无法见天日的世界的同时，却往往无可挽回地证实古典主义“阴暗面”的存在，这不仅使人对其一贯崇高的印象破灭，而且也对其历久精心构筑的传世神话不再深信无疑。谢林、歌德和席勒，都是古典建筑是“凝固的音乐”的忠实信徒。

---

①戈蒂埃（1811—1872年），法国剧作家、诗人、小说家、记者、艺术和文学评论人。——译者注

但是，在谢林对埃伊那岛寺庙雕塑略显矛盾的评价中，也注意到了考古的破坏力。虽然，这些塑像极大地展示了托瓦尔森（Thorvaldsen）的“完美”，却背离了崇高主义初始时，艺术形式所应具备的扭曲变形的特征。他认为，这些仿佛面具的图纹，体现了“异样的特点”，显示了古老神秘宗教的变迁。[8]

49

也许，考古学对古典主义的“背叛”，最不值得谅解的是对色情的公然展示。世上迄今最为避讳的话题，现在完全对游客和历史学家开放。这仿佛明目张胆地支持下流的文学作品，如德·汉卡维尔（d'Hancarville）或德·萨德的书籍；而且，作为更新一代的浪漫主义，它将古典美学原则置于险境。庞贝城发现的所有断片，都令人称奇；而其中有色情痕迹的，尤其考验文学家的想象力，他们涉及于此的作品，其后被认为（大大）削弱了原有的古典崇高感，如夏多布里昂和戈蒂埃的剧作。

庞贝古城中，有一件文物，特别吸引人，很多早期的游客曾听到过有关于此的详细介绍，每个导游也都津津乐道：狄俄墨得斯家宅门廊下发现的一块烧焦的断片，现存于波蒂奇博物馆。夏多布里昂描写道：

> 门廊环绕住宅花园，由方柱组成，每三根一组。第一道门廊下，还有第二道。断片上，是一位双峰高耸的年轻女郎的痕迹，她应是窒息而亡，我在波蒂奇见到了这块残片。[9]

这种简单却令人悲哀的“印象”，成了一系列沉思作品的重点；艺术家在每个作品中都反映了前人的形象，他们也在表现生命垂死挣扎这个主题时成就了自己。这是一种本质上很奇特的艰辛工作；“死亡，就像一位雕塑家，塑造着他的受害者。”夏多布里昂此语的这一特点与皮格马利翁和伽拉忒娅的故事有颇多巧合。发现关于模仿的古典理论最终还是被命运降服，尽管有些令人沮丧，但某种程度上却令人欣慰。雕塑家的创作栩栩如生——她似乎在他的怀抱中，脸色绯红，他也与象牙塑像相恋“结合”。此时，雕塑家已被自然取代，或者说，被历史取代。历史取材于生活，塑造着自己的艺术作品，将浪漫的想象、生动的美感，逆转为一种毫无生命力的踪迹。地下埋藏的城市，带着难以磨灭的情色潜台词；它的踪迹，不是一具简单的木乃伊干尸或骨架，而是一个胸部高耸的女鬼，一块有待至少在想象中重组的断片，它们来自于大量修复破损塑像的年代。

50

这块断片，是消极的石化符号，镌刻着已经死去的自然；类比其他断片，它在文学艺术史上地位举重若轻，它标志着无法挽回的过去，以及对未来美好愿望所引发的亢奋欲望：同样的例子，还有贝尔维迪躯干像，埃尔金大理石雕，米洛维纳斯像。庞贝的陶土雕像则与这些作品不同：独有的解剖学特点，代表了对形体更凌厉的一种切割手法，从而达到更强的艺术诠释张力。这些雕像的地位更甚于米洛断臂维纳斯像。就考古学而言，其意义不言而喻，它们仿佛是断壁残垣下仅存的一间小屋，或者在干泥中发现的一匹织布。

将身体切割成各个重要部分，每一块都蕴含着整体美感，这是一条司空见惯的古典美学原则。宙克西斯通过研究模特身体，选择和组合他们的最佳部分，得出美的类型。温克尔曼和学生却强烈反对这种机械的模仿，提出“前浪漫柏拉图主义”，一种激情的理想主义。但浪漫主义者自身，虽然赞同温克尔曼抛弃复制的看法，但在对待断片上，他们的投入远远超过了零碎的意义。他们勉强自己，去证实断片的真实存在——昔日的各种断片日积月累不断增加，堆积在新博物馆的地下室——他们秉承有机主义的形而上学，更倾向于保持断片的原貌，并作为冥想的对象。

施莱格尔认为，断片“就像一件小的艺术作品，需完全脱离于周围的世界，应像刺猬一样封闭自身”。这种封闭，使断片变为谚语，在某种层面上，赋予它纪念意义，使其在历史背景下表现和沉淀；然而，在另一层面上，这种未完成的状态，随着历史的变迁，自身也可能产生变化，形成想象中、与过去对话的一部分，“一个环节，抑或最完美的一个片段。”有鉴于此，断片也可能成为一种“规划预想”：揭示“一个正在形成的客观物体的主观起源”，成为“未来的一块断片”。施莱格尔对此总结道，“无数古代作品已成断片，无数现代作品则从诞生之时就已是断片。”[10]

51

上述特征，如果在夏多布里昂的“一块泥土断片”描述中得以加强；那么，戈蒂埃的《阿里亚·马赛拉》(Arria Marcella)更强化了其断片的特性，尤其全剧的主题是无法存在的爱情。故事中，埋葬的城市成为异样的栖息之所，“英雄”屋大维(Octavien)在“沉思”中迷失了自我：

他如此关注的，其实是一块凝结的黑色灰烬，上面刻着镂空的印记。或许有人会说，这只是一块塑像模具的断片，而且在制模时就已经破碎。可是艺术家训练有素的眼睛，可以轻易地透过乳房和大腿的优美曲线，看到希腊雕像风格的纯粹。广为人知的事实是，旅游指南也曾提及：这块熔岩，曾经包裹着一具女尸冷却，因此保留着她迷人的轮廓。[11]

随着沉思，一幕异样的梦悄然出现：阿里亚·马赛拉的盛宴中，屋大维这个米洛的维纳斯像的长久的崇拜者，曾面对塑像一度落泪。他企求来自于“她大理石乳房”的拥抱。最终，他见到了原像的复制模。如他所愿，她“用美丽的塑像般的手臂，冰冷、坚硬、刚强，如大理石一般，环抱着他的身体。”这里，逆向的意义已很明显。正如戈蒂埃指出：活生生的身体，被拓在土质模中。当他复活的时候，就成了艺术模仿的标志。因此，古典美学被描绘得已经死亡，而“自然的”断片“本身”却复生了。断片注定只能通过无力的虚幻梦想，来得以完整。

据此类比，我们或许也能理解，在戈蒂埃的故事中，庞贝城的断壁残垣，可以在屋大维和加拉蒂亚会面前，如梦幻般地“复原”：陌生的夜晚，皎洁的月光仿佛掩饰了建筑断片，修复了“这座化石城市，以及她所代表的曾经的荣耀”。屋大维也说过：在某个下午，某位无名建筑师以神速展开了这场“奇特的修复”：

> 某天下午和晚上，一位不知名的建筑师开始了奇特的修复，这使屋大维非常不安。同一天，他还看到这座房屋残破不堪。因为邻近的住宅无论新旧，特性相似，所以这位神秘修复者的工作进展飞快。[12]

复原过去的梦想，就像建筑学的学生将巴黎美术学院恢复原状，诚如阿里亚·马赛拉所见，这里所谓的回归历史，并非赋予复原物以新的生命，而是延续其原物的死亡特性——“所有的历史学家都已被欺骗，因为火山喷发并没有发生过。”考古学以纯粹的唯物主义，暂时克服了时间性。有时，如果我们重读戈蒂埃的故事，会发现他对复原工作者、巴黎美院和中世纪研究者有过隐晦的攻击，认为他们拼命挖掘搜索，只是为了使过往的文物成为当今时代的历史纪念品。

52

但是，如果一个没有想象力的建筑师的过于完全的设想，无论是复原或保护，都能营造出观光者心目中的崇高壮丽的审美效果；一切事物，都可以借助不停的表现和复制，成为自身的一种复制品——如卡尔卡松（Carcassonne），雅典卫城，当然也包括庞贝——在戈蒂埃的笔下，异样的印象变得较难预测。根据康德（Kant）的定义，崇高感主要来源于面对更强大的力量时，所产生的一种自惭形秽的感受；而异样的心理状态，则与死亡或欲望的挫折有关，同时含有对崇高的畏惧和受到陈腐事物的威胁感。戈蒂埃描述，面对历史命运，庞贝城的居民几乎都选择接受逼近的死亡预兆。因此，当屋大维回到自己梦想的地方，发现阿里亚的遗迹，“仍然顽强地安息于尘土，”绝望地停留在冰冷、疏远和陈腐之中，一如他渴望的那些塑像。在戈蒂埃的另一个故事《捷塔楚拉》（Jettatura）中，德·爱斯普瑞蒙特（d’Aspremont）企图在庞贝废墟的决斗中杀死对手，他自己险些丧命。当他离开城市时，自己却如同一座“活动的雕像”。最终，他死在自己手中，尸体也从未被发现。[13]那些希冀活埋然后幸存的人，显然甘冒同样的命运风险。

然而，在看似奇怪的逆转中，死城庞贝的古墓，并非像那不勒斯和罗马的地下墓穴，它们很少成为墓地冥思的对象。对屋大维的伙伴们来说，他们确实很愉快：“道路布满坟穴，若按现代观感，这应该是城市的悲伤大道……但它并没有激发，如我们自己的坟墓使我们感受到的，那种冰冷的厌恶感或异常的恐惧感。”当游客游历了那些没有宗教的人的墓地时，“带着略微的好奇，也充满了发现其存在的快乐”。如同阿卡迪亚的牧羊人，他们嬉闹，同时也明白，这些墓穴即便有“可怕的尸体”在内，有的也只是灰烬，只是“死亡的抽象概念”，而非死亡本身。[14]

53

面对仪式化死亡的愉悦，与火山喷发中居民对过早死亡所感到的恐惧，形成了鲜明对比。在某种程度上，愉悦似乎驱除了阿里亚·马赛拉死亡所产生的异样效果：“‘在这里，’导游淡然解说着，其音调与语义并不一致，‘他们发现十七具骷髅，有一具是女尸，在那不勒斯博物馆中可以看到她的遗迹。’”[15]如歌德所说，由追忆爱情所激发的恐惧，与“被艺术装饰着的”墓穴中找到的安全感，或者是平常感，所抗衡着。按仪式放置的骨灰，一般是人为的安排；而骨灰本身，却是源于可怕的自然灾难。

弗洛伊德在谈及被活埋的恐惧时，将它与19世纪常见的文学作品中的异样比喻相联系，如万物有灵论、巫术、魔法、邪灵眼等，特别是“捷塔楚拉”（Gettatore）这个罗马迷信传说中的异样人物，五十年前也曾给了戈蒂埃（U 365-366）创作灵感。弗洛伊德对霍夫曼的小说《睡魔》（The Sandmann）进行了很长篇幅的分析。他认为，在某种程度上，谢林已比较准确地描述了异样的感觉，它是“隐藏心底的熟悉事物”，“曾被压抑、并由此产生的”的情绪复发。比如，如果面对一些断片——假设是“被分解的四肢、头颅，被切断了手腕的手”（U366）——此时，异样感觉的产生则可能与阉割情结相关。这种迷信情结，可以认为是原始恐惧情绪的复发，虽然长久被埋没，但总是随时准备从心灵深处被唤醒。因此，弗洛伊德再次诠释了谢林有关异样的定义——压抑情绪的复发，使得异样成为一种病态的焦虑渴望，都源于某种“被压抑但又重新出现”的事物。因此，有关幽灵现象：

> 许多人都体验过异样的感觉，尤其是与死亡和尸体相联系的时候，从已死状态返回的时候，或者感觉到灵魂和幽灵的时候……很少有像死亡的其他事物……自从蒙昧时代以来，我们的思想和感情的变化有这么少。尽管那看似已被抛弃的形式，仍然在单薄的伪装下，得以完全保留。（U 364）

弗洛伊德自己也是位业余考古学家，他充分认识到庞贝的异样效果。弗洛伊德写过一篇长文，分析威廉·延森（Wihelm Jensen）对格拉迪瓦的迷恋：一位年轻的考古学家，在城市的废墟之中，发现了延森小说的原型—— 一幅少女“优美行走”的浮雕。[16]延森对庞贝的幻想，是对戈蒂埃故事的再加工，他附加了考古学家的梦想。但是，弗洛伊德在分析中，反常地排斥了对异样的直接参照，甚至排斥了考古学的发现。他宁愿阐释解梦原则对小说中的梦的诠释。或许，这是他自我压抑的一种表现。在《梦的解析》（The Interpretation of Dreams）一书中，他通过自己的一个梦，充分探讨了“异样”的问题；这个梦，既包涵了被活埋的恐惧，也有对完整考古现场的渴望。他

54

认为，“奇怪的是”，梦产生的原因“与身体下部有关”，这其实是一种自我分割。[17]

弗洛伊德把这个梦的产生，归因于阅读了莱德·哈格德[①]（Rider Haggard）的流行情节剧小说《她》(She)。梦中，弗洛伊德发现自己在解剖现场；然后，驾驶一辆出租车，经过自己公寓门口；接着，到了阿尔卑斯山，欣赏高山景观；最后，到达一座原始的“木屋”，有个男人，躺在靠墙的长椅上。其实，此梦与《她》剧有明显的联系。但是，弗洛伊德在考古学的幻想中找到依据，却不将《她》的剧情作为压抑情绪反弹的例子作明显引用。在《她》剧中，以阿里亚·马赛拉为原型，一个妇女形象在历史中永垂不朽。

> 木屋，毫无疑问，如同一具棺材，亦即坟墓……我已到过坟墓一次，那是已被挖掘的奥尔维约托（Orvieto）附近的伊特鲁里亚（Etruscan）墓穴[②]。这座坟墓是一间窄室，沿墙有两张石椅，上面躺着两具成年男子的骨骸……这个梦似乎在说：“如果你必须在坟墓里安息，那就让它成为一座伊特鲁里亚墓吧。”这种转换，是将一种极悲观的绝望等待，转化为一种更合乎心意的愿望。[18]

后期，弗洛伊德在《幻象之未来》(The Future of an Illusion)一书中，更明确地表述了这种对从考古学中得到满足的渴望：

> 睡梦中的人，也许已经有了死亡的预感，得知即将被送入坟墓。梦中，我们会判断如何选择某个状态，甚至会把可怕的事件变成一种愿望来实现：睡梦中的人，看到自己爬入古老的伊特鲁里亚坟墓，高兴地发觉自己对考古的志趣，最终得到了满足。[19]

弗洛伊德认为，假设异样源于以前压抑情绪的反复，并随后转化为一种焦虑渴望心理，那么，此处对被活埋的恐惧，则应是“惊恐异样事件”的一个典型实例。

> 有些人认为，被活埋错了，是最为异样的事情。但是，精神分析学告诉我们，这种看似可怕的幻想只不过是另一个幻想的变形。而且，那个幻想本来并不可怕，只是某种带有淫秽性质的念头——比如源于在子宫内生存的奇怪想法。（U367）

此刻，重回子宫的欲望取代了被活埋的恐惧。这即是弗洛伊德所谓的异样，因为“在现实中，不是新鲜或离奇的事物，而是熟悉的、已成为思维定式的事物，才能通过被压抑而被生

---

①哈格德（1856—1925年），英国历险小说作家。他的作品多设定在非洲，这样的独特场所。哈格德还是描写“被忘却的世界”这个文学风格的先驱。——译者注

②意大利古文明起源地之一，位于现在的托斯卡纳（Tuscany）。——译者注

疏。”相应地，重回子宫这种无法实现的幻想，体现了怀旧的终极目标，从而成为一种真正的“思乡”情结：

> 通常，神经质的男人会说，他们觉得女性生殖器官异样。但是，这个异样之处，却是所有人类的第一个家，是我们每一个人的生命开始的地方……相同的，在这种情况里，异样曾经是平常熟悉的。“Unheimlich”一词中的“un”前缀，是压抑的标志。（U368）

或许是出于考古学将埋藏之物公之于众的景仰，弗洛伊德在其诊室的那张著名沙发的上方，挂着一幅大照片，那是阿布辛贝（Abu Simbel）拉美西斯二世法老岩石神庙。照片旁是一幅石膏浮雕复制像，原件存于梵蒂冈乔拉蒙蒂博物馆。它是植物女神赫拉格（Horag）的雕像，通常称之为“格拉迪瓦”，即赋予詹森创作灵感的那幅浮雕。

平常和不寻常之间的永恒转换，从安逸到恐惧的滑动，在霍夫曼和德·昆西的文字中，是精心打造的事件。在这些事件中，建筑是用来定义边界的机器，而边界最终又将被攻克。在梅尔维尔的文字里，划分虽然体现在空间和物体的层面上，但是本身却不明确。在具体的隐藏和预想的梦幻之间，在安逸和潜伏的恐惧之间，一股烟仿佛建起了一不定的墙。我们甚至会猜疑，那座住宅和住宅的烟囱或许只是叙事者脑子里的一个复杂的符号，他在家里却有不寻常的想法。很明显，在沃尔特·佩特①缩写的片段《住宅里的小孩》（The Child in the House）中，关于住宅的记忆和住宅本身已被纳入了梦境。[1]

起初，弗洛里安②的梦境给人以平常的感觉，具有关于家的最本质的记忆。人们常说，“在弗洛里安的作品中，家的感觉出奇的强烈”，“因为这些家的特点在本质上就像家一般”。这种意义上的重复，就像梅尔维尔的故事中的叙事者所用的“背后”一词，往往由于其正面的肯定而削弱自身意义的力度。弗洛里安童年时代的屋子勾画了这样的画面：树、花园、墙、门、火炉、窗、家具，甚至它的气味，这些都使它成为一个典型的家。这个典型画面被其所处的位置——所强化。宅子对童年的弗洛里安来说是如此安全，甚至从邻镇飘来的烟雾都不曾带来不祥之感。宅子完全被“密封”了。 58

但这座宅子只存在记忆中，并在梦境中被唤醒。它的面貌清晰，“像在梦里发生的事一样，有时被提升得略微高于本身”，被强化，变得半神灵，并且与它本质上的暂时性融合。当弗洛里安回顾自己的灵魂在小屋里的成长过程时，他只强调了那些在孩童时代能暗示未来的事情。这个儿时梦很快成为恐惧成长的历史，追溯着对于孩童来说异样的感受。而这些感受留在自己成人以后的心里，成为一种源源不断的不安。窗户不经意地半开着；楼梯间里的尖叫声在屋子里回旋，欢呼着弗洛里安父亲的过世；走访墓地唤起了对长眠之地的本质的发问。

最终，弗洛里安的住宅闹鬼了。“一些他不愿看见的形状”和父亲的影子每晚都会逗留在他的床边，而且到了清晨也不散尽。弗洛里安从儿时的宅子搬出来。这个举动证实了他对死亡

①佩特（1839—1894年），英国随笔作家、文学和艺术评论人、小说家。——译者注
②佩特笔下的虚构人物，全名是德利伊·弗洛里安（Deleal Florian）。——译者注

的预知，不仅是那个孩童的死亡，而且是安全感和家的感觉的死亡。他回到已被遗弃的房间，“面色灰白地躺在那儿，身体裸露着”，“周围的空间象死者的脸一样触动着他”。就这样，他的灵魂不能休憩，而只是停留在对过去的眷恋之中，停留在那些安全的围合里，感受着乡愁。孩童时的家变成了梦的轨迹，就像佩特所述的“向后的依靠”，这种状况持续了很长一段时间，最后毁灭了所有期待中的愉悦。

在佩特些许非凡的梦境中，那种对最根本的自恋的回归，赋予关于住宅的记忆以异样的氛围；它是一种对头脑里被压抑的事物的重复，以及对观念和事物之间曾经紧密关系的记忆。这对文学史和普鲁斯特（Proustian）模式的确立非常重要。普鲁斯特模式认为，弗洛里安的梦不是由于重游童年的场所而产生的，也不是由于听到了有关它的描述而唤起了记忆，而是由于“地名”的魔力所致。这样，异样性不再依赖于冗长的、编造的鬼故事，却依赖于片段和偶然的词语。它在平凡的阐释过程中停顿，就像曾经完整的过去时段中的一个语言片段，期待被阐发。[2]

59

于佩特而言，记忆的怀旧，是在历史过程中唯一在隐秘处被深深地体会到的怀旧。他所著的《文艺复兴》（The Renaissance）一书的最后一篇文章，将温克尔曼评价为19世纪不可磨灭的人物，因为温克尔曼关于古风的阐述，不仅形成了对歌德和黑格尔的古典式的想象，而且形成了对佩特的古典式的想象。佩特追溯着温克尔曼梦想的踪迹，在十八年后撰写了《马吕斯那个享乐主义者》①（Marius the Epicurean）。他透过历史学家的视角，总结了温克尔曼理论的特征——“一种完善的、平静的对文化的抽象，并且已经避退到理想化的状态之中”。这是早已被歌德定义为新古典主义，被黑格尔学说化了的温克尔曼。温克尔曼作为《远古艺术史》（History of Ancient Art）的作者，同时是高尚希腊文化的拥护者，开始了捕捉希腊精神的历程。他成了一位忧郁的梦想家，不但是自己的国度所陌生的，而且是他自己接纳的文化所陌生的。因此，佩特用古典主义在19世纪最后二十五年的微弱感和偏远感去解释温克尔曼——这个最早的希腊主义者。佩特描绘了一个游荡的不幸灵魂，出生在合法的时间和地点，奉献给遥远文化的复苏。在佩特看来，温克尔曼的天性就像古典遗风的残骸，向现代陌生的氛围敞开。在现代主义的“色彩”中，以及中世纪的“热情和深沉”中，温克尔曼追随了希腊文化的超群、透明、理性，以及对美的渴望。那种美“沐浴在白色的光线中，纯净得不带一丝鲜血一般的愤怒或热情”。[3]

①《马吕斯那个享乐主义者》是佩特所著的一部历史性的和哲学性的小说。——译者注

现代希腊主义如此无情的眼光也曾带着怀旧情结。如尼采所说，它在古典世界的“午后”，成为现代和古典之间不可削减的距离。同时，它又是乐观的，引出现代艺术的种种可能，而现代艺术或许总是“燃烧着旺盛而璀璨的火焰”。[4]在《住宅里的小孩》中，令人无法忍受的对家的怀旧，引出了整个历史里更为广泛的怀旧感。这种怀旧感与现在的环境分离，完全不能面对或是表现“现代世界，因为与这种怀旧感相伴的，是自相矛盾的断言，相互交织的利益，它同时又被如此之多的悲哀所困扰，有如此之多的牵绊和令人困惑的经历”。[5]

60

佩特在黑格尔的论著中，找到了拖延很久的艺术和文化死亡过程的模式。佩特追溯了艺术为“关于艺术的思考逐渐让路的过程”。他发现，只有诗歌最终能够把控“素材的幅度、多样性，以及精致程度，从而使它具备应对现代生活状况的条件”。在这个模式里，建筑作为象征性和奠基性的一种艺术，早已失去了表达人的灵魂的力量：

> 艺术的发展可以被编排成一个系列，一个对应着人类思维发展过程的序列。建筑开始于实际需要，它只能含糊地表现艺术家的思维和灵感。艺术家只好收起痛苦，在纷乱的困惑中徘徊，或者直白地表达意愿，或者把自己暴露在阳光下。但这些可感而不可视的精神上的追求，就像挥之即去的印象一样潜伏在建筑形式之中，只有在沉思中才能被汲取。

这些“挥之即去的印象”被模糊地体现，被抽象地表达，这是由于建筑不能从形象上抓住人体形式。建筑对思维的影响不是感官上的。

> 人体形式不是建筑的主题，但建筑可以在人还处在蒙昧状态的时候，成为艺术的中心模式。那时，人关于自身的思维还是模糊的；那时，人还无须顾及那些无形的、精神世界里的和谐、风暴和胜利等等抽象概念。这些抽象概念最终锻造出人体形式，并给予建筑以意义。然而，建筑的意义只能和建筑自身交流。

佩特的问题被卡在了对希腊雕塑中的人体表现力的怀念，和对所有艺术模式的暂时性的认识之间。佩特的问题是，希腊文化是不是可以在哲学统治艺术的世界里被重新发掘？他总结道，“哲学不是通过先验的或绝对的知识为文化服务的，而是通过暗示问题的方式使得人们觉察到热情、陌生感，以及生活中的强烈对抗。”正如他在《马吕斯那个享乐主义者》中所述，“陌生感”一部分来自于这样的事实——尽管历史的哲学是关于被埋没的过去，这个过去总是拒绝与现在保持一个合适的距离。佩特关于怀旧的冲动，他对于远古世界死亡的思考，既是恋尸癖，也是一个研究专题。“远古世界随着那个遥远的时代而死亡，而我们却不停地冥想着它。它的尖锐和真实其实是突然停

61

止的生活的尖锐和真实。”[6]

在《马吕斯那个享乐主义者》的尾声，以上所述的分裂表现在《两幢奇怪的住宅》（Two Curious Houses）一文的复杂形象中。一个是晚期罗马帝国兴衰的标志，另一个是新基督教文化力量的暗示。马吕斯在这些屋子里梦幻般的体验中，探试自己易于感受到场所灵魂的缘由——一种场所的特别同情，以及这些缘由的神秘意义。宅子和佩特的童年一样，体现着生命和思想。它们的氛围就像斯韦登伯格（Swedenborg）的神秘信仰，虽然拥有多层的灵魂外衣，“却只是身体的延伸，而身体又是一个过程，一个灵魂的延伸”。[7]最早的住所，是为诗人阿朴雷斯（Apuleius）在塔斯求棱（Tusculum）接风的场所，它早已是后来人的住宅，然后在闹鬼的西塞罗别墅面前黯然失色。它的平淡和纤巧，使人忘却了周围自然环境中，非凡的或是恐怖的田园气氛。当马吕斯进入屋子时，

> 他稍停片刻，回望上面的高地，别墅的花园跌落在陡峭的山上，门洞成为取景框，一幅无框的图画，比实景更显得真实。水的力量（流进看不见的深度）对生命的作用是宜人的，没有自然中的恐惧。[8]

从内部看，这座贵族式的住宅，既是希腊文化的优雅的归宿——那个宽大的图书馆是学者的天堂，又是尼罗（Nero）的罗马的粗犷的归宿——巴黎式的享乐。

对比之下，第二座住宅——为秩序井然的灵魂所设计的屋子，是平常感的一个典型。它的住户是圣・塞西莉亚（Saint Cecilia）。“塞西莉亚宅坐落在另一幢马吕斯在塔斯求棱（Tusculum）寻访过的稀奇古怪的宅子旁边。这座宅子以各种各样的方式，表现出与一旁的宅子之间的强烈对比——对将兴工业的暗示、对无可挑剔的干净程度的暗示和对情感回应的暗示。”这座宅子没有用夸张的手法，它有一条在亚壁古道（Appian Way）旁的小入口通道，静静地显露着宅子的富有，同时展示着毫不造作的过去。“宅子展现出一种高尚的品味——这种品味体现在材料的选择和并置上。几乎全是古老的艺术品，协调地布置着，产生了色彩和形式的效果。各个部分都是如此的精致，让人觉得它是高尚情趣的结果，而不是从古老世界里搬过来的。”[9]这种新的品味，几乎是文艺复兴所预期的，它由过去的片段组成，并融入新的表达和新的思维精华。这座宅子表现着令人愉悦的工业化，是平常感的缩影，而不是对造作的非凡感的那种肤浅的向往。

62

佩特阐明，这里的平常感是建立在拥抱和战胜死亡的基础上的。住宅的基础牢牢地镶嵌在地下墓穴里。而墓穴这个别墅在地下的复制，为切奇利（Cecilii）的先祖们提供了安息之所。阳屋和阴屋之间的直接联系证实了“庄严美”的真实性。这种“庄严的美”弥漫在整个别墅之中。马吕斯欣慰地看到家族对先

祖葬礼仪式的回归——对尸体复生的希望战胜了对柴火的恐惧。确实，在这些墓穴中只有希望，仿佛“凄美的记忆将人带入超度的宣告”。平常感最终与它的对立面调和，存在于同时让生者和死者休息的空间秩序之中。

怀旧

> 假如，我们将心目中和脑子里的，所有关于住宅早已死亡的概念清除，我们将会找到“机器住宅”——大批量生产的住宅，它们如同工具一样健康（道德上也是健康的）和优美。
>
> ——勒·柯布西耶，《走向新建筑》
> （Le Corbusier，Vers une architecture）

现代建筑师们，试图将文化从亨利·詹姆斯[①]（Henry James）所称的“往昔感”的过度负担中解放出来。他们用未来主义清除建筑中来自过去的痕迹。这种希望从历史中逃脱的急切感，与改善措施相互交织，消除了19世纪所有形式上的不洁陈迹，甚至倡导了保健专家和建筑师之间的联盟，并通过设计在各个层次上加固这个联盟。街道这个柯布西耶所蔑视的“巴尔扎克式心理状态”的最后痕迹的瓦解，以及用开阔的绿地代替街道，让工业区远离居住区中心，无休止地应用功能主义机制的生物学类比，等等，这些只是现代主义颂扬的艺术和健康之间，那几个有争议的平衡的例子。在住宅的尺度范围内，屋顶被花园取代；地窖被填上了；建筑底层向公园开敞；水平窗和平台促使光和空气不停地流动；现代主义将杂乱的室内和对身体有害的生存条件，交还给了被遗忘的世纪。因此人们认为，个人和社会的疾病或许可以被根除，20世纪的居民被描绘得足够健康，健康得能跑现代生活的马拉松。

64

如果绿色城市和多米诺别墅[②]帮助了医生，它们也同样帮助了心理分析家。开放的、充满新鲜空气的建筑终于针对了病源。后弗洛伊德心理学家们曾试图通过清除社会里的图腾、禁忌，和不满，费尽辛苦地治疗这些病源。如果住宅不再被传统的重负和家族故事所困扰，如果裂缝里不再藏着潮湿的地窖和发霉的阁楼里的琐琐碎碎，那么记忆将从不健康的过去中解放出来，并生活于现时之中。有这样一幅遍布各处的图画——现代官僚扮演着运动员的形象，以拳击沙袋衡量着自己的力量，又同时思索着莱杰（Léger）的绘画作品。在这幅图画旁，是一

①詹姆斯（1843—1916年），美国作家，19世纪现实主义文学的核心人物。——译者注

②两者都是柯布西耶提出的具有革命性的城市和建筑原型，表达了人和有秩序的环境化为一体的乌托邦之梦。——译者注

种对生物功能涵盖心理创伤的预知：在草地上野餐并不等于躺在心理分析的沙发上，尽管这些沙发已被剥去了东方地毯的条纹，被重新依据人体曲线加以设计造型，并像蹦床一样有弹性。

然而，上述的清扫过程不可避免地导致了自己的鬼影。所有"住宅"怀旧的阴影，现在不得不成为历史或房子被拆后留下的废墟。住宅里的内容一旦被清扫和削减，到了住宅只剩骨架的状态，并从可识别的形式变形成相互关联和错动的单元肌理，住宅就变成了怀旧的工具。它们曾经承载着记忆，但住宅不再是曾被居住的一个特殊个体，而是一个从未被体验过的空间，一个抽象概念。

二战之后两年，1947年，欧洲面临全面重建。哲学家加斯东·巴什拉[①]完成了一本在疲惫的战场环境下写成的意义重大的书——《遐思和静置的土地》(La Terre et les rêveries du repos)。书的第二卷是"材质想象"。巴什拉在书中研究了他所称的"对立材质性"，它表现在休憩、私密、内部和混乱之中。

> 我们将要研究诸如休憩、难民和无根基这些情景。住宅、肠胃、洞穴，都表现着回归母体这一主题。这里，无意识总领全局。梦的价值愈加稳定和规律，并完全是夜晚力量和地下力量的结果。

巴什拉探测了在意识表层之下的土地无意识的深度，他觉得出生地这个主题——发源地，或出生地，是怀旧的重心。"住宅距离我们很远，已经找不着了，我们也不再住在那儿，唉，我们确信不再会住在那儿。但它不只是个记忆，它是梦之宅，我们的梦之宅。"然而，如此的梦之宅，仅仅是一种精神上的建构。它包含了所有的居住过的和将要居住的住宅。它是现在无法找到的，尤其是现代生活和现代公寓所不能提供的。巴什拉明确地表达了他自己对城市当代性的反抗。

> 我在巴黎不会做梦，在几何立方体里，在水泥牢房里，在装了铁栅栏，排斥着夜间的访客的房间里。当我做好梦的时候，我就去远离城市的地方，去香槟，或是那些将快乐提纯了的住宅。[1]

巴什拉不愿在"几何立方体"里做梦，或许是一个梦想者作为卢梭[②]奠定已久的反城市传统的一个例证。但在战后，反城市被看成是反现代的。从20世纪30年代开始，由于建筑评论家对"进步"及其利益的怀疑，反现代也逐渐站稳脚跟。不论是左翼或右翼的政治立场，哲学家们为确立这样的敏感性做出

①巴什拉（1884—1962年），法国哲学家，主要贡献是对于诗意，以及科学中的哲学的探究。——译者注

②卢梭（1712—1778年），法国18世纪的哲学家、作家和作曲家。他的政治哲学直接影响到法国，乃至整个欧洲的启蒙运动。——译者注

了贡献。从西奥多·阿多诺[①]（Theodor Adorno）到马丁·海德格尔[②]，从马克思·霍克海默[③]（Max Horkheimer）到汉斯·泽德尔迈尔[④]（Hans Sedlmayr），他们攻击了现代主义的基础前提，至少攻击了那些可能的“现代”住宅形式——那些堆积起来的“几何立方体”和“水泥蜂巢”的根源。

面对五光十色的多米诺别墅（Maison Domino）的模型——这个自从启蒙运动以来，现代主义在结构上和理性上的原型，评论家们对它的不可居住性进行了进一步的批判。正如阿多诺论述，“严格意义上地居住在现今是不可能的。”这个观点在七年之后得到由海德格尔在著名的《房屋、居住、思维》（Building Dwelling Thinking）一文中的回应。

阿多诺因为在未来城市中找寻往日的住宅而深感绝望。他鞭挞了那些“从心灵空白演化而来的现代功能主义的住所，即那些专门为庸俗的人所生产的居住容器，它们避开了所有和居住者的关系”。“在这些住宅中，即使是早已过时的对独立存在的向往也被装进了容器。”[2]

66

现代人回归到了像动物一样就地而睡的状态，由此，很快就会被迫进入新的游牧式的原始主义。他们住在都市近郊的贫民窟、平房里，更不用说生活在简屋、大篷车，甚至未来的汽车里。海德格尔怪罪科技进步，泽德尔迈尔则怪罪“对中心的丧失”。他们的论点其实是相似的。保罗·克劳戴尔（Paul Claudel）觉得他在巴黎的公寓只是一个数字，他将这样的感觉总结为“被围在四面墙壁里的几何场所和习惯性的洞穴”。独立住宅不再扎根于土地，它们“用沥青粘结在地上，而不是深置于土地之中的基础”。[3]人们都说，住宅不再是家，而是一个后现代的主题，一个累赘。

依据反现代主义者和怀旧梦想家的具体要求，重建家的稳固基础的尝试出现了，并导致了地下室、阁楼、老墙体和舒适的火炉的再度出现。但是这一尝试就像其他的怀旧情结一样，无可避免地成为埋怨的牺牲品，成为图像胜过实质的牺牲品。后现代主义在试图重建过去的渴望中，用符号填补空白，从而产生了比现代主义更为令人不安的住宅，不安逸也不稳定。我们仍在观望着，“住宅性”的图像是否足够代替那个失去的家，或是代替梦中的游戏场地。这正如怀旧的先驱对固定住所的怀念，无可避免地陷入了怀旧的悖论。虽

---

①阿多诺（1903—1969年），德国哲学家、社会学家、作曲家。因提出社会的批评理论而著名。——译者注

②海德格尔（1889—1976年），德国哲学家，是大陆哲学传统的重要人物。他最为人知的是对现象学和存在主义的贡献。——译者注

③霍克海默（1895—1973年），德国哲学家，作为“法兰克福学派”社会研究的一员，他关于批评理论的论著最为著名。——译者注

④塞德迈尔（1896—1984年），奥地利艺术史学家。——译者注

然他们渴望一个实在的场地和时间，但是，所渴望的对象却既不在这里也不在那里，既存在也不存在，既不在现在也不在将来。正如哲学家弗拉基米尔·詹克来维奇①（Vladimir Jankélévitch）所说，这种渴望被禁锢在时间的不可逆转性中，也因此从本质上是不稳定的。[4]

①詹克来维奇（1903—1985年），法国哲学家、音乐学家。——译者注

第二部分

身体

被肢解的建筑

69

> 我的身体无处不在：炸弹，摧毁了我的房子，也摧毁了我的身体，只因房子已成为我身体的表征。
>
> ——让-保罗·萨特[①]，《存在与虚无》
>
> （Jean-Paul Sartre，Being and Nothingness）

纪念性建筑，作为对人体的某种具象或抽象表现的这个概念，依赖于比例及造型的拟人类比。随着古典造型传统的崩溃，尤其是高技建筑的出现，此种观念也被废弃。当然，也不乏例外。勒·柯布西耶曾经试图用模度作为比例和尺寸的基础。尽管建筑借鉴人体比例的传统由来已久——从维特鲁威（Vitruvius），到阿尔伯蒂（Alberti）、菲拉雷特[②]（Filarete）、弗朗切斯科·迪·乔尔乔（Francesco di Giorgio），直至莱昂纳多·达·芬奇（Leonardo）。这些几乎被摒弃，取而代之的，是现代主义的敏感性，主张建筑应是一个理性的人体庇护所，而非一些数学意义或某种图形的效法。

在此背景下，近年来一些建筑师再度思考人体类比的举动十分有意思：蓝天组、伯纳德·屈米和丹尼尔·里伯斯金（Daniel Libeskind）都曾经在自己的作品中，借助导引及图形联想的途径，重新展示人体的理念。但是，这种追求人体隐喻的创新，显然有别于人本主义的传统。诸如，其建筑形式似乎被分解成部件或片断，甚至有时会出现故意的撕裂或肢解，而致其建筑面目全非。矛盾的是，这种“人体”早已超越时代：它的根源来自古典人本主义，实际上却与他们自诩的所谓追求包容及内在和谐的建筑理论背道而驰。正如自20世纪60年代末，蓝天组所坚持认为的：他们创建的所谓“人体”，是反“帕拉第奥”式人文主义以及“柯布西耶”式的现代主义的；因此，不再为中心、固定和稳固服务。相反，其界面，无论内外，都显得含混不清和宽泛无拘；其形式，直白的或隐喻的，不再限于可识别的人体形态，而是涵盖了从胚胎到怪物的所有生物模式；其表现力，也不在于整体，而在于对零星破碎的暗示。

70

①萨特（1905—1980年），法国哲学家、剧作家、小说家、政治活动家、文学评论家。他是现象学和存在主义哲学的主要人物之一，是20世纪法国哲学和马克思主义的领袖人物。——译者注

②菲拉雷特（1400—1469年），佛罗伦萨的文艺复兴建筑师、雕塑家、建筑理论家。他因设计了文艺复兴时期第一个理想城市规划而著名。——译者注

初看，这类切割的建筑形体，似乎并没有明显的离经叛道，而是忠实地诠释了“解体的古典主义”。可是，在对当今新兴的人体类比的多样缘由作深入观察之后，我们发现，这些类比与从文艺复兴至现代主义的“身体的体验”的关联，远远超出了简单的图形上的模拟。它们沿用由来已久的拟人化隐喻，展现着古典的或者功能主义起源的痕迹，同时又建构着一种迥异的敏感性。

建筑中蕴涵人体类比的历史，从维特鲁威追溯至今，某种程度上可理解为，建筑与人体渐行渐远。随着拟人化比喻范畴不断推广，最终人体“不再”成为建筑的基础。当代建筑理论认为，在这个人体映射的渐变过程中，有三个时段尤为重要，它们是：（1）建筑物即某种身体的观念；（2）建筑物体现人体的某种状态，尤其是，体现基于身体感觉的某种思维状态；以及（3）理解环境作为一个整体，它具备类似人体或有生命的机体的特性。为了便于论证，我们可大致确定上述三个时段的历史分期；当然，探讨其“演变过程”，比考证历史时段的准确性，更为关键。[1]

古典建筑理论认为，理想的人体比例被直接映射于建筑物中。建筑物不仅充分代表着，而且表现着人体的理想完美状态。建筑物从人体中传承威严、比例及构成等诸多要素，并以一种互补的方式，确立并构建了这些人体——社会的和个体的。维特鲁威原则追溯了比例的起源。它体现在古希腊有关人体的数学原理中；体现在这位建筑师兼雕塑家，综合了柱式各部分与其整体的关系乃至与整个建筑物的关系之中。比例的完美结合表现在那个家喻户晓的男人体，张开的双臂内切于一个正方形和一个圆形，肚脐恰处于中心位置。①文艺复兴时期的理论家，从阿尔伯蒂到弗朗切斯科·迪·乔尔乔，菲拉雷特，至莱昂纳多·达·芬奇，均认同这个类比图案，并因此确定了对建筑各方面中轴对称的研究。

相较于隐喻意义，上述的类比意义更为深刻。实际上，根据拟人化的形象表现，柱子、平面、立面、建筑物均可看作一种人体。这一点，寺庙诠释得最为完美。城市亦然，它如同社会和政治意义上的人体场所。阿尔伯蒂认为，“建筑物整体就像由各部分组成的身体”。部分与整体之间的关系形成了他对美的定义：他认为，当任何增减都会破坏精妙的平衡，就是美。这里，身体的含义还包括动物的躯体。弗朗切斯科·迪·乔尔乔将一个人体图形完全叠加于大教堂和城市的平面图形之上。菲拉雷特更将建筑的空间和功能，与人体各部分相类比，如眼、耳、鼻、嘴、静脉及内脏等；他大胆地提出，建筑和城市就像人体一样，也会疾病缠身：一幢建筑会染病乃至死亡，这时就

①这个男人体指的是达·芬奇所画的维特鲁威人。——译者注

需要一个好的医生——建筑师——来治愈它。菲拉雷特类似的比喻，含义很深远。他还曾把建筑师与母亲相比，从怀胎十月到长大成熟，无时无刻不在精心抚育着她的儿女成长。[2]

正如我们所知，这些观念的形成及流行过程一直持续至18世纪。甚至在古典主义的堡垒——巴黎美术学院，这些观念维持得更为久远。人体、平衡、比例、对称、功能、优雅与力量的综合，成为建筑的奠基神话。

18世纪初，出现了第二种更为广义的人体映射于建筑的形式。它最初被定义成一种追求崇高壮丽的美学概念。此时，建筑不再寓意人体某个部分或全部，而是具体表现人体的各种状态，无论生理或心理方面。其中的典例是艾德蒙德·伯克。他深受康德及其浪漫主义的影响，在描述建筑物时，并不过多涉及其不变的美学特质，而是聚焦于它们唤起恐惧情绪的能力。伯克曾预见，自己致力推进的这种崇高美，基于实际经验，而非浮夸虚伪；如果能剔除混沌荒诞的不足，它将替代空洞乏味的古典有机主义理论。同时，伯克反对建筑比例应直接来自人体的观念，他曾这样取笑维特鲁威原则：

72

> 为尽力完善这个类比，他们勾绘了一个高举双臂而完全伸展的男人形象，试图以此形容正方形……但很显然，这个人体图形从来没有为建筑师带来任何灵感。首先，男性很少做出这样的姿势，因为这个姿势很不自然；其次，人体图形如此放置，并不能表现正方形的概念，而更像是表现了“十字”的概念……第三，很多建筑里完全不存在这种正方形……而且，建筑师按人体来进行设计构思，亦纯属一种臆想，因为人体与房屋或庙宇之间，毫无相似之处，也互不相关。[3]

为取代那些“关注比例”的似是而非的理论，伯克概述了以基本感觉为依据的美学。如果建筑中存在任何人体特征，它们只是人们自身的映射，而非任何存在于建筑的固有因素。

就建筑而言，对于人体的状态而非外观的敏感性，这种人体理论，首先形成于19世纪后期，时值心理移情学出现之际。因此，艺术史学家沃尔夫林①（Wölfflin）曾研究论证了从文艺复兴至巴洛克期间的风格演变。其1886年论文《建筑心理学绪论》（Prolegomena to a Psychology of Architecture），采用心理学的新准则，将人体概念重新进行讨论。他的这些观点一直沿用至今，但运用方式有所改变：

> 通常，我们以自己的身体进行类比，来辨别对象物体。对象物即使与自己完全不同，会立即转化成生物体本身，它因此有了首、足及前、后。我们会觉得，

①沃尔夫林（1864—1945年），瑞士艺术史学家，他创立的客观分类原则，对20世纪艺术史领域里的形式分析影响深远。——译者注

如果这种生物站不直、看似将跌倒时，它一定是感觉不妥。尽管与自己构造完全不同，我们也会借由自己的经验和敏感度，并依据它的外在表现，对其精神状态和满足与否进行判断。因此，即便一个物体无法言语、无法移动、体态笨重、形态不定，我们也能理解其存在。这个认知过程并不困难，正如同我们可以理解一件精致纤细物品的存在一样。[4]

73

以前奉为经典的设计理论基础、制造原则及评判标准，现在却被纳入感觉的范畴。而过去在传统意义上认为不美丽的物体，现在却成了美的典范；建筑物的特性，不管其创作者出于何种动机，现在都成为那些毫无生机的类型特征，只有借助某种映射来理解。沃尔夫林认为，“我们总是会联想起与自身有关的东西，借助这一表达系统熟悉自身，也通过它诠释整个外部的世界”。这种对身体属性的思维转化，有时“极端严格”、“紧张自律”，也有时“失控放纵”。沃尔夫林称之为“无意识的、与生俱来的、充满活力的过程”。建筑是一种“有形、有体量的艺术，同样，人也是一种有形的生物体”，所以这种思维转化过程时常存在。

颇为自然的是，沃尔夫林运用史实论述了这个过程。他将“哥特风格”描述成“紧张的肌肉和准确的动作”，它们与“哥特式的尖瘦鼻子”一起，赋予了哥特建筑尖锐的特质，以及其丝毫不会放松、不软弱的尖锐形式——“所有一切都在能量中完全升华。”同样，文艺复兴解放了僵硬冰冷的形式，试图表达一种健康蓬勃、充满活力的状态。与此相反，巴洛克则努力表现自身的重量。此时，文艺复兴时期的细长元件“被充满体量感的物体所取代，巨大、笨重，饱满的肌肉，还有那扭转着的布料”。此时，沉重替代了轻盈，但肌体似乎更为柔软松弛，四肢却仿佛被固定、不能移动。动作之间的关联越来越少，但更激动快捷，仿佛在不安绝望、狂野陶醉中舞蹈。因此，建筑中体现的暴力，完美地诠释了米开朗琪罗（Michelangelo）所谓的“恐怖”。沃尔夫林援引安东·斯普林格①（Anton Springer）的观点，并且强调，米开朗琪罗融合了“削减的巨大体量”和分布不均的活力，把那些毫不压抑内心欲望的人们描绘得栩栩如生。此外，巴洛克风格实际已脱离了人体表现的阶段，或至少脱离了始创于文艺复兴时期，那些雕刻精细的人体。非物质的，带有感情的图像，取代了轮廓分明的塑性形式，并向着热望和迷乱为主导相反方向发展。沃尔夫林完整地描述了18、19世纪以来的所谓巴洛克精神：

74

卡尔·贾斯迪（Carl Justi）描述皮拉内西具备“现代、多情的天性”，他的“作品涉猎甚广，题材表现

①斯普林格（1825—1891年），德国艺术史学家、作家。——译者注

> 崇高庄严的空间和力量，充满神秘感”。贾斯迪的观点也可以延伸到更为广泛的方面。人们很难否认意大利巴洛克的亲和力，尤其相较我们这个时代而言。理查德·瓦格纳（Richard Wagner）曾呼唤同样的情感……他的艺术观念与巴洛克风格完全吻合。[5]

这使得沃尔夫林划定了身体在建筑领域的影响界限。他认为，虽然在建筑和音乐里，我们都可以感受到那逝去的文艺复兴的身体，但是在建筑中终究是有限制的，而在音乐中却没有。“音乐中，控制华彩和富有韵律的乐章，有体系严格建构，再加上清晰明确的过渡，这些合适甚至是必需的音乐表达，在建筑中，却意味着其领域受到侵犯。”沃尔夫林点明：建筑所追求的崇高品质，使我们必须“睁一只眼，闭一只眼”。如此，我们的视觉便能模糊那些表面的线条，转而重视无限的空间和“难以捉摸的光线魔力”。这意味着人体表现有形有界特质的终结，或许也意味着传统意义上的建筑本身的终结。就沃尔夫林而言，文艺复兴的终结，标志着建筑倒退的危险时刻。

然而，对于现代主义者而言，这一刻却是机会，它促成了抽象主义的国际化，以及感官和运动心理学的形成。体现在建筑中，这个机会不但反映着重生和健康的人体状态，同时也反映健康的心理状态。立体主义和后立体主义试图肢解古典人体，意在发展一种运动的表现模式，这并非根除传统的固有模式，而是尝试现代意义的变化。杜尚（Duchamp）的《下楼的裸女》（Nude Descending a Staircase），是建立在艾蒂安-儒勒·马雷（Etienne-Jules Marey）对运动精心研究的基础上的。巴拉（Balla）的《牵狗的女人》（Woman with a God on a Leash），似乎对丧失形体没有丝毫担忧。相反，他认为这是追求一种更高级的、对感知的真实——运动、力，和静止。在马塞尔·普鲁斯特（Marcel Proust）《追忆逝水年华》（Remembrance of Things Past）的“序曲”中，那个最初的场景，当马塞尔被唤醒时，他依据在黑夜中“序列位置”勾画身体的各部分，仿佛从放映机中观看自己——这个由麦布里奇（Muybridge）发明，最初用以分析马的跑动位置的装置。普鲁斯特认为，即使这具支离破碎的身体也可以随时重新组合，成为“自我”的原始部件。对众多前卫的现代主义者而言，分析科学非常必要，它提出崭新的认知前瞻性架构，同时没有完全偏离人体。众所周知，勒·柯布西耶曾试图提倡一种更新、更基础的方式，重新强调感观和比例的平衡。比如，在漫步式建筑、模度（modulor），以及在辐射城市平面中，他不遗余力重建并严格遵守了20世纪的维特鲁威人体。

75

这种将城市看作一个有机的生物体，将现代主义的版本仍与古典传统相联的概念，在近年引向了第三种，也就是最后一种人体在其之外的概念延伸，一种万物有灵论。其映射关系更为广泛，并且不建立人体与建筑之间一对一的明确归属关系上。例如，蓝天组的作品，似乎刻意超出人体某部或全部的确定意义。他们更倾向于把身体看作一部可以产生一系列心理反应的机器。它依赖于我们的感官如何将思维及身体状态，映射到物体上去。1980年，蓝天组在宣传其“炽热公寓”时有言道，“我们期望……一种流血、疲乏、旋转，甚至断裂的建筑，”“空洞、火热、光滑、坚硬、分明、冷酷、圆形、细腻、鲜艳、淫秽、艳俗、梦幻、诱人、生疏、潮湿、干燥、悸动。一座建筑，不生存，即死亡。如果冷，就要冷得像巨大的冰块。如果热，就要热得像燃烧的羽翼。”这种概念并不悦耳，但其后却延伸至整座城市，成就了一座“像心脏般跳动”和“像呼吸般飘散”的城市。[6]1982年在柏林召开的“城市皮肤”的会议上，提出了一种新的城市形态，其“横向结构是一道剥离城市所有皮肤层的神经墙”。

此概念我们可称之为生物形态主义，类似于很多建筑图像派时代的科幻图片，同时，也少了飞扬跋扈的感觉。近几年，蓝天组的设计明显体现了这一概念。在他们的作品及文脉诠释中，明显透露中初与人体概念相结合的渴望。阿尔文·伯雅斯基（Alvin Boyarsky）在某段采访中谈及，蓝天组把他们的实验设计描述为一种自动书写，把闭眼后的下意识动作转为线条和其他三维形式，因而，作品直接铭刻上了设计师对城市印象的人体语言。在巴黎、维也纳和纽约的项目，就源于他们对“城市人脸及人体化”的解读。然后，他们把平面与人脸加以重叠，“我们的眼睛成为塔楼，额头成为桥梁，脸成为景观，而我们的衬衫则成了平面。”[7]这样，蓝天组将印象图片拼贴成人体肖像，然后将人体再生过程与城市平面肌理融为一体，戏剧性地展示了建筑师专有的人体主义，迫切要求融入其所设计的世界中。辛迪·谢尔曼（Cindy Sherman）曾用大致相同的方式，拍摄自己被埋入垃圾填土的整个过程。蓝天组的作品，徘徊在自恋与自卑之间，用一种奇特的有力方式，庆祝权力丧失的愿望。他们认为，建筑的抒情特质源于显而易见的死亡，而非有机孕育的生命，正如其散文诗《荒凉诗集》（The Poetry of Desolation）中所表达的：

白色的床单里的建筑死亡的美感。
贴着面砖的医院病房里的死亡。
人行道上突如其来的建筑死亡。
因轴杆刺入胸腔而死。
42街上穿过商人头部的弹道。
外科医生的锋利手术刀的建筑美感。
可洗塑料盒里的偷窥性行为的美感。
破碎的舌头，干涩的眼睛的美感。[8]

76

蓝天组追求“荒凉建筑”。借助它们“迷人的地标”，蓝天组抵抗着形形色色的，人们安然无恙地生活在其中的舒适城市；却力求“广场的孤独感，街道的荒凉感，以及建筑物的毁灭感。”[9]

然而，在这幅未来主义和表现派的图画中，我们却没有感觉到先锋派的任何积极愿望。随着身体隐喻传统的持续和延伸，无论是肉体或精神层面上的，我们发觉，19世纪初期，出现了一种失落的感觉，发展至20世纪末时到达顶峰。它摆脱了陈旧，借助所有的生物力量，成为身体的触觉映射。

77

如前文指出，我们意识到的人体的“丧失”，与浪漫的崇高美学一起，受到康德及德国浪漫主义的影响。它成为一种洞察力，审视着历经时间和体验而变得支离破碎的逝去的人体这个整体。人体成为怀旧的对象，而不是一个和谐的典型，却在艺术中，展示着一系列不相协调的碎片。比如，玛丽·雪莱（Mary Shelley）笔下的“零件”，在佛兰克斯坦①（Frankenstein）怪人故事中，它们能组装成怪物。还有类似有关理想人体的古典神话——皮格马利翁②与伽拉忒娅，阿佩莱斯（Apelles）和普罗托杰尼斯③（Protogenes），以及一些新创作的故事，艺术化未知的人的“怪物”复制，如巴尔扎克（Balzac）的短篇小说《无名杰作》（Le Chef-d’Oeuvre Inconnu），强化了浪漫悲情的失落感。

雅克·拉康20世纪30年代末在其经典论文《镜像阶段》（The Mirror Stage）中，为此专门定义了精神分析术语。他提出，在镜像阶段之前的人体，是“分散的身体”或“被分割的身体”；它们在镜像阶段仿若入戏，剧情使人体趋近那个与镜像之间建立起来到有关自我的空间特征。在这个模式中，镜像可解释为诱惑，即拉康所谓的“机器”，将自恋前的人体内支离破碎的幻想，整合成他所称的“整体骨架形式”。此时，整体映像已将原有状态剥夺，分割的身体被压抑至无意识，只能经常在梦中显现，或是“当精神分析到了对个体进行过度分解的程度”：

> 这个被切碎的人体然后以四肢脱节的形式出现，或像在外镜（exoscopy）中所看到的器官，对抗着肠道里的不适。这正如富有远见的荷兰画家杰罗姆·波希（Hieronymus Bosch），在他的画中所定义的，从15世纪的粗糙原型上升至现代人的想象巅峰。这种形式，甚至切实地呈现在有机的层面上，沿用“脆化”对想

①佛兰克斯坦是英国作家雪莱笔下的一个人物，他在科学试验中，创造了相貌可怖却有感情的生物。——译者注

②皮格马利翁，希腊神话中的雕塑家，他爱上了自己所作的雕像——伽拉忒娅。——译者注

③阿佩莱斯和普罗托杰尼斯同是公元前4世纪古希腊的著名画家，互为竞争对手。——译者注

> 象中的解剖的定义，向人展示歇斯底里的精神分裂和痉挛症状。[10]

拉康的结构主义观念认为，身体的压抑碎裂，能在罗兰·巴特（Roland Barthes）破碎的语言中，找到其与后结构主义的相似之处。在《爱人的只言片语》（Fragments of a Lover's Discourse）中，巴特（Barthes）描述，受欲望凝视的身体，如同变为一具尸体。对于巴特，假设中爱人的凝视，投向沉睡的爱人身体；这时，这种凝视如图外科医生上解剖课的凝视一般，具有分析性和解剖性。相似的例子有，普鲁斯特的马塞尔，观察艾伯丁入睡。他搜寻着，审视着；将身体分解，好似要找出里面的东西，“仿佛在这不祥的身体之中，藏有激起欲望的机械原因。”巴特总结道，“身体的某些部分，特别适合这种观察：睫毛、指甲、发根等非完整物体。”他还觉察，这个过程并非表示欲望本身，而更像是一种“恋尸癖”。[11]

78

巴特曾借用巴尔扎克所写的浪漫化了的皮格马利翁神话——《萨拉辛》（Sarrasine），来描述这种迷恋。在这部剧中，主角萨拉辛爱上男扮女装的歌手勒·赞比内拉（La Zambinella）。当萨拉辛在遇到勒·赞比内拉之前，他只爱“支离破碎的女人”——被“分割，解剖之后的，她只是一部被迷恋对象的字典。这具被肢解的身躯（这使我们想起学校男孩的游戏），被艺术家（这里意指他的职业）重组为一个完整的人体。……此时，所谓的迷恋得以消失，萨拉辛的病患也随之被治愈”。“整体”在“惊奇”中被发现，这具身体也当然会恢复到以前被人迷恋的状态。萨拉辛意识到，他反映的欲望其实已在戏弄自己。此处，勒·赞比内拉的身体，完全由巴特关于解剖细节的言辞来构成——“身体那单调的部件”，引发了被描述对象的分崩离析。“语言使身体消散，而返回到被迷恋物体的本质。”[12]

这种对已失去的渴望物的迷恋，延伸到现时，可以诠释当代建筑碎片和“离散”的概念。在表面上和图像上，对古典人体的肢解的背后，我们察觉到，解释后现代理论中的所谓人体状态的有企图，这里不仅是外观问题，而更多的是内部过程问题。

此时，最为重要的是，人体自身，而不是它如何形成中心投影的始发点，已成为一个问题。面对蓝天组的建筑，或者相对内敛一些的屈米的作品，传统的人体拥有者毫无疑问受到了威胁，因为观众感受到的人体的缺失和变形，直接作用于人体，并对身体感受的表现作出反应。我们被扭曲、折磨、切割、伤害、解剖、穿肠、刺透、殉葬，我们被暂停在眩晕状态，或被悬在信仰与感知之间的混乱。这如同是，对象物在积极参与本体的自我肢解，反映其内部的混乱，甚至诱发其分解。这种对身体的积极否定，在后现代世界中，体现了现代主义的自我批

79

判的精神。现代主义预期了建筑学科最基本的、类似科学准则的地位。分解身体，实际上显示了人文主义者在混乱中进步的图景。

但是，这种后现代明显激进的形体表达，也可表现在另一个层面，从而引发一种奇怪的感觉——正如弗洛伊德所解释的异样感。其诱因是某种事物的明显“回归”，它们被认为已经消失，现时却仍然活跃在作品中。在此背景下，人体回归并融入建筑。这个建筑早已压迫了让我们忧虑不安的，人体的自我意识。

如我们言及，弗洛伊德发现引起异样的两个原因；两者都基于早先的压抑和意外的回归之间的运动。第一个原因是某些被压抑事物的回归，如万物有灵论、魔术、图腾崇拜等。它们不再被人相信是真实的，即或再次出现，它们在物质世界中的状态仍会受到质疑。这种异样形态的例子，还有对思想万能的幼稚信仰。（比如这样的导致恐惧的巧合，在某人漫不经心地谈起别人的死亡之后，真的就杀害了那个人。）或者，事物中的魔法属性看似回归已久，但这些事物的神奇意义并不复存在。正如弗洛伊德曾叙述了来自《斯特兰德杂志》（The Strand Magazine）的一个故事：一座房子，内有一张刻有鳄鱼的桌子，这就是一个淡淡的恐怖夜晚的背景。当气味和形状开始在房间中穿梭，仿佛鳄鱼如幽灵般盘旋于此。第二个引起异样感的原因，来自对婴儿情结的被压抑的回归，例如，对于阉割或子宫的幻想的回归。这并不是质疑实际状态——因为这些情结从来都不被认为是真实的，而是质疑其生理真实的状态。弗洛伊德例举，“被肢解的四肢，一具精确的头颅，一只从手腕处被斩断的手掌……能自己舞蹈的双脚”，这些都因为它们接近于阉割情结，而显然异样（U366）。面对蓝天组的建筑，我们不由地将不稳定感归因于异样性。其具体表现形态是建筑中的舞蹈形式，而这曾经是人体。

80

此种诠释由于蓝天组一贯反对地方主义的立场——任何形式的平常（heimlich），而变得更为强烈。他们那种热情的呼唤和爆发性的表现方式，及其桀骜不羁的建筑，从一开始就与地方形式决裂。“我们的建筑并非地方化的”，蓝天组曾在1982年声明：“它在城市周边移动，像猎豹在丛林中。当在博物馆中展出时，它就像关在笼中的野生动物。”[13]1982年，在斯图加特的“建筑即现在”展览中，他们搭建的梁架，能像猎豹一样上升和下降，仿佛是其脊椎和头部。这种仿生动物般的表现手法，也许是阿尔伯蒂的温和的“似马的建筑”，在恐怖中的再创作，同时也是对反地方主义——异样性的不可捉摸的表达。此时，更为重要的是，身体消失了，没有物质存在，只有萦绕于心的一种概念。蓝天组在谈及1980年至1981年间在维也纳设计的红天使酒吧时，问道：“有谁知道天使的身体究竟像什么？”[14]无形的对象，有形的媒介，以钢和缆线为蓝本，以切割幻想的方式融合在一起。最后，炽热公寓（维也纳，1978年），既是一座“永久性”纪念碑，又是一幢燃烧的建筑。或者梅耶尔—哈恩住宅（杜塞尔多夫，1980年），又名“矢量二”，尖桩般的屋顶太过直接，而令人不安，完全摧毁了古典建筑观念中的住宅形态，及其为之服务的社会。事实上，后一个项目，除却其建筑意义，还有教育意义。由此可见蓝天组的双重野心，设计桩柱穿过房屋，也即穿过其代表的特别的人本主义的身体。

这幢尴尬的住宅，是战后有教育意义的和夸张风格的一个典型实例。盖斯顿·巴什拉曾有“灾难系数”之说，此住宅则是有关这个学说存在极限的证明。萨特在《存在与虚无》（Being and Nothingness）中探讨了这种威胁，即战争后遗创伤。在这本书中，自我和人体被看成外界物体对自我的抵抗。这类似于，“螺栓太大，无法拧入螺母；底座太脆弱，无法支撑理想的重量；石头太重，无法举高至墙顶。”在其他情况下，客体对象将受到已经建立的功能系统的威胁，产生一种外物情结——比如，丰收的粮食被风暴侵害，房屋被大火烧毁。逐渐地，这些威胁将扩展到人体，因为人体是所有这些外物的中心和参照。因此，萨特主张，人体的表现，首先源于对外物情结，其次来自该背景下存在着的某种威胁因素：

81

> 我居住于我的身体，它处于危险之中，像是一部正在受到威胁的机器，和被管控的工具。我的身体无处不在：炸弹摧毁了我的房子，也损坏了我的身体，只因房子已成为我身体的表征（作者标注）。这就是为什么我的身体一直延伸，甚至超越了它正在运用的工具：身体在手杖的一端，使我支起地球；身体在望远镜的一端，使我看到星辰；身体在椅子上，在整个房屋里，因为身体是我适应工具的媒介。

有鉴于此，萨特拒绝事物表现的古典理论，这种理论将自身映射到外部世界，并成为一种理解或控制外部环境的模式。相反，他提出，我们与世界的原始关系，即可作为认识身体的基础。“不是身体处在第一位，为我们揭示事物的来龙去脉；而是工具的原始形状向我们暗示着身体。”萨特总结道，“身体，并非事物与我们自身的屏障，它只是独立个体的表现，同时也反映我们与工具之间存在的原始关系的某种偶然性。”[15]

在这样的背景下，萨特的“居家身体”的构想，其最初的解释与悠久的古典传统相共鸣。这一传统将身体视为所有工具创制的基础模式。身体作为一种先验，是认识和理解其他物体的基础。然而，这些早期诠释遭受了失败。由此，萨特所谓的身体参与了外部世界，沉浸其中，并在被视为身体本身之前，受其影响。这个身体深知，因为它本身的定义与工具情结有关，而且将会受到其他“破坏性装置”的工具的威胁。这个身体还通过体验一个“灾难系数”来了解自己。综上所述，自阿尔伯蒂以来的古典理论是，房子之所以是好房子，因为它能与身体构成类比；城市之所以是好城市，也基于同样的原因。若参照萨特所言，身体的存在，只能通过房子的存在而被看到，亦即“身体只能存在于可以包含身体的世界里。”摧毁房子的炸弹，并不能破坏身体的原形，而只能破坏身体本身，因为房子是映射身体的必需条件。我们正飞快地进入一个绝对危险的世界，同时我们也深知，这种威胁的存在，只因为我们生活在这个世界上。毫无疑问，这正是蓝天组希望我们体验的世界的颤抖。

82

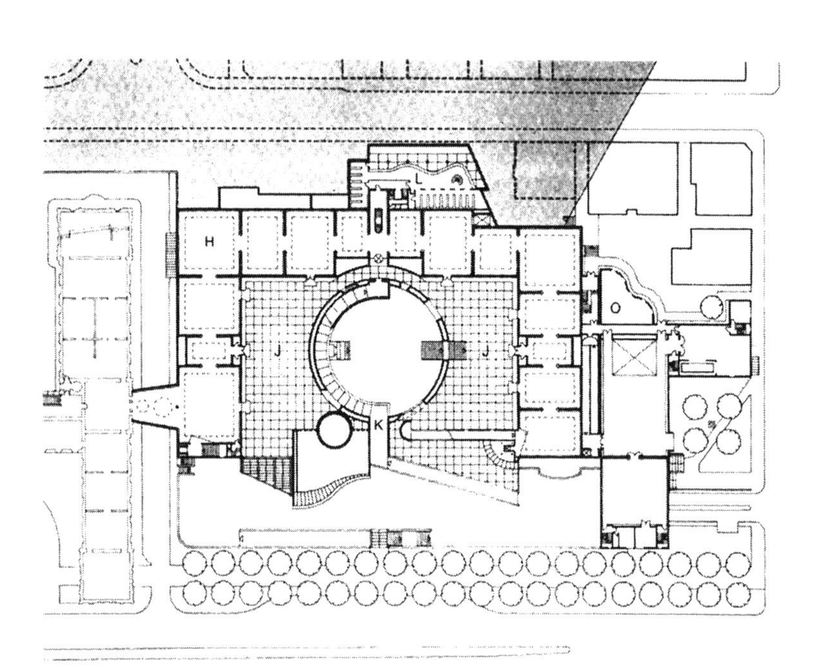
L
H
O
J
J
K

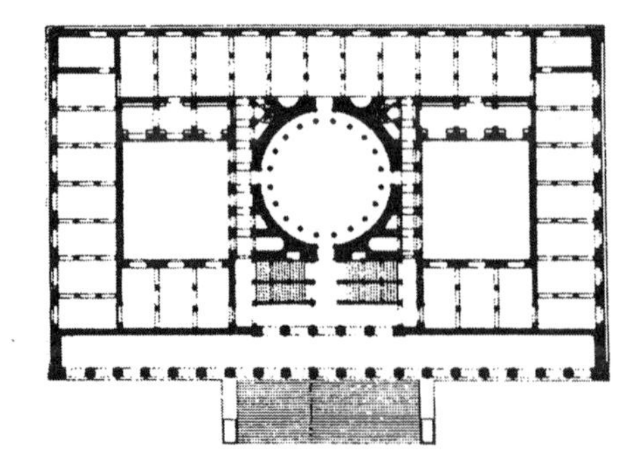

失面

博物馆，是一面巨大的镜子。人类，凝视镜中的脸，发现自己如此出众，遂陷入狂喜。所有的艺术杂志，皆如是描写。

——乔治·巴塔伊，《博物馆》
（Georges Bataille，“Musee”）

最近科林·罗（Colin Rowe）有篇文章，是关于詹姆斯·斯特林（James Stirling）的建筑的。他思辨地观察到，斯特林设计的斯图加特新美术馆，其所有设计意图，均可与辛克尔的阿尔特斯美术馆相提并论。然而，这座美术馆却“缺乏立面”。这种立面的缺失令科林·罗颇感不安；他因此认为建筑的效果“略显松散”，而且“其存在感太过随意外露”。显然，罗反对这种立面的缺失感，赞同实墙存在的必要，并觉得它越厚实越好。罗认为，建筑是通过其密实的垂直表面，呈现于人的眼前，这发生在识别的层面上；而不是通过平面，在理性及概念的层面上被认识。当缺乏立面的建筑面对观者时，就缺乏最基本的表现要素。就像人脸，建筑立面对罗而言，是“观者的双眼和我们所谓的建筑物的‘灵魂’之间的交流界面”。罗坚信，脸或立面，是“眼睛和思想之间的存在界面”，它是所有观者与建筑互动的必不可少的条件。“当我们试图与建筑交流时，”罗总结道，“其脸面，无论多含蓄内敛，始终令人向往激动。”[1]

罗主张，缺乏对脸面的兴趣，是现代建筑由来已久的不足。水平混凝土板由柱支撑，让光、空气和空间渗透其间；此时，无论在技术上或是理论上，垂直承重墙已可被取代，立面也不可避免地受到威胁。如勒·柯布西耶的多米诺住宅所示，强调水平线条，内外空间相互渗透，是“自由立面”的手法；此时，所有用意皆为取缔传统意义上的立面。立面的消失，是承重墙消失的直接结果，这是“自由立面”的前提。表皮很薄，可以直接拉伸至水平楼板边缘；长窗也可在表皮上自由开启。建造承重墙的初衷是试图标示一种垂直面，借以预示和界定室内空间。但此刻，这一目的已被抛弃。自由平面已破坏了固有的立面形式。罗叹息，“脸面，从来就不是现代建筑的当务之急。”

86

我们该如何解释罗提及的对现代主义者抹杀立面的反感，并特别以斯特林的美术馆为例？这幢建筑纪念性十足，而且弥补了多米诺住宅形式上的某些不足，及其由于风格所限的后果。

一方面，我们可以推测，罗这位人本主义的袒护者，仅是在否定现代主义者的手法，尤其针对斯图加特新美术馆，它在其他方面对罗就现代主义的批评做出了完美的答复；尤其针对这幢建筑，它对支离破碎的城市语汇的复制，所有相关的设计意图均与罗的“拼贴城市”理念相呼应。

另一更重要的方面，罗对脸面缺乏的反感，始于沃尔夫林和杰弗里·斯科特[①]（Geoffrey Scott），并延伸了他们的理念。他们认为，文艺复兴风格的建筑之所以是“人本主义建筑”，是因为它与人体直接类比，不论在理论上或实际上。罗认为自己是沃尔夫林主义者，他似乎赞同物质心理学对建筑体验的决定性。一幢成功的建筑所激发的身体的反应，应该和这座建筑本身相符。这里，我们能觉察到沃尔夫林理论的回声，“我们借助与自己身体的类比来评判每一个物体。”沃尔夫林曾描写过如“生物”般的建筑，“有头和脚，背面和正面”：“即便一个物体无法言语、无法移动、体态笨重、形态不定，我们也能理解其存在；这个过程，如同理解一件精致明晰的物品的存在，一样简单。”[2]

87

对杰弗里·斯科特而言，建筑物的“身体”，可以作为“健康”、“感情……权威、笑声、体力、恐怖和冷静”等诸多方面的参照物。斯科特将文艺复兴时期隐喻身体的悠久传统，转译为心理名词，并发现了两个有效的互补原则。其一，基于我们对稳定或不稳定的建筑外观的反应，是我们对建筑的认同——“用建筑语汇来改写自身”。其二，基于这样的改写，我们会下意识地将人的动作和情绪投入到建筑之中：“我们用自身的语汇来改写建筑。”斯科特由此判断，这两个原则共同形成了“人本主义建筑”。一方面，“具体形式反映功能的倾向”为设计提供依据；另一方面，“在具体形式中辨别出功能的倾向”是一切评论的依据。斯科特因此为建筑身体理论大声疾呼：“建筑，能够传达精神世界的重要价值，具备有机系统的特点，正如身体一样。”[3]罗可能延承了斯科特的见解，也许更直接地沿袭了阿德里安·斯托克斯（Adrian Stokes）的观点；他赞同这些理论，至少到现在，证明这些理论对其评论是大有裨益的。

然而，罗对斯特林美术馆的评论中却指出，此时我们需要的不是身体，而是脸。在此，它的直接概念即建筑立面，因此更为形象化和具模拟性，而不仅仅是身高、体重、稳定或不稳定等抽象特征。我们在寻求脸面/立面类比的过程中，或许可以获得一种对18世纪后期人相分析学的更为准确的理解。人相分析学将一幢建筑物的正面比作人脸，有时过于表面化。或许，

①斯科特（1884—1929年），英国学者、诗人、建筑史学家。他于1914年出版的《人文主义的建筑》（The Architecture of Humanism）使得斯科特在建筑史界享誉。——译者注

这会使我们联想起从勒·加缪·德·梅济耶尔[①]（Le Camus de Mézières）至亨伯特·德·叙贝维尔[②]（Humbert de Superville）的理论，勒杜[③]（Ledoux）和列库[④]（Lequeu）的设计，以及19世纪后期查尔斯·布兰克（Charles Blanc）令人不快的种族人相分析和地域特征的比较。[4]

88

但是，这种传统并不能解释罗有关建筑灵魂的问题。面相学作为对灵魂内在状态的外在表征，在很大程度上并不可信；当然，也有个例，如巴尔扎克[⑤]的性格神秘学说，虽继承了黑格尔在1807年《现象学》（Phenomenology）一书中对面相学和骨相学不遗余力的攻击，仍然有一部分人相分析理念残留。罗认为，脸面是建筑"内在活力"的反映，"既含混晦涩又显而易见。"显然，他在暗示一种"灵魂"的概念，相较于18世纪的人相分析理论，少了一丝宗教意味，却赋予了更多的美学含义。它也许更接近于格奥尔格·齐美尔[⑥]（Georg Simmel）在1901年题为《人脸的美学意义》，该文探讨作为现代精神象征的脸及其特性。[5]

格言道，"人脸是心灵的镜子"。齐美尔由此受到启示，他在观察后认为，这是由于静止中的统一感所致，亦即对称更具表现力，即使其中某一部分稍有变形。他进一步认识到，在面部结构中，其中任何一部分通常不太可能产生夸张的变化，除非这些变化毫无美感，抑或是非人力导致的结果。齐美尔将此种"离心运动"——带有巴洛克风格特征的图形，与"去灵魂化"——削弱思想对肢体的控制，等同起来。除此之外，脸并非是简单的抽象"思维"的表现，而是具体的个性的表现。"脸作为一种象征，对我们思维的冲击不仅反映在精神上，也明确无误地暗示着个性。"罗对缺乏脸面的建筑的厌恶，即是对缺乏"个性"的通才和反个人主义的现代主义手法的厌恶。

这一结论与齐美尔坚持的理念相符。他认为，脸作为象征意义的载体，其表现力远超身体；后者的表达能力其实非常有限：

> 训练有素的眼睛，能看出身体的各不相同，它所看到的脸部也是如此。身体并不能解释何为不同，而脸部却可以。尽管精神个性可以与某个身体确切关联，

①梅济耶尔（1721—1789年），法国建筑师、理论家。他的理论基础是建筑空间序列与戏剧情节展开的类比。——译者注

②叙贝维尔（1770—1849年），荷兰艺术家、学者。——译者注

③勒杜（1736—1806年），法国建筑师，法国新古典主义的早期提倡者。——译者注

④列库（1757—1826年），法国建筑师、制图人。他被认为是幻想建筑的先锋。——译者注

⑤巴尔扎克（1799—1850年），法国著名小说家、剧作家。他是欧洲文学史上，现实主义的奠基人。——译者注

⑥齐美尔（1858—1918年），德国哲学家、批评家，是德国第一代社会学家之一。——译者注

并且随时可由后者得到验证；但是，不同于脸部，身体永远不能直接显示精神个性。

身体也不能直接显示心理过程；它的动作较之于面部表情，显得非常粗略。“仅就脸部而言，最初的面部运动所表达的情感，被定格为永久的表情特征。”脸部的众多单独特征，由于完美的对称而保持形象上的平衡，亦即两个半脸的变化均能从另一半来推断，每一半皆遵循着更高的原则，而这一原则同时控制着两个半脸。“作为一个整体，它体现出个性化；但其表现，却是通过对称的形式；这种对称，控制了各部分之间的关系。”[6]这种特性与建筑相关，其理论阐述始自阿尔伯蒂。罗也曾经提及。

89

齐美尔认为，脸部，能呈现艺术作品所需的最为完整的各种关联，能实现“用最微小的细节变化，创造出最大的表情变化。”脸部的所有部分，在共同促成这一动态秩序效应。而眼睛，在齐美尔看来，则是最微妙和最强大的。通过眼睛的动作，尤其是凝视，空间概念被诠释和构筑。欣赏绘画就是一个典型例子。

眼睛反映着灵魂，因而是脸部的缩影。当人们仅从外表作出诠释，眼睛可以从纯形式角度，被描绘得非常细致入微。因为诠释者深知，游离于外表之外不存在纯粹的思维。也正是这种对眼睛的诠释启示我们：眼睛，类似脸部，给予人们以暗示，甚至使人确信：类似知性或感性形象的艺术问题，如果能得到完美解决，那么涉及灵魂与外表的其他诸多问题，也可以获得解答。外表，既可成为灵魂的面纱，让人无法一目了然；也可将其掀开，让人一了心境。[7]

进一步而言，此种关系的论点，同样适用于建筑立面上的开启——即门和窗。虽然这有些离题，但显然罗认为，建筑的脸揭示其灵魂，或至少暗示其灵魂。这个论点的依据较齐美尔的理论更加充分。将脸从灵魂抽离，从某种意义上，是改变了灵魂本身的特质，或至少剥离了灵魂的部分内容，即源自脸部的表情和表现。脸部的缺失，意味着灵魂的缺失。如果缺乏可视性，那么，无一事物的存在可以得到推断。

因此，我们建立了一系列清晰的对立概念：古典人本主义，与现代主义者的反人本主义；以及建筑带有脸部，与建筑脸部的缺失。显然，罗并非反对一切现代建筑：勒·柯布西耶可与文艺复兴和巴洛克时期的建筑师媲美，（有时）被认为是垂直表面的大师。我们确信，勒·柯布西耶的建筑理念，类似于阿尔伯蒂，他们都以身体为基础，比如，自由平面的原则即建立于勒·柯布西耶乐此不疲的身体概念。对他来说，从住宅到城市，身体都可以作为一个中心参照物：其形状让人想起“辐射城市”布局；其生物性能可类比城市和建筑的机能；其比例可体现在

90

每一次尺子或是模度的测量中。尽管勒・柯布西耶极力宣扬自由平面和自由立面，但是在他的作品中却存在着违背这种潮流的迹象，他保持始终如一的人本立场，无处不在的身体概念持续地反映着，并且投射于躯体感的建筑中。

罗自己则非常欣赏施沃布别墅和加希别墅的立面，它们充分探究了水平楼层与垂直墙面间的张力，技巧娴熟。加希别墅的立面，表现了非承重墙与正立面外墙入口的双重特点。这类例子，在勒・柯布西耶的作品中比比皆是。例如，普雷纳克斯住宅，其诙谐的对称暗示着脸部的特征。此外还有很多其他类似的案例。勒・柯布西耶对墙情有独钟，对“表皮”却不以为然，在他的早期笔记中（C.1910）有如下的记录：

> 墙是美丽的，这不仅因为其可塑的形式，而且因为它所激发的形象。它可以抚慰人心，尽显优雅；它可以粗犷有力，令人生畏、震撼；它也可以舒适宜人；它充满了神秘感。墙，能够唤起感情。[8]

类似的段落，也出现在《走向新建筑》，以及许多不言自明的草图中。我们由此可以断言，勒・柯布西耶对墙的热爱，毫不亚于罗。当然，罗对拉・图雷特修道院侧墙特性的长篇解读，也足以确认勒・柯布西耶对墙的理念，至少符合某些评论家的标准。[9]

目前看来，比较急迫的问题，并非简单的人本主义和现代主义的对立。首先，斯特林故意含混现代主义和古典主义的代码，他这种使用多样异质语言的形式，反而使罗着迷；当然，这源于评论家的语汇及怀旧情结，但我们也不能轻易就此否定。其次，如果罗在批判现代主义，斯特林对建筑议题的重新诠释，也很难与格罗皮乌斯（Gropius）的包豪斯具备同等的精神影响力。

91

罗深度探讨后认为，斯特林脸部缺失的形式应被人铭记，他的斯图加特新美术馆可与辛克尔的柏林阿尔特斯博物馆相提并论。这种并列，确切地说，罗很早就通过比较提出过，见于其论文《理想别墅的数学》附篇。文章将辛克尔的阿尔特斯博物馆和勒・柯布西耶的昌迪加尔议会大厦（the Assembly Building at Chandigarh）两幢纪念建筑逐一比较，借以追寻现代主义的传统根源。[10]由此，我们可以得出结论，斯特林的建筑所沿承的传统，源自辛克尔并由勒・柯布西耶继承发扬；他对这两人的手法运用娴熟，效果非常显著。罗认为其诙谐的形式变化，如果不是“手法主义”，便是在古典原型基础上变革发展的后现代的组合形式，其中还保留着现代主义类型学的痕迹，将其作为思辨手段。

然而虽然罗忽略了这一事实，我们却认识到，辛克尔的博物馆已经开始抑制所谓的“脸部”。阿尔特斯博物馆的立面，由相同的柱廊组成。这个柱廊除了台阶或中央空间的阁楼这样的主题元素，没有暗示形式上的对称。柱廊的渗透性，很难显现罗所要求的进深和垂直墙面。柱廊所能提供的“脸部”变化极其有限，完全异于同时代博物馆的丰富立面，如伦敦或慕尼黑博物馆所具有的如同神庙一般的正立面。辛克尔建筑的真正脸面，却隐藏在柱廊的后面：一面镶板墙诉说着一段文化历史，穿过中心处是入口和通往二层的楼梯。此时，立面藏于墙后，按齐美尔的隐喻，即蒙纱的“脸”。因此，斯特林抛离的，不只是一张脸，而是两张脸。中央空间的鼓形得以完全展现，此时它已不是室内，而是室外，是建筑物的表面。

92

这也引发了一种特殊的反转。众所周知，辛克尔的博物馆堪称设计典范：每一处建筑元素皆有意义和起源，各种元素相互交织。这体现在：建筑的整个体块，与广场之隔的皇家宫殿庭院设计的体块划分相仿；其次，内凹的入口柱廊，使得展示文化历史发展的全景墙面及楼上部分若隐若现；而步入楼上，会发现一幅柏林城市的全景图，内含皇宫以及辛克尔的建筑学院，左右排开；最后，博物馆布局的另一部分，中央圆厅，仿佛微型的罗马万神庙的圆顶和室内柱廊。这种组合，借用了多种古典建筑形式，并将它们结合：折射古希腊社会理想、亲和普罗大众的柱廊，是一种集会广场，而非雅典卫城；按宫殿套房特征展开空间序列的博物馆房间，和按时间顺序陈列的展品；激起回忆的罗马万神庙，不仅象征罗马盛世，也暗示了超越历史的绝对审美观；而这一审美观，在具有历史意义的艺术作品中得到一一体现。

在斯特林的美术馆，同样的组合却被拆解，其效果是立即改变了每个元素及整体的含义。因此，斯特林带走的，不仅是阿尔特斯博物馆（the Altes Museum）的外观，而且还有房间前部的空间序列。斯特林把原有的宫殿形平面变成了U形，让人联想到陈旧的画廊。原有的柱廊位置变成了一处平台，从街道地平通过坡道而上。然后是楼梯，原来是隐藏在柱廊后面，现在变成了第二条坡道，从平台至入口，然后进入圆厅的院落。圆厅，并没有屋顶，向天空开敞。高耸的围墙凸显了室内外的空间体量，与罗马万神庙的“外壳”完全相仿，只不过变成开敞的形式，体现着虚空间的存在。虽然万神庙这一空间在城市中得到了复制，但是其纪念性却颇受影响。另一处坡道沿圆厅内墙而上，通向楼上。缺乏立面的直接效果是，其内部器官被无遮掩地完全暴露。尽管建筑物具有入口门厅，圆厅的弧形墙，仿佛背向游客，没有门廊，全然异于进入万神庙圆厅的方式。为玻璃面包覆的曲线形展厅，位于U形的两端直线的前方。整座建筑迥异于以往的博物馆立面，流露的信息是不稳定和不安。同时，建筑试图与城市协调，其依次展现的元素，非常易于渗入城市结构。

93

但辛克尔的阿尔特斯博物馆类型对斯特林并不适用，斯特林所需要的，是对所有德国观众都合适的模式，而无须在现代社会中做大的转变。例如勒·柯布西耶的蒙迪艾尔博物馆，底层平面一目了然，深受德国先例的影响；正方形平面，挂在U形的后方中央，圆柱形的神龛承上启下——源自辛克尔，影响至斯特林。

据罗研究，通过比较阿尔特斯博物馆和勒·柯布西耶的昌迪加尔议会大厦后，分析显示，“惯常的古典设计的体块分割，都是传统的填黑墙平面图。同样，也有很多体块分割采用的变形，呈现出多样的局部表现方式——这或许可以理解为对传统的填黑墙平面的某种补充。”如果这种对比，具有系统性并且成熟完善，我们可能会注意到斯特林美术馆的一系列变形：原始的柱廊变为类似古希腊山门，或是巨大的伞形门廊独自耸立，位于失去平衡感、破碎的墙的前方，隐藏着室内第一排柱；U形构图围合成室内大厅，三个独立构成的体块相串联，每个体块都有独立的柱网和室外遮阳；中央圆形体量的中心偏移，圆厅作为独立元素，被内外墙围起，并由圆形柱列得到强化；柱列几乎与室内大厅的柱子相交，将其旋转形式向其他部分延伸。最后，原来辛克尔的中央楼梯调转90度变成坡道，借以平衡会议室的偏移；入口也偏移一个开间，放在了中央右侧。

在这些基本变形中，斯特林的美术馆可以说已经成为辛克尔原型的二级版本，在后者基础上设计，并加入了斯特林的现代主义的重新演绎。我们也可遵循罗的评论，将美术馆解读为“一幢没有立面的议会大厦”。因此，斯特林的中央圆形体量，是对万神庙圆厅、虚空的议会礼堂的记忆；坡道，成为建筑的元素；U形三面的办公室，取代了庭院的体块分割；入口偏离中心，最重要的是，前部的挡墙使“柱廊”后墙完全模糊。

94

如我们所指，这些正式的形式变形，已经出现于蒙迪艾尔博物馆中。在这幢建筑里，勒·柯布西耶保留了辛克尔的平面，但重新设计了剖面。这座柯布西耶式博物馆的一层平面，确切地说，与斯特林对辛克尔形式的重组有着惊人地相似之处。这两幢建筑都是U形体块围住中央的圆形；都把万神庙原来的穹顶去除：在蒙迪艾尔博物馆，勒·柯布西耶取代了内部空间的高金字塔；在斯图加特美术馆，斯特林已完成了对原型的摧毁，向天空开敞。勒·柯布西耶将整座纪念建筑抬高，底层为架空柱，此时，正面和背面已没有区别；而斯特林却是通过从顶部到底部、连续的公众行进路线，来实现体块划分。就此而言，斯特林并非简单地摧毁了万神庙，抑或仅是破坏了辛克尔的历史名作；而是在温柔地批判理想主义者，以及柯布式现代主义的虚幻愿望。

我们的思维中还存有“沃尔夫林式”科学技术分析的结果，继而会产生疑问，根据上述结论，斯特林对待建筑纪念意义的态度存在明显矛盾。首先，显而易见，这可归因于现代主义者对西格弗莱德·吉迪恩（Sigfried Giedion）所谓的19世纪“伪纪念性”的反对，例如，对于过往形式的“滥用”，传统语言的贬值，纪念性的缺失，皆可归结为缺乏“有效的政治或经济体制”。[11]

其次，在战后德国的大背景下，斯特林对传统纪念性的反抗，源于他反对特定种类的“伪纪念性”，即第三帝国式。纳粹“滥用”辛克尔新古典主义形式，导致了一种对辛克尔的直接的和“后现代的”引用，或是对任何其他经典形象的引用，可能会立即引人怀疑。了解这一背景，我们才能更好地解读斯特林的“虚空的中心”，以及遭破解的柱列。另一具有讽刺意味的手法是，斯特林将这座城市关注焦点的巨大纪念建筑“炸开”，暗示着它虽已破坏、但仍有存在意义，至少在其心脏建立了一处墓地。当心脏被炸开而死亡，接着是其他所有器官的衰竭，然后是脸部的消亡。一切手法，如同斯特林在评论如何将一座已经毁坏的19世纪纪念建筑重新使用，其方法是对吉迪恩的病理学诊疗，即“所谓的那些近来的纪念物……已变为空壳”，加以讽刺。

95

然而，对辛克尔形式的引用，虽然这种引用已被糟蹋了，本身就是一种怀疑，尤其是为留存记忆而建的新艺术馆，这样的背景之下。尽管其组成部分已碎片化，但显然仍渴望拥有自身的纪念含义。这无可避免地导致了对斯特林本人“法西斯主义”的指责。彼得·博格尔（Peter Burger）最近发表文章，评论斯图加特美术馆是所谓的“法西斯”设计，受到传统的现代主义者和传统主义者之类的抨击。[12]弗雷·奥托及另一些新现代主义者，曾致力于设计一种“民主”的建筑，灵活、不定，技术流的构架“轻巧”；而这些都反衬出斯特林设计的墙、平台，和纪念柱的“非人性”：贝尼希教授（Professor Benisch），设计竞赛第三名得主，指出其是对“极权主义”建筑直接的响应；他认为，这是一座炫耀自我和形式主义（因此并不具社会意义）的作品。甚至建筑工人，也不甘人后，谈起建筑师曾表示希望与设计纽伦堡齐柏林广场的施佩尔（Speer）相匹敌。

诚然，由英国建筑师在战争中被破坏的城市中心设计一座“废墟”，其负面接受程度来自多方因素，尤其当这座废墟其实隐射着战时毁于炮火的旧美术馆。斯特林“最好的设计意图”被城市文脉所抵消。任何有形的反讽手法都难以逾越这一城市文脉。

考虑以上诸方面，斯特林竭力避免纪念性的流失或湮灭，这就意味着直接运用最“关键”的可参照语汇，将任何习以为常的形式均赋予纪念性，而无论其“灵魂”如何含蓄。此时，正是由于“脸部”的消失及表现力的弱化，建筑的象征性和纪念性才得以凸显；尽管在对纪念性的辩论中，脸部的缺失本身即是最复杂的矛盾体。

96

我们现在可能更好理解，斯特林试图发明一种新的纪念性形式：它能够把美术馆重新与城市交织在一起；同时，把建筑内容分散成诸多近乎毁坏的元素，抗拒任何重组成古典整体的企图。有勒·柯布西耶的珠玉在前，斯特林对辛克尔的解构，在这段简短的历史中再现，似乎是某种必然；这也并非斯特林有心创造的范例，德国哲学家阿诺德·盖伦（Arnold Gehlen）称之为（法文）“后历史”。

有鉴于此，我们尊重这一极富才思的设计的形式和意念，同时进一步认识到斯特林的建筑完全不同于19或20世纪的先例。正如我们前文所述，辛克尔和勒·柯布西耶两者的建筑形式，无论就其实际或是理念而言，都与博物馆的内容密不可分。在阿尔特斯博物馆，房间序列按西方绘画学派时间顺序排列；这与位于中心、从容安静的万神庙不同，后者强调一种非历史的、永久性的概念；半渗透的公共柱廊立面，是博物馆与城市联系的确证。建筑，成为展示一个民族历史的代表和工具，同时也是一种艺术遗产，它成了促进文化持续发展的有效要素，以及当代历史的标志和媒介。

同样，在勒·柯布西耶的蒙迪艾尔博物馆，壮观的时间轴，可一路回溯到史前并延续至今；设计致力于将不同文化和种族的时空统一在同一个框架内，并再次提出历史（人类学、人种学和地质学而扩大了这个历史的范畴）是未来的基石。中央体量，也即“神龛”，是西方万神庙的普遍化形式，也是永恒性的中心。建筑同时作为标志和机制，在此刻与其内容紧密关联。

但斯特林的美术馆，与许多其他当代的博物馆一样，空间“内容”被分散，使设计具有宽泛的灵活性。毫无疑问，项目要求列出了一系列照明通风良好、尺寸合宜的房间。然而，但这些房间的结构、序列和尺度等，都成了围绕于美术馆中心的建筑碎片。脱离功能的结果，即将所有的重点，都集中于建筑本身的意义，完全放弃时代的任务，只图表明与过去的关系。但是，我们可以看出，这种“表现”虽依赖于精挑细选的先例——那些美术馆的建筑样式，但是这些先例是用来暗示博物馆的存在，而无需承担以往博物馆的意义。西奥多·阿多诺在他的论文《瓦拉里普鲁斯特博物馆》（Valery Proust Museum）中，描述了这种情况：“一旦传统不再因广泛、巨大的力量激起其生机，而仅仅因为‘拥有传统很重要’、不得不采取引用手段使之浮现，那么，即便残留下来，也必将走向消亡。”[13]

我们可以假设，后历史总是青睐建筑内在的自我诠释。因为文化已经丧失了对历史的信任，这些建筑摆脱了文化义务。也许，这就是最使科林·罗焦虑之处，因此，他不断纠结斯图加特美术馆对于历史的脸部缺失。

如果我们任凭史论家，在斯图加特这堆历史碎片面前，自由发挥，我们或许将忽视这段历史的独特本质。作为建筑类型的碎片，斯特林炸开的片断太过整齐，最终，这一历史仿佛由人为一片一片构成。历史学家，甚至建筑师，让建筑言语的欲望，迫使其碎片成为有寓意的单元，过去的点点滴滴皆渗透在内。就此而言，罗在斯图加特的体验，是历史的产物，他曾借用后沃尔夫林主义的专门知识详述此问题：碎片，被有意在一种文脉背景中模糊，是为了强调其在另一文脉中的意义。

极端情况下，符号碎片表现的历史，会导致一系列后果：与符号陷入无休止的循环，历史本身难以再现，以及注定出现“后历史”风、新保守主义拥护者的乐观其成。哈贝马斯（Habermas）指出，格伦（Gehlen）所谓的脸部“放松”，在他看来，是文化的“结晶”和启蒙运动的消亡，两者迅速导致的阴沉的指责，戈特弗里德·本恩（Gottfried Benn）却很青睐这种责问，因为它能“告诉你如何弥补不足”：

> （现代文化）植入（其他文化）的可能性，已尽显于其基本元素。甚至，无可能性和对立性，也会被发现和吸收；因此，今后的楼宇，变化已越来越不可能……如果你有这样的印象，你就会理解（文化的）结晶。[14]

98

据此，我们很容易推想，为了反对永无止息的重复和暗淡未来，通过“拼贴建筑”和后现代寓意的运用，呈现现代博物馆的历史沧桑；而这，也至少为理解建筑表现提供了一种非传统的视角：认识当代建筑，必须与其涵盖的历史区别。建筑，并不具代表性和寓言性；空间和结构，可独立存在，无需依赖内容。

某些历史博物馆，被证明其形式具备建筑自主性。例如，约翰·索恩①（John Soane）住宅后画廊，历史片段与非古典形状的几何结构连接；或德威艺术画廊，更全面地探究抽象古典主义，结构、照明和空间界定结合，形成互补单元，表现（而非代表）博物馆展品。辛克尔，也许遵循威廉·冯·洪堡（Wilhelm von Humboldt）历史客观性的概念，尝试用分离手法设计摄政王在克莱因格利尼克（Kleinglienicke）的私人博物馆，和冯·洪堡在泰格尔（Tegel）的家宅。两幢建筑，历史片段与建筑框架明确区分。在当代，如果要寻找一些阻止过度渲染“文化结晶”的相似作品，可能便是路易斯·康（Louis Kahn）在沃思堡（Fort Worth）的金贝尔艺术博物馆：结构与照明的关系经过仔细研究，仿佛延续了索恩的德威画廊的经验教训；以及拉斐尔·莫内奥（Raphael Moneo）在梅里达（Merida）的罗马文物馆，简单重复的墙和拱结构创造出令人难以忘怀的氛围，没有引用或模仿，完全根据其内容而设。这些作品，都拒绝肢

①索恩（1753—1837年），英国新古典主义建筑师。——译者注

解建筑，支持契合当前状况，避免历史表现的矛盾。

当然，这些实例确实缺乏脸部（立面），也并非偶然：索恩设计的博物馆强调内在，甚至连德威画廊，也须经私人陵墓进入，非常不便使用；辛克尔设计的诸多收藏者家宅也有同样的问题；而康和莫内奥的结构逻辑，是抵制任何具有表现力的外立面。“找回失去的外立面”观念曾一度喧嚣尘上，在其反对声音中，斯特林有所行动，罗做过简练的分析；而这些淡然的作品，在现代博物馆建筑中，必将占有一席之地；正如巴塔耶（Bataille）所指出：“我们必须相信事实，即房间和艺术品，只是容器，而内容却是由游客而定。”[15]

99

"我觉得他们一点都不公平，"爱丽丝用抱怨的口吻说道，"他们争吵得如此激烈以至于都听不到自己说的话——尤其是他们似乎没有任何规则；就算有，至少没人注意到这些规则的存在。"

——刘易斯·卡罗尔，《爱丽丝梦游仙境》

（Lewis Carroll，Alice's Adventures in Wonderland）

当代建筑，一种在普遍意义上产生于现代主义之后的艺术，似乎越来越多地被卡在了爱丽丝与女王玩槌球游戏的两难境地中。爱丽丝知道这个游戏的名称，但是游戏似乎没有既定规则。并且，使游戏更加复杂的是，从火烈鸟木槌（槌球游戏的击球工具）到刺猬球（槌球游戏中的球）和战士圈（槌球游戏中的金属制U形球门）在内的游戏器材，游戏一直处在持续而随机的运动当中。从前那些被认为是根据分类的规则来玩的游戏，其规则能够公平划分失与得，运气与技巧，胜利与失败。而如今的游戏完全取决于运气，完全没有仔细考量的步骤和走法，或是相应结果，所带来的可靠性。

一些类似的游戏无疑能够在伯纳德·屈米的拉维莱特棋盘上的空白格或者其间进行："格子在双陆棋中是每一个用箭头标注的地方，在国际象棋和跳棋中是划分棋盘的黑白格［《利特雷》[1]（Littré）］。"这些曾经对"机会与深思熟虑"、得与失的井然有序的划分十分重要的位置（黑白格），被降低到仅仅是标识的状态，有点像马拉美[2]（Mallarmé）哑剧中的支架。就像标点，本身没有任何具象的意义，它们并非用来定义，而是用来识别与定位那些不是"事件"的情节。标点符号在整个单质的区域中有规律地分布，从而取代了传统的表达方式，取代了风景描述和叙事融合而成的整体；就像在剧场重复上演一出戏，不是"剧情"或是"演员"，而是一出生动有感染力的表演，将这出戏嵌进了时间的长河。

102

上文中的"事件"和"时间"是在这样的背景下，被重新定义的。在历史主义者的眼中，过去、现在及未来的时间无情

①《利特雷》是法语字典，由埃米莉·利特雷（Émile Littré）编写，于1863年至1872年之间以30部的形式首次出版。——译者注

②马拉美（1842—1898年），法国象征主义诗人、评论家。——译者注

地向着一个目标移动。事件，就像微小的艺术作品一样，相伴着或快或慢地相继发生，并且从不可阻断的时间流中，衍生出他们的轮廓、范围、意义及其相对的重要性。用历史主义者的话来说，艺术自身力图仿效这种流程以及事件，并将它们融入关于进步与衰退的辉煌叙事故事之中。现代主义和后现代主义都没有从根本上去追求直接改变这种暂时性的观念，而只是简单地赋予它各种重要性，以及新的结局——大灾难的或是怀旧的。但是屈米对于后结构主义的敏感性会否定这种历史力量的推动力，并且剥去了事件在历史主义背景下的形式和意义。这种否定并非简单地导致一种虚无，而是伴随类似于棋局所具有的轨迹，合乎逻辑地导致了空白格。这里的格子不再只是方形空间，而同时也是一个小隔间、一个抽屉中的抽屉，随时等待着被新内容所填充。正如《利特雷》关于在账本和日志中画空格过程的解释，建筑师的工作是用横向的线切割纵向立柱的方法构筑空间。

屈米的格子是空的，被必要地掏空了怀旧的成分以便另一种内容，它未被实用主义的泰勒主义和惬意的家庭神话所预料。这也是屈米之所以建造“格子”而非“宅邸”的原因。“格子，是一个贫穷、卑微的住处，一个茅舍，就像‘殖民地区当地人住的茅舍’”。“Case”的字源是拉丁语“casa”或者村舍，而不是“maison”（来自拉丁语“manere”）的房屋，它的意思是大厦或宅邸。屈米的空白格子远远地回应着那些被战争、饥荒和土地贫瘠所驱赶的人们的临时驻扎营地，却没有丝毫回归的意愿。拉维莱特的红色框架并不是被废弃的浪漫主义的茅舍，而是为游离的城郊所准备的开放结构。

在传统的形式主义的观念里，拉维莱特的形式结构和它所暗示的内容一样，空洞无物。或者说，这个设计划分和组合的过程，就注定了它没有固定的含义。设计是一个透明的立方体空间，其内部以点成线，以线成面，再以面的叠加定义体积。偶尔，点被扩展成椎体，线被汇聚成晶格，更以平面折叠出轮廓，所有这些又随机地离散于立方体。这样的形式操作方法回应着现代主义的技巧：勒·柯布西耶的现代建筑五要素、凡·杜斯伯格（Van Doesburg）的新造型主义试验、结构主义的形式主义等。抽象的理念与手法在现代主义中孕育，但被用以构思成一种新的规则来替代原有的规则，这也是对建筑所容纳和赋形的社会意义所作出的一种反应。然而，屈米的形式不同，它们缺乏现代主义理想化设计的规则和内容。现代主义者创造的一系列住宅类型，往往受限于经验所决定的形式和数字。与之不同的是，无论是屈米创造的新系列，还是这些系列的重组，都没有受到这些限制。屈米的立方体并不是由洛基耶

103

（Laugier）的四个标杆[①]、歌德的四面墙、森佩尔的人类学要素，或者路斯（Loos）的原始符号所支撑，而是随意开始，然后同样随意地结束。

按照这种观点，作为精心策划却又随心所欲的建筑游戏的记分器，我们应将这些设计理解成，要么归类成功能的实际原则，要么是建筑师的个人喜好。这恰恰是屈米彻底破除传统的地方。亦如菲拉雷特文艺复兴时期的自然有机论的生动图像，一旦建筑出现了从整体上附和了诸如“怀孕、分娩、产后调养”这样的审美设定，建筑师的快乐将不复存在，甚至无法立足于当代建筑理论之中。这种快乐的传统对象，随着“人神同形同性论”类比的终止而粉碎。而快乐的实践方式，由于基于快乐主义对消费主义的追求，显得不可信。

不同于上述情况，屈米定义了自己的版本：“我的快乐，从来不是出现在看着伟大的建筑物的时候——那些历史上和当今的伟大建筑，而是出现在肢解它们的时候。”[1]一个刻意不从伟大作品的沉思中获取快乐，而是沉溺于对它们的“肢解”的建筑师，会自然而然地走向从快乐转为堕落的结局。

可见，屈米的快乐原则是始终如一的。正如他描述的那样，他的快乐存在于对传统规则有计划的违反：质疑秩序观念，再度探究统一性概念，脱离形式主义和功能主义的正统。也就是说，他的快乐存在于对建筑极限的挑战。屈米坚定地站在现时以片段和分裂为特点的状况的阵营，代替了“形式与功能，空间与事件，结构与意义”这些表达变形与操作手段的传统术语。诸如，分裂、错位、转位、离心等术语，暗示了一些对屈米来说，更合乎表现历史性时刻的设计手段。从20世纪70年代初期，这些主题便不断出现在屈米的设计与写作当中，令人回想起罗兰·巴特和雅克·德里达为文学和哲学所作的推进。确实，在过去的十年中，随着不可避免的拖延和必要的调整，屈米的建筑作品，从《曼哈顿手稿》（The Manhattan Transcripts）、拉维莱特公园，到更近的东京国家剧院，对于分析法中后结构主义模型的出现，提供了十分有趣的概念性和视觉性的阐释。

104

因此，从罗兰·巴特在1971年的辨析来看，屈米在“分解”当中获得的快乐并非来自“作品”，而是来自“文本”。[2]传统上定义一件作品，是具象的、有限的物体，它被禁锢在自身的美学框架之中，只有唯一作者，并且机构化的，随时允许阐释、说明和消耗。与此相对立，巴特提出，文本所处的状态可被视为一个方法论的领域。用巴特的话说，文本不会像作品那样被“陈列”并随时被消耗，而是被演示。它无法归纳在任何一种传

①洛基耶（1713—1769年），他在1753年发表了《议建筑》（Essay on Architecture）。这里的“四个标杆”指的是文中插图中原始棚子的四根柱子。这幅插图经常被引用。——译者注

统的艺术流派中，因此可能是不受限制的。当它与关联、邻近、转位、叠加，产生互动的时候，它便是一个多重状态。它处在一个互文文体的矩阵中，这个矩阵否定了所有的稳定个体。从这个意义上讲，文本不再是一个可被“解读”或被赏识的对象，而是等待被写作的一出戏。然而那些在阅读伟大作家的作品或者看到不凡的建筑时所产生的快乐，仍然是被其消耗品的本质所局限的。与此不同，文本所带来的快乐是一种写作与阅读的充分享受，一种愉悦。

类似的原因可以解释，屈米在“伟大的建筑作品”中难以找到快乐。一方面，一个被理论化的，被创造的，并根据不朽的古典传统加以演绎的建筑“作品”是封闭的。它可以是一个怀旧对象，或消耗品，但仅此而已。它无法参与一出戏。按巴特所言，“作品”是一个永远无法重铸、已然远离我们的客体。这个认识是关于现代性的本质标示。也就是，“除了不能重铸同一件作品，‘现代’究竟是什么？”另一方面，屈米在分解这些作品时所获得的快乐，就是去创造一些在建筑领域里具有巴特所谓“文本”状态的事物。他的做法也许是哲学或文学解构主义在建筑学领域的对等物。

105

然而，这种“文本性”的状态无法被生硬地简化成语言学的类比，或者是对“解构的”结构要素的表面讽刺。屈米意识到，“文本性”的状态是很难认定的。根据《曼哈顿手稿》提出的说法，这种状态并非来自于篡改传统或现代建筑的内在原则，而是源自于他们对抗建筑领域之外的概念的反叛，这些概念来自文学、哲学、电影和音乐。[3]在这种多半是猛烈对抗中，学科的局限性受到考验，外缘被揭示，并且学科最基本的前提受到激进的批判。因此，关于形式与功能，信号与信号物，空间与活动，结构与意义之间透明性的理想化根基，不得不被拆解，或被导向冲突而不是契合。这出戏将颂扬不和谐而不是和谐，不同而不是一致。

本着对巴特文本概念的尊重，屈米提出了“表示法”，并将其作为这出戏的手段。表示法指的是，用来表征操作过程的记号或者图形。这些操作过程不一定都与建筑有关，却是分解和重组过程的中心。表示法被用作建立一套形式系统，包括可识别的建筑元素，以及被转化成图像惯例的运动、事件、演员，甚至心理状态。因此《曼哈顿手稿》运用了电影般的形式来分析事件和建筑物。三条平行并且叠加的连环漫画，形成了既可以划分活动与故事的区间——沿横向延伸，又借助并存叠加使之粉碎——暗示纵向联系。在拉维莱特公园，这些表示法被点、线、面所定义的叠加领域所表达，并以类似的方式达成矛盾的交叉。东京国家剧院的“分区”，将曼哈顿手稿的序列转变成空间领域，横向或纵向地彼此交相辉映。

106

在表示法语言自身的发展过程中，屈米得助于许多已经被部分定义了的规范。第一个，也是最为明显的，是借用艾森斯坦（Eisenstein）的按照爆炸式的，对蒙太奇进行的图解逐帧分析。这些图解带被转换成某种暗示影片运动的静态“动画”，犹如效仿19世纪后叶的闪书（flicker books）。运用这种手法，《曼哈顿手稿》在变形图中，探讨了拉维莱特的构架。屈米借助了两种来自建筑自身的额外语言，对这些图解惯例加以补充。这两种语言都衍生自现代主义先锋派，并且我们可以看出，它们深深地隐含在屈米对“现代”一词所表现的复杂立场中。第一种语言是一套用来表现运动与力量，尤其是隐含的运动与力量的作图惯例。它们被表现成箭头和线条，或者隐晦地用形体在画面中的轻重与平衡来表现。在这里，俄罗斯的至上主义和构成主义，还有德国的表现主义，从马列维奇（Malevich）和李西斯基（Lissitzky）到康定斯基（Kandinsky），以及克利（Klee），都为在空间里“书写”动态的形体提供了方法。而这些在屈米的构架画中，以爆炸分解和元素主义的方式表现得淋漓尽致。东京国家剧院中的并置，暗示着一种活动与形体的动态流动。这种流动同样也被不同类型的线条与箭头所表示。第二种“语言”来自构成主义的建筑表现，即他们那种对平面和剖面的动态暗示，特别是对扭转的、断开的、粉碎在画面上的轴测图的暗示。屈米当然没有忽略这些规范。他将这些规范收罗起来，借以谈论被肢解的建筑，从而发展出一个多元却不折中的惯例。一个规范总是被用来让另一个规范成立。因此，透视图上被分拆的轴测图，被插入平面图，并且整体通常旋转90度，正如东京国家剧院中的枪支迅速开火的“场景”。就像艾森斯坦精心准备的镜头画面，为了连接到蒙太奇的下一画面，这个镜头画面已经破坏了蒙太奇的效果——这些场景也早已被自身对重新构图的抵抗所变形。

107

这种表示法，例如音乐中的或者更具画面感的舞蹈中的，它们本身并没有隐喻建筑，而是扮演双重角色，既从建筑表现的常规中脱离，又同时进入这样的惯例。它们暗示了一种既不是建筑也不是电影（举例而言）的新领域。罗莎琳德·克劳斯①（Rosalind Krauss）对巴特的“文本”作为“外围文学”的特征进行了描述，他反映出这些文本处于批判与文学之间模棱两可的状态。据此，我们也许可以把这个领域叫作“外围建筑”（paraarchitecture）。

大卫·卡罗尔（David Carroll）用来定义新词“外围美学”（paraesthetics）时所使用的术语，或许也可以用来定义外围建筑，而这些术语参考自尼采（Nietzsche）、利奥塔（Lyotard）、福柯（Foucault）和德里达的作品中关于美学思索的描述。卡

①克劳斯（1941年—　），美国的艺术评论家、艺术理论家，从教于哥伦比亚大学。——译者注

罗尔引用了牛津英语词典中对于para的词源（希腊语）的解释。从它的位置概念——“在附近”、“在边上”、“越过”、“超过”，到它的组成概念——“有缺陷的、有错误的、不规则的、混乱的、不适当的”，这个前缀被用以表示附属的关系、交替、曲解和模拟。卡罗尔总结说：“反美学暗示了一种与自身对立的美学，或者被推向超越自身甚至于与自己毫无关系的、错误的、不规则的、混乱的、不适当的美学。这种美学不满足于将其内容限制在美学规定的范畴里。”[4]重要的是，外围美学不是关于不规则、混乱和不适当的美学，也不是一种简单地否定浪漫主义美学理论中的常规范畴的美学，而是一种真正的不适当的美学。要描述“外围建筑”，将从根本上否定如画和碎片，以支持有缺陷的和无秩序的建筑。

被限制在理论的范围之内，甚至被限制在“分析性图解”的范围之内，屈米的外围建筑“手稿”无疑会看起来温和而无伤害性。传统的形式分析和关于肢解的外围建筑作品之间的区别，就绘图层面而言是极其细微的。它并没有威胁到建筑的必然性。但是伴随着对重组和建造的承诺，以期创造体验性的外围建筑领域，它对“建筑”的威胁则是明显的。正如巴特和德里达的外围文本威胁到传统文学惯例一样。因此，在拉维莱特公园实际建造的过程中，当图纸上的叠加和爆裂的碎片被转化成建筑物和空间的时候，屈米的快乐原则也许确实给建筑造成了麻烦。对抗着管控土地占有和建造的恒定条例，以及历来控制公园特征的原则，工厂被毫无功能要求的构架所质疑，拱廊与毫无目的的流动通道混淆，空无的空间变成只有用内容才能解答的谜题。

这种紧张和不安暴露在绘图和建造之间的转换点上。由于屈米明确地否定了传统意义上，在理论和实际、绘图和建造之间无法形成的一条简单而理想化的通路。在传统的实践当中，平面、立面、剖面以及透视图被当作注解，用以指代具体、有形的建筑实体。然而在屈米的实践中，在同一个参照系下，过去仅仅被作为注解的事物，确确实实地变成了被建造出来的注解。其结果是，注解的作品被如实地建造出来了。这恰恰是与过去的评价标准的对抗被激化之处，因为“建造这些图解”曾一度标示着建筑师的失败。更何况，屈米的“图解”无论就任何层次而言，都不能被认为是“建筑的”。因此，从建筑师的角度来看，屈米不仅破坏了规则，而且从两个层面破坏了规则，其结果必定是“失败的建筑”。尽管这意味着某种令人震惊的价值，屈米对专业规范的反叛，却丝毫没有兴趣。只有创造一个旧有规则无法应用的全新领域，不仅将外围建筑理论化，而且将其在城市中建造起来，屈米的设计才可能获得成功。

然而，外围建筑遇到了一个有关语言层面的双重问题。为了能够使注解暗示一种建造起来的实体，它必须包容不同的标示实践的规范元素。这个建造起来的实体传达着变形、无尽的序列、对惯例的颠覆，以及无休止地分化拆解者的颠覆行为，等等概念。这就是说，注解的规范必须既暗示一种建筑的语言，也暗示其颠覆因素。然而，这有可能被另一个因素复杂化，那就是：当以分解的手法剥离了所指，记号必须能够自我成立。为此，屈米挑选了一种"现成"的语言——来自构成主义的元素与结构的符号，并且借助测试其极限，将其变形转化。乍看之下，屈米似乎同时在风格和实质上，都参考了后革命先锋派。细想，屈米的设计没有提及任何先锋派的东西。从这个意义上讲，屈米对现代主义语言的立场，既充满热情，又是思辨的。它不带有任何怀旧感，或是记录任何事物的真正渴望，而只是泛泛地提及那个红色年代。这里，表示法已不再用于指示的目的，指代那些谨慎挑选的来源，而是用于更加精确地表达某种内涵的目的，以表明多种可能性中的一种。对屈米而言，先锋派在"现代"的诸多面目当中，仅仅是其中的一种表现。屈米对于这一点的理解，将超越纯粹的历史主义参照，进而发展一种彻底的现代语言。这种语言，必须由来源于先前的现代主义的可识别元素，却又足够灵活，能够同时批判它们。

109

这个观点可能产生于，俄罗斯先锋派的典型象征——塔特林（Tatlin）之塔（1917—1922年）与拉维莱特公园的其中一个构架之间的对比。塔特林之塔无疑已经对经典建筑的局限性提出了挑战。依照对埃菲尔铁塔自身结构的创新，塔特林之塔模仿了巴别塔，为了质疑惯常模式的稳定性和垂直性。其倾斜开放的结构，被用来容纳新的政治秩序下轮转着的议院。这些结构依据永恒的基本形体，诸如立方体、椎体、球体来构成，因此，它们的运动和透明性也同样暗示着从静态向动态的转化。整个结构及其部件，在批判旧有形式的时候，扮演着新的符号形式的角色。它依托着"旧有形式"，找到每个作法的象征意义。它完全与建筑传统脱离，那个倾斜的、螺旋式的、开敞结构，以及它的立意明确的内涵，完全没有意义。再看拉维莱特公园中的构架，屈米非常明显地参考了塔特林之塔，这个首次出现的革命性的先锋姿态。他甚至愉快地沿用了"红色"——一种具有浓厚政治色彩和建筑革命色彩的颜色。那些螺旋形、对角状、圆形以及阶梯状的元素直截了当地插入方盒子的开放结构中。这即使不是对结构主义的直接模仿，也是结构主义的残余。当然，它的政治、社会、文脉以及美学等背景，使其成为一个真正的研究项目，而不同于那些表面化的关联。

110

德里达曾经从哲学角度，探讨重复提出相异论点的必要性。而从美学角度而言，重复尤其关键。这是因为，如果不依靠文字说明，不依靠双关语来强调相似性中的不同点，无声的物体将不得不转而依靠这样一个系统——它利用外在视觉的联系，同时又破坏这些联系的原本清晰的走向，也破坏它们对"来源"

的了断。屈米没有陷入这个误区，没有像先锋派提出的那样运用一种全新的语言。相反，他从这个先锋派作品已经存在的元素之中，选择了一系列的基本形式，对它们进行近于轻蔑的拆解和重组。拆解者的视线不断裂、翻转，以至于最后所得到的意义与形式的起源没有重合。仔细考察，构架只是一个某个层面上的没有含义的物体，它把原来含义丰富的语汇重组成了一堆乱语。没有暗藏的政治目的，没有革命性的美学和社会目标，也没有复古主义的怀旧之情，对结构主义的喜好成为黑暗中的疯狂。这个黑暗背景曾经珍视先锋主义，却疑忌其狂热的一面。就其他层面而言，这个构架是被精心经营的，有着自己的目的——它是一个将没有功能表达得淋漓尽致的物体。不论是否包含内在活动，它仍然充满建筑学意义，抑或建筑外围的重要意义。它那方正的骨架，那些被炸开的元素，它们没有古典的“常识”，拒绝浪漫主义公式，所有这些都是反叛一个已经改变本性建筑的标志。它没有源头，也没有确定的尽头，却自成一体。

它在公园的网格中重复并且无限变形，与其说是建筑，不如说是雕塑。不久前，这类评论也曾加于其他的概念性作品。但是，这样的评论忽视了这些作品的建筑意图，尽管这些作品有些虚无缥缈——从基本的方格网结构到把设计对象命名为“案例”。我们也许能够发现屈米的语言与现代主义语言在至少两个层面上的不同之处。首先，塔特林之塔（Tatlin’s Tower）和其他的经典结构主义作品，在某种程度上代表了新兴的社会审美秩序。他们的设计语言包括支柱、机械般的形式，动态关系，以及对于传统元素的变形，无不显示其有教育意义的及宣言般的特性。而屈米的设计并没有这种符号化内涵。正如屈米自己所坚持和声称的那样，他的设计是没有所指的代号，没有意义的踪迹。其次，尽管先锋派的每一个注解系统都着意于在建筑上重构（现代主义的）人体，借助于箭头、动态的形式，以及丢弃的建筑元素来宣扬“健康”，但是屈米舍弃了这些乌托邦式的目的。塔特林之塔的坡道盘旋上升，喻示着新社会不断更新生长的健美姿态；然而，拉维莱特的构筑物并没有如此“健康向上”的目标。从类比的意义上，屈米的构架代表了一个已经被感染的、支离破碎和分崩离析的人体。他对空间或者物体的每个注解，都暗示着这是一个自暴自弃的身体，没有核心，也无法呼应任何建筑所创造的义肢核心。这个身体不像在现代主义者的乌托邦中那样，由“健康”的行为构成；没有任何一个先锋派的“有氧运动”能够阻止它的腐坏。它最终被看作一种文本，而不是一件作品，它的边界含糊，而它的能量则徘徊在不确定的游戏之中，总是依赖其他论述和文本的渗入来检验自身。因此，在《曼哈顿手稿》中的运动中的破碎肢体，会在拉维莱特或是东京找到临时的解决方案。电影中对身体的肢解，

111

在建筑整体的文本肢解中找到了外围建筑的互补。怀着这样的愿望，建筑师的乐趣将变得反常，而不只是对建筑的简单拆解，它将是对肉体存在本身完全穷尽的渴望。这在每个元素中都有表达，坡道、楼梯或是阳台，可能的使用者并不能找到舒适的有机的参照，而是无时无刻不感受到反身体的状态——例如， 112 眩晕、突然的垂直与两侧运动、甚至可能的解剖。现代主义理论的功能类比，将房屋比作“居住的机器”，暗示的是一台平稳运转的机器，它的设计满足着人体需求。这便是现代主义对于人文主义的人体比例与建筑空间的类比关系所做出的回应。然而，屈米的机器般的结构拒绝了现代主义所赋予的内涵。这些结构被拆解开来，一切关于维护、维修甚至如何工作的问题都因此悬而不决。这台“机器”不需要平稳的运转，也不需要回应人体，它们完全只有它们自己，它们在空间之中自由玩耍，它们是之前加密的作品的文本。

再有，这个空间游戏发生的景观设计之中，而景观形式的产生则是基于设计这些构造物的考虑。这里发生的转化，就像房屋和注解系统之间的转化那样，只是现在的转化发生在传统空间和城市公园，以及屈米进行游戏的场地之间。因为屈米并不像许多批评家声称的那样，舍弃了传统公园的特质，而是将它们置于运动之中，利用它们可辨识的元素，打碎原来的整体。

当然，像这样的重新定义，在现代公园的发展中有着源远流长的历史。在并不久远却令人欣喜的公园发展史中，例如19世纪伦敦、巴黎和维也纳的城市再生，新兴的公共园艺师们将属于上个时代的贵族采用的景观主题，编入自己的营造法式中去。经过几个世纪的积累，从古典时期和中世纪的植物园，到文艺复兴和巴洛克时期如神话中般的花园，到蒲柏（Pope）和吉尔拉丁（Girardin）的直白并戏谑的符号化的景观，现在却沦落成了批量生产的便利指南，并且在从乡间别墅到城市的各个尺度中被肆意模仿。阿尔方德（Alphand），这位豪斯曼（Haussmann）的园艺师，在巴黎的大道上运用了勒·诺特尔（Le Nôtre）的手法，在公园中采用了肯特（Kent）的手法，从而创造了一种新的风格，即对自然的人工模仿，其中包括混凝土预制的木栏杆。到20世纪中叶，公园已与自然十分遥远，在“绿色城市”中满城绿色的愿景，却被误识为精心设计的停车场的顶棚。

113

屈米的公园至少沿袭了这些历史先例的两个形式侧面，尽管已经抽象到不复相像的程度，变形到完全失去其原来的重要意义。这两个侧面是轴线和路径，也就是直线和波浪线，一个是古典主义的特征而另一个是浪漫主义的特点。除了形式，屈米所用的线条没有试图参照先例，而是被用作空洞的符号。拉维莱特的“三条路径”：空中路径（升起桥梁的相互覆盖以及交错的轴线），陆上路径（园中蜿蜒的小路如同20世纪闲荡的人一般），以及水路（原有的商用水渠），它们再也不是对于起源的象征或呼唤。它们只是贯穿公园的三条道路而已。因此，与凡尔赛宫的轴线不同，公园的轴线似乎除了它本身，不再控制着任何的领地。它们连接着一系列的景观、事物和功能，但其次序并没有什么重要性；和“案例”相同，它作为一个标记，一个给注意力不集中的访问者的地标。与此类似，波浪形的路径，不似学究式的景观公园中精心安排的路径那样，它不带叙事性，没有组织成渐进序列的象征性的肌理。它只是作为轴线的替代品，或是另一条通路。从这个意义上讲，屈米将公园和城市紧密联系起来，承认公园的城市属性，并且运用其他地方的元素；他并没有营造一个特殊的区域，而是另一个区域。

尽管屈米采用逐帧的以及蒙太奇的叙事手法，与电影的叙事手法具有明显相似之处，他反对预先设定的事件发展，并且远远不止《曼哈顿手稿》的“连环画”式的表达。在《曼哈顿手稿》中，物体、运动以及事件之间随机复杂的关系，如电影般被编排过似的。这是一个精心策划的功能主义和形式主义逻辑的崩溃，是一个将建筑融入生活的宣言。而在拉维莱特公园，他并没有精确的编排环境和事件，恰恰是因为公园中还没有运动，也没有事件。当代住在公园里的人们被训练到如此的程度，以至于每次来到公园都仿如在电影中一样。

作为一个公园，屈米的红色钢骨结构游戏在表面上并没有阿尔方德、肯特或是勒·诺特尔的影子。它有步骤地与这些源头撇清关系，更倾向于它的随机游戏，以此对抗凡尔赛宫的规整几何形，阿门农维尔贵族愉悦的漫步，以及比特·肖蒙（Buttes Chaumont）的漂亮的野餐处。我们因此而想起吉勒斯·德勒兹（Gilles Deleuze）对空洞的空间和静物的比较：

114

> 在空洞的空间、景观，以及静物写生之间存在着诸多相似之处。然而，空洞的空间的特质在于其内容的空缺；而静物的特质则在于物体的到场和组合，它们包含在自身之中，或者说，成为自身的容器。[5]

如果说拉维莱特是一个景观，那么，它是经过精心清空的景观；如果说它是自然的一个片段，那么，与其说它试图模仿真山真水，不如说它是静物或是已经死去的自然。

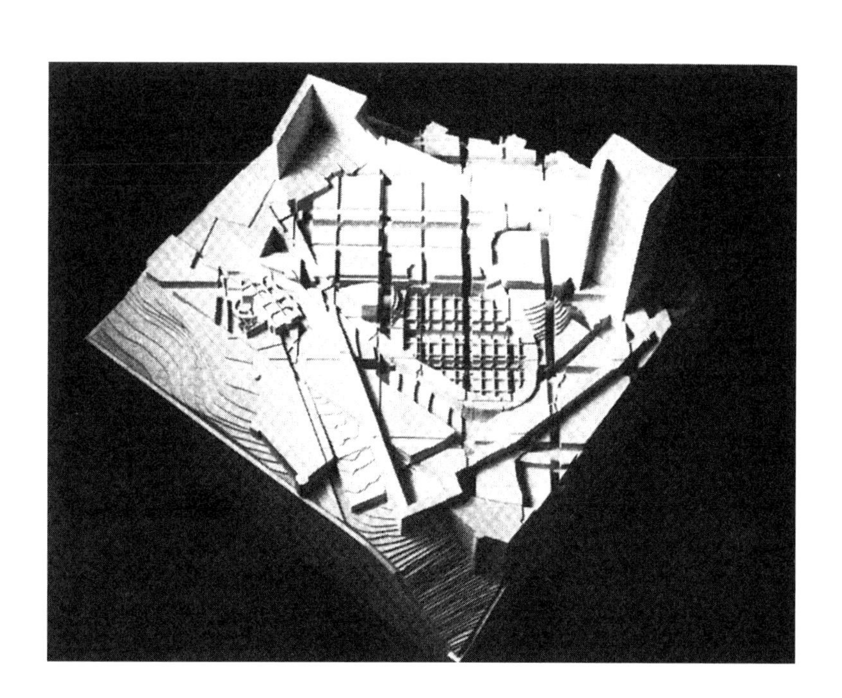

移位的地面

人们有一种设想事物之始的冲动，那是因为事物的开始是它们可被审视的最为简单的模式……然而，就其内容而言，简单的开始本身没有什么重要意义，于是对于哲学思维来说就显得完全偶然。

——黑格尔，《美学》(Hegel，Aesthetics)

长期以来，后结构主义者的敏感性时常会对建筑起源的正面版本感到不适。这种建筑起源，自维特鲁威以来被古典传统所推进，又被现代主义的抽象形式再创造。但黑格尔所不屑的希腊人的“迷人传说”不能用来解释艺术和社会生活之始。而今，评论界却将这些神话合理化，使之成为华而不实的“模型”或者“类型。”[1]

正如语言学家们早就放弃了对于语言起源的探寻，建筑师们也基本上排斥了他们自身的艺术理论基础——这是个依赖于经验的、巧合的，或是纯粹想象中的起源的理论基础。自18世纪后期，洞穴、棚屋、帐篷、庙宇，或是依据其历史起源，或是依据假象的典型形式，一个接着一个地退化成历史主义的虚构故事。这些虚构故事对于它们所处的时代有用，却与当代缺乏共鸣。

如果起源说已被渲染得不可信，或被替换，甚至被诸如来源、痕迹、区别等更为松散的概念所取代，那么其结局也将变得与起源一样难以辨析。黑格尔再次认识到，我们是可以相信，借助起源来解释所有事物的未来发展，这样一个概念的。“(初始)这一简单模式揭示了事物最本质的特性和起源，然后，我们可以借助艺术是如何逐渐发展到现在的状态——这个无足轻重的推理，来理解事物是如何从开始发展到我们关注的某个阶段。”[2]现在，对进步的不相信，对历史过程中某些符合逻辑的必然性的不相信，已经使得结局显得临时和虚幻。

118

在如此理性的环境下，对于任何开始和结束的整体这样一个假象，或是开始和结束的顺序，必须予以特别的警惕——诸如：对于间隔、断裂、矛盾的论题，以及从无系统的内容突变而成流畅的变形和发展过程。这与彼得·埃森曼的作品及文字相关甚切。埃森曼的作品似乎故意回避或忘却关于起源与发展、开始与结束、形式与内容等问题，并以此来对峙被铭刻于历史之中的建筑传统。这些设计对于拟人化类比、封闭的形式系统以及功能主义，都作出有意识的反对姿态。它们还悄悄地颠覆了建筑表现的典型系统，同时质疑关于建筑历史的鸿篇描述的真实性。

现在埃森曼的设计系列已经完成了。尽管权威的评论与之完全相反，我们不禁会将从“一号住宅”到“Fin d’Ou T Hou S”①看作一个对于事先设定的形式建构的理性探索，一个有开始、有结束的逻辑序列。[3]这个逻辑被暗示在编号、时间的先后次序，从一个结构转化到另一个结构的内在空间系统，以及将第一个设计和最后一个设计联系起来的可能性之中。从古典形式的角度看，使得这个逻辑更为令人信服的，是该序列对其结局的要求——它应是一个简历式的概括，或者是一支辉煌的终曲。这反映在埃森曼后来的两个设计——“El Even Odd住宅”②和“Fin d’Ou T Hou S”之中，同时伴随了建筑师职业生涯的转变。这些设计紧密联系着尺度、词汇、句法等概念，还似乎结合了自传式的手法。它们熟练地总结了一个时代，一个阶段性的建筑风格，和一个探索过程。这个探索过程以开放式的对非主流建筑的考察开始，以对它的完整描述结束。显然，这些住宅试图以表面的、重复的方式，动摇诸如住宅、建筑的核心，以及建筑的起源。它们有系统地质疑了从屋顶到地下室的所有结构元素及其重要性，不作任何不明确的关于功能及观念上的假设，并且最终将“住宅性”和怀旧从住宅中剥离。所有这些，似乎在提出一种无懈可击的整体意图。

119

然而，另一种观察角度或许呈现出一幅非常不同的画面，完全背离从开始到发展，再到结束的清晰轨迹。从布雷顿到杜尚，艺术作品是沿着时间顺序创作的。但是，并不能由此确认作品之间的逻辑关系也是与时顺行的。正如弗洛伊德指出，艺术作品与作者的艺术生涯演迁之间的肤浅关联，往往是由叙事策略所致，而非作品意义发展的索引。看似符合理性法则的作品形态的演变，及其系统的形成，最终仍然不能作为断定其作品内容的真实系统性的依据。其实，作品的作者已经提供了另一种不同的阅读方法，以强调不连贯性——将这些作品视为围绕着“六号住宅”而划分的不同类别，即一种介于“前结构”与“后结构”之间的立场。[4]

“Fin d’Ou T Hou S”看来似乎是作者在说最后一句话的时候想到的，似乎要标示一个停顿，一位建筑师发展过程中的一次间歇，一个新的探索或新阶段之前的顶点或总结。“Fin d’Ou

---

①通过字母之间的组合，“Fin d’Ou T Hou S”可有多重解读：“Find out hous（e）”，“Fin dou（t）Hous（e）”，“（F）in（d’）out Hous（e）”。译者保留原文。——译者注

②“El Even Odd House”中由于“Even”和“Odd”在英文中的多义，可以有多重解读：“Even”与“Odd”对应，可理解成单数和奇数；“Even Odd”可以理解成甚至奇怪；“Even”和前面的“El”又组成了“十一”。——译者注

T Hou S”似乎是在等待被重做，抑或是用来证实上述分析——基于作品间的连贯性或不连贯性的分析。但是，这座住宅迫使观者拒绝对它的单一解释。它的“L”形类似先前的设计。它的形式生成过程、语汇生成过程，甚至其表现手法方面，也是如此。在另一个层面上，观者或许会按照权威所给的提示，将“Hou S”看成是一个构图的分解练习；它是一个复杂的关于起源的游戏，而在游戏中不同的起源使得部分之间失去相对的稳定性；它也是一个已经开始的新阶段，而不是结束旧阶段的设计。在这些解释中，观者置身于最小的差异之间：比如在黑色与黑色之间，或者白色与白色、灰色与灰色之间。与此类似，当“Fin d’Ou T Hou S”与同一个系列中的其他住宅并置，甚至更令人不安的，与“一号住宅”——这个系列的“开始”并置，观者面对的仍然是作出相同姿态的不同姿态。

120

评论家尼尔·赫兹（Neil Hertz）在最近的一篇题为《一行的最后》（The End of the Line）的文章中指出了文学和艺术领域中一系列的问题时刻。这些时刻故意混淆相似类型间的区别，以此来对抗诠释。[5]赫兹以库尔贝（Courbet）的绘画《卢河之源》（La Source de la Loüe）和《卢河之穴》（La Grotte de la Loüe）为例，解释了这些问题时刻。这两幅画着重表现了洞穴和水体的黑色之间的无形的划分线：“一条轴线，顺着它可以感受到，由于黑色与黑色之间的最少对比而产生的残余张力。”然而，在沃兹沃思所作的《序幕》（Prelude）中有另一个颇具诗意的版本：叙事者穿过伦敦的拥挤人群，来到一位盲人面前。在这个例子里，相似的“区别”存在于这样一个事实中：盲人在胸前戴着的标签重复着他的失明，这对旁观者来说很是奇怪。文字的“象征”代替着脸面，又复制着脸面，同时表现出相似之间的区别——文字／脸面，这样就形成了一种张力。赫兹借用了肯尼思·伯克（Kenneth Burke）的术语，将这种状态称作“一行的最后状态”。[6]在文学领域里，这种状态是在一行的最后，一个比喻的转折掩盖了它之前的故事发展，并且使之难以被解释——因为在开始和结束之间的区别已经微乎其微。[①]赫兹认为，如此的张力，可能与存在于观众和画家之间的既有联系又有隔阂的张力，具有典型的相似之处。不论是观众还是画家，他们站在画框之外，与画框中自己的象征之间，或者与画面中所描述的情形之间产生了张力。这些张力似乎超越了明晰的表现规范，而且由“一种与绘画行为和绘画媒介的紧密结合所促成，或者由一种浓缩到几乎不透明的写作所促成”。赫兹认为，这些张力可以被解释成作者和读者之间的某种复杂约定。这种约定曾经使自传体阅读成为可能，然后又迅速否认作者和书中

①在这里，在接近故事尾声的比喻转折迫使读者追溯之前的故事，使得原本的结束变成了开始。——译者注

叙事人之间的任何直接关联。“一行的最后”的另一个特质，是它的余波效应。德·曼（De Man）和赫兹强调了“一行的最后”之后所发生的事情的猛烈震撼。当这种震撼试图借助了读者的不稳定性而保持所描述的事物的稳定性，而变得更为强烈。在一行文字终结之后，人们往往期待着“一种祭奠，一个在毁灭性的行为之后留下的废墟”。

顺着这个思路，我们可以重新审视“El Even Odd住宅”和“Fin d’Ou T Hou S住宅”，将它们当作相互关联的“一行的最后”的转折。它们无可避免地使得早先的那些作品显得晦涩难懂。我们不排斥自传式的阅读，但它不会比思考形式上的“区别”更为重要，而这些“区别”或许体现在表面上相似的“白色”和“灰色”的结构之间。[7]这样的阅读可以辨别直接来源，对古典建筑的抽象和注释的一些元素［一号住宅至六号住宅］，以及对元素的几何组合。这些排列组合表面上和早先的作品相似，但“最后的”两个作品动摇了表现本身。“一行的最后”的解读方法，还使得最终的转折（“Fin d’Ou T Hou S”）导向这样的可能性：它质疑所有先前的作品，并暗示着未来对先前作品的冲击。这样，透过意义不明的“结尾”所提供的架构，我们不仅对建筑诠释本身，而且对“线条”①的诠释进行考察。所以“Hou S”不只是一个传统的杰纳斯两面神——两面都好看，而是一个故事中着意的不透明的时刻。这个故事的发展不得不折回原处，同时促成了前所未有的故事断裂。

121

“Fin d’Ou T Hou S”所掩饰的，或者说是冷静地包容着的，对于猛烈性的期待，在为卡纳雷焦（Cannareggio）的设计中也有所呈现。这里，另一个“一行的最后”的作品，那个“El Even Odd”，在尺度上被缩小（或者是被极度放大），从而使得它变成了一座纪念碑。这座纪念碑不再是住宅，却保留着自己的、被省略的、关于起源的些许踪迹。然后，它被依据威尼斯的城市网格而复制。时而被掩埋，时而在广场中矗立，时而在另一个结构里形成片段——这些重复的标点被涂上红色，它们无论落在城市肌理何处，都在那里找到了位置。它就像那些无言的巨石承载着史前的记忆系统，但是开启记忆系统的钥匙早已丢失。因此，那些红色的石头在各种层面上抵制着对它们的解释。

它们看上去不像住宅，不像是能居住的。它们的空无表明了曾经在那些稀奇古怪的空间里居住的文明早已不复存在。它们被遗弃了，变得与坟墓相似，就像庞贝城和海格立斯城一样——住宅因为自然灾难而变成坟墓，而且它们好像是现成的坟墓。那条划分线一直是非常的微妙；它从形式和功能上，分

①作者玩了一个文字游戏。先前提到的end of the line（一行的最后）在这里被单独提取出line（线条）。显然，“线条”的意义比文字的一行要宽泛得多。——译者注

割生者住宅和亡者住宅。而且，坟墓有意无意地成了纪念碑。正如黑格尔和路斯（Loos）所区分的：住宅作为存放生命之所——建造者的真正行为；和坟墓作为记忆和纪念之所——创造象征的建筑师的行为；这已经发展成为变形的原则。住宅变成了坟墓，而坟墓又变成了纪念碑。但是“纪念碑”的意义不能与插入城市肌理的形式相一致。纪念碑的定义暗示了一种单一性，一种与众不同的性质，它容纳着一个单一事件或人物，它承载着对于曾经是独一无二的、值得纪念的现象的象征和记忆。然而，一系列的事物在被重复的过程中逐渐失去了它们原有的重要性。如果它们是坟墓，那么它们是无名氏的坟墓；如果它们是纪念碑，那么它们是无名英雄纪念碑。亦如威尼斯变成了一个巨大的坟场，至少是一个纪念世界上的无名战士的地方。 122

的确，近年来威尼斯经常被人们与死亡联系在一起。自从拉斯金（Ruskin）以来，威尼斯的城市肌理看上去岌岌可危。“一直画威尼斯，直到它垮掉”，这最终成为他为自己确定的任务。然而，想着“Fin d’Ou T Hou S”这个作品，“一直画威尼斯，直到它垮掉”就不会是个双关语了，因为“亡于威尼斯”已经在建筑师的思维概念之中。在这个复杂的关于变形的寓言里，已经故去的似乎是建筑本身，而不再是住宅，不再是坟墓，也不再是纪念碑。剩下的问题是：因此而得出的结构是由哪些重要性代码连接起来的？这些结构自身有意义吗？如果有，它们的“符号”本质是什么？

黑格尔在艺术不可避免的死亡这个背景下，探索了建筑符号学寓意着并包含着自身死亡的本质。他针对艺术难以达到宗教和哲学的最高境界的评论，以及对艺术在现代社会中必然消解的确信，都是基于艺术——从建筑开始到诗歌结束——作为人类意识的表达工具这个根本概念的。这是最终完全抛弃，艺术作为表达最高真理的工具这一观念的进程：

> 每种艺术都有它的全盛期，即发展到完美境界的艺术，以及这个完美时期之前与之后的历史。艺术的产物是精神，并因此相似于自然产物，不能在它们特定的领域中一次性完成其发展。相反地，它们有开始、发展、完善、和终止阶段，亦即，有一个成长、繁茂和衰退的全过程。（HA 2 : 614） 123

在这样的发展架构中，建筑作为一种基本的艺术门类，作为对于象征代码的根本表达，而占有一席优越的地位。它不仅最先到来，而且应该无可避免地最先走向死亡。在美学史上，建筑这个章节，随着中世纪的到来，以及“罗马”范式与“古典”精神的对立，而突然中止。这以后，建筑似乎再也不能在雕塑、绘画、音乐和诗歌这些艺术的后续者（或精神先驱）中找到自己的位置。建筑必然与“象征的”或“独立的”形式相系，这是建筑为自身原本所具有的不充分的表现力，而付出的代价。建筑受困于建筑材料的无精神实质，以及符号的抽象性，因此建筑无法像雕塑那样表达精神上的个性，也不可能像其他艺术形式那样表达精神的内在性。

黑格尔在定义建筑的易错本质的复杂内因时，面对着这样一个根本问题：建筑是如何表示意义的？这个问题，使黑格尔揭示了艺术作为艺术的内在悖论，一个始于艺术的分类谬误的悖论。按黑格尔所言，艺术包含着一种能够注定其消解的行为：

> 艺术的首要任务是给客观元素赋形，也就是自然的物质世界，精神以外的环境。这样，艺术在没有内在生命的事物中，创造了一种意义和形式。而这种意义和形式*始终停留在艺术之外*，因为它们不是客观世界里固有的。（HA 2 : 631，斜体强调由作者所加）

往原本无意义的物质烙印上意义，虽然这些意义交织于形式之中，但是它们是物质外部的赋予，这给艺术创作过程带来一种特殊的不稳定性。建筑作为所有艺术的起源，它以一种直接的方式分享了这样的不稳定性。在本质上，建筑首先是一种重要性有限的艺术。它与雕塑、绘画以及其他艺术不同，建筑形式是抽象的、被笼统化的，并且是含糊的。与文字或视觉标志相类似，建筑只适合于传达笼统的和含糊的构思。

124

对于纯粹的建筑，而不是绘画或文学，“无言”的语言应该完全由它自己所定义：“建筑的产品应激发思维，并唤起各方面的想法，而不是成为那些以其他途径形成的意义的封面装帧或环境。”（HA 2:636）建筑从一开始就注定，它除了体现文化中最普遍的意义之外，没有其他可能。并且，其表现方式，往往是在根本上就不灵活的、通常含糊不清的。随着雕塑这种能够实现个体表现的艺术类型的发展，以及随后其他艺术的发展，建筑必将迅速显露出它在精神表现上的力不从心。对建筑而言，在遵循古典主义意义之后，是短暂的象征性与古典形式在哥特式教堂（罗马风）上的结合。在这之后，建筑将逐渐失去作为文化上的表现艺术的作用。[8]建筑的死亡预示着其他艺术的依次消解。

在这样的背景下，那些红色的卡纳雷焦“立石”可以看成是上述的建筑死亡之后所残留的痕迹。它们不是男性生殖崇拜的柱子、方尖碑，或是门农石像那样的象征纪念碑，也没有实际的使用价值。正如迷宫曾经是一个谜，却是可居住的空间；金字塔被认为是一个象征，却是一座坟墓，被尸体所占据。它们既不象征什么，也不能被活人使用。确实，它们是早已象征了的死后遗存的标记，它们的空间早已被占用了。建筑的历史在对意义的抵抗过程中，显示其意义。这并不表示它们没有意义，因为，正是在对历史的抗拒中，以及在历史中定义的重要时刻被否定的过程中，重要性才得以恢复，虽然没有完全实现重要性的初衷。如果努力去实现一种对绝对的表现，注定会最终失败。文艺复兴对古典主义的复兴，这种企图的神秘幸存；对虚幻起源的探求最终被质疑，如是等等；所有这些都将某种意义赋予后结构主义关于缺席的象征物，却没有把象征物转变成符号。

埃森曼设计的“罗密欧与朱丽叶”这个作品，表现了与古典主义的最终背离。然而，设计的效果却依赖于古典表现的常规。在这个作品中，埃森曼借助直接的对表现形式和表现主题的演绎，有意识地加以质疑了阿尔伯蒂的透视规则。同时，阿尔伯蒂的透视规则又借助对“屏幕”在概念和直观表现上的处理而得以实现。而这个“屏幕”曾经是我们借以看世界的古典理论。

125

1864年，埃米尔·左拉（Emile Zola）在给朋友的一封信中，修改了阿尔伯蒂对绘画和透过窗户的视野的比较。他这样定义艺术作品：

> 一扇向创造开启的窗：嵌在窗框里的是一层透明的屏幕，透过屏幕我们可以看得见或多或少变了形的物体，感受到在线条之间和颜色之中的能够被觉察到的变化。这些变化符合屏幕的本性。[9]

依据这个经典类比，并且以阿尔伯蒂看来是完美的透明性，却又因其相对性而问题重重的形式为条件，左拉将“屏幕”典型化。“屏幕”在左拉看来，反映了古典主义、浪漫主义和现实主义梦想之间的区别。处于自然面前的“屏幕”特征表现了这些区别。因此，古典主义的屏幕有点像“一层乳白色”，上面的图像是鲜明的黑色线条。与之相反，浪漫主义的屏幕“让所有色彩和大量光影通过”，就像一个棱镜，“一面无瑕的镜子”。然而，现实主义的屏幕则假装是“一面简单的玻璃窗。它又薄又透明，透明得如此完美，以至于透过它的图像可以在现实中复制自己”。左拉认识到，即使这面完美的镜子也有一个厚度，因为这个厚度，它如别的屏幕一般，折射着物体并且使它变形——无论变形如何细微。左拉将这种折射，与镜子表面上“细微的灰色尘埃”作相比，两者都同样干扰着清晰。这样，左拉把绘画的定义归结到观众的理解这个相对本质上，而不是古典主义理论所坚持的，绘画是一面客观反映自然的镜子，这个本质。

左拉笔下的有尘埃的屏幕是对现实主义渴望的批评。它期待着另一面沾满尘埃的玻璃，是杜尚在上面“有意培植灰尘”，而且可能是左拉所指的系列之中的第四种屏幕①：一面现代主义的屏幕。杜尚坚持说，“大玻璃”不是一幅绘画或一幅绘在镜子上的画。他用“延迟”（retard）这个概念进行解释，而这

①前三种屏幕是：古典主义、浪漫主义、和现实主义的屏幕。——译者注

个概念除了“确保被质疑的物体不是绘画，没有其他的意义”。“retard”一词的所有不同意义都被融入了“犹豫不决的结合”之中。[10]面对文字称谓和玻璃物件，观众被困在概念上的模棱两可、焦虑以及犹豫不决的纠结之中。传统的阅读已不再可能，又没有确定的其他阅读方式。这确实是杜尚的策略：错误和误读似乎比任何真理更占据优越的地位。

126

类似杜尚的技巧，似乎在“罗密欧与朱丽叶”中运作。具体的技巧是，嵌入先锋派创造的不可能的矛盾修辞法，以及利用同样为人熟知的否认手段，如狄德罗（Diderot）的《这不是个故事》（Ceci n'est pas un conte）和玛格丽特（Margritte）的《这不是个烟斗》（Ceci n'est pas une pipe）。“罗密欧与朱丽叶”曾在威尼斯展出，之后在建筑联盟展出，结果被建筑联盟用有机玻璃盒子的形式出版（埃森曼的有机玻璃盒子对应着杜尚的绿盒子）。[11]展览的布置是经过精心筹划的，似乎要表现杜勒（Dürer）布置的文艺复兴图画课：一系列垂直、透明的平面矗立在自然之中，仿佛允许着由此表现和塑造的图像转录。但这种透明性向观众提出了关于关注点的问题。虽然那些垂直的平面完全是透明的，但是那些由线条和点组成的画面，却明显不是屏幕背后的物体的表现。而且，这些图像本身也由于层层叠叠的平面而变得模糊，挡住了看穿的视线，以及对任何一个平面的清晰阅读。

在之后出版的另一个“盒子”里存在着类似的情形：蚀刻在透明的醋酸酯上的图像，看似惯常的重叠方式，层层叠加以至于阻止了对任何一张图的有意义的阅读。如果透过所有的层叠对着光观看，则呈现出一张多重画面。在展览和“盒子”里，问题在于关注点——由于层层叠叠的表现而使得关注点变得不可能。在此情况下，原先注定要唤起聚焦的明晰——亦即透明性的条件，却被设计成了晦涩的效果。埃森曼似乎将拉康诱人的构想字面化：“如果我存在于画面中，那总是以屏幕的形式出现，就像我早先所说的，我不过是一个污迹，或一个斑点。”[12]

127

将埃森曼的“盒子”与杜尚的“玻璃”作比较，是有启迪作用的。首先，虽然杜尚试图造成艺术中的内容的不稳定，他仍然停滞在现代主义的透明性——字面上的和现象的——所设定的前提之中。他的作品是一种技术性的典型产物，玩弄着工程投影的视觉结构，所谓被积压于两层玻璃之间的膜。马拉美在诗歌中运用了类似的表现技巧。他的《两个骰子》（Un coup de dés）同样是具批判性的和不完整的，并且是在表现形式中越界的。诗人要求读者从词句之间剩余的“空白空间”中找到内容。这些空白由于页面的特殊布局被渲染成了正形。[13]所以，诗人意识到，在“大玻璃”之前，“观众变成了画面本身”，因此完成了左拉所描绘的主体表现的缓慢过程。在“罗密欧与朱丽叶”这个作品中，平面上刻着的线条和色调，转录着几何图像的现实，没有上述有争议的现象。混合，而不是图像的扭曲，导致了不透明。并不是观众变成了画面本身，而是似乎没有观众存在的需要。那些重叠的透明胶片，也没有注意到观众的需要，事实上，没有暗示有需要理解这个作品的观众的存在。压抑着有主观理解的观众，我们回归到一个独立的作品，它为自己而存在，由自己而存在。那些持续被谈到的事物，维罗纳（Verona）周围的风景，以及被当成风景的维罗纳，它们有着相互交错的尺度，强调着地理特征的淡化。

杜尚的"大玻璃"和埃森曼的"罗密欧与朱丽叶"都参照着一段类似的文字——《被新郎脱衣的新娘》（The Bride Stripped Bare by Her Bachelors）①和《罗密欧与朱丽叶》反映着婚姻的不同版本。它们表现了爱神的双重含糊性——阴与阳。但就在那里，相似性停顿了。杜尚笔下的具有讽刺性和批判性的机器，将婚姻变成了现代主义的渴望、技术的脱衣舞挑逗，以及机械化魔术的盛典。它与有着三个版本的后浪漫主义的婚姻故事毫无相同之处。三个版本中的每一个版本都与爱和死亡神话有关，与和解和大团圆结局有关，每一个版本都在屏幕上被淡化了。那些对爱情故事的直白引用，令爱神而羞涩，而不是令杜尚所期待的撒丁（Sadean）机器感到羞涩。这种引用或许可以提出一种后现代的反祖理论，批判着现代主义执拗的心理学主义。与此同时，埃森曼的屏幕明显缺乏舒适感。

128

在这个对婚姻的三重叙事中，没有慰藉，没有爱的宣泄，观众处在三个层次的互动过程之外。即使被作为假定的"主体"，罗密欧与朱丽叶也被替换成无生命的形式、"城堡"，以及岩石状的替补演员。凝视着那些层层叠叠的屏幕，我们不免想起德里达将写作比作"地层之间的系统。……在情景之中、舞台之上，传统意义上的主体的简洁表意已不复存在"。[14]德里达解释了"神奇复写板"②，它那抹去和保留的功能使弗洛伊德着迷。"写字板"的装置对弗洛伊德而言，或多或少地模拟了大脑的功能：大脑接收着知觉刺激，而这些刺激不会留下被潜意识操纵的永久痕迹。对德里达而言，与弗洛伊德的论文一起，这表现了产生痕迹的机制，以及它所具有的潜在的消隐能力。这是一种真正的写作场景，它完全是关于根除纯粹哲学中的存在。

在"大玻璃"和"罗密欧与朱丽叶"的背景之下，上述的类比或许可以暗示两者之间的另一区别。"大玻璃"替代了弗洛伊德的神奇复写板，以及"上面所写的永久痕迹……在合适的光线中清晰可辨"。而"罗密欧与朱丽叶"则要表现对于曾经存

①《大玻璃》（Large Glass）又称《被新郎脱衣的新娘》（The Bride Stripped Bare by Her Bachelors）。——译者注

②这里指的是一种简易的复写板——在暗色的底板上涂有一层蜡，上面附上一层透明膜。在透明膜上书写，由于笔头的压力造成深色的印记，如果将透明膜揭开，印记也随之消失。——译者注

在的事物的最轻微痕迹的消隐。正如德里达总结所言，“那痕迹是对自身的消隐，对自身存在的消隐，是由恐惧和无法还原的消失，以及对消失的消失而形成的痛苦所构成。”[15]

德里达总结了弗洛伊德的阐释的特征，认为是“场景写作”。他还将“神奇复写板”视作“精神、社会和世界”的缩影。这样，德里达将屏幕问题转化成舞台问题，甚至是关于舞台前景，或是变化中的自然的问题。变化中的自然，或许与绘画的屏幕并非不自然地相类似。如果关于镜子的类比可以唤起古典戏剧的完整性，它的空间可以为表现型戏剧中的人物取景，那么，主体缺席的舞台就与菲利普·索勒斯（Philippe Sollers）在《号码》（Nombres）中所描写的颠倒的镜子剧场相似。这是一个三面的场景，它的舞台前景由一面镜子组成，并且背对着观众，它的颜色表现着内部的活动以及自我反射的背面。索勒斯将舞台前景描写成一个表面：

129

> 第四层的表面容易被人表面遗忘，并且其中存在幻觉和错误。实际上，人们很容易将一幕的开场看作不过是一张变形板，或是一层无形又难于理解的面纱，它像一面镜子或是反射体，呼应着另外三面，呼应着外部——它是个反间计里的密告者。也就是说，这层表面呼应着可能的、但总是被排斥的多个观众。[16]

这面不反光的镜子在位置和功能上，与“罗密欧与朱丽叶”相似。隐含的内在情节在斑点和污迹中被仿若哑剧般的表演着，就像柏拉图的洞穴被内外翻转一样。那些斑点和污迹成了凹凸有致的地形——那个总是隐藏着的起源的踪迹。冲击在这一行的最后等待着，因为那个不受约束的观众发现了与本质相悖的梦游和不透明：“这样，一切都被碎片和箭所改造……我不得不再次将面纱撕开，再次抨击沉睡的重重层次，将旧的屏幕撕开以展现新的，打破那些镜子——那些错误。”[17]

或许，有必要回顾一下“罗密欧与朱丽叶”故事的“基础”或是“起源”。故事中有如此之多的关于背叛、佯睡以及假死的变形。在每个故事版本中，药师或他的助手被请求提供一种药，这种药起到安眠药的作用，最终却导致了死亡。在以弗所的色诺芬（Xenophon of Ephesus）叙述的故事的最早版本中，这种毒药或药物被顺理成章地叫作药（pharmakon）。在希腊语中，它的意思既是毒药又是药物。[18]埃森曼的建筑中的药，就像苏格拉底在谈到写作的开始时所言，它既是毒药又是治病的药物，一剂为了完全回归到古典价值的幻想的良药。

“罗密欧与朱丽叶”有一个奇特的特征，就是其中没有可识别的房屋。这或许是消隐传统建筑的再次出现所自然导致的结果——将建筑纳入到其他的事物中，为了暗示其对立面的出现，而对建筑中的指代意义的元素刻意地压抑，——这是可以预料的。然而，这个作品中对形式的玩弄，无论怎样被修饰，仍然

130

缺乏清晰和辩证的逻辑。例如，作品中没有对“建筑作为城市”或“没有建筑的建筑师”的引用，甚至没有抑制常规建筑元素的迹象。其形式系统的作用，似乎不依赖于对自身存在的直接引用，确实一点都没有。

更准确地说，图像是一种形式逻辑的过程，它从所有能被称作地形和景致的事物中发展出来。其中包括从前的岩石和山坡、田野和森林、河流和池塘，以及楼房，(如城堡、教堂、罗马遗迹那样的单体，或者如维罗纳市那样的集合体)。这里的“地形和景致”既不是以17世纪形式化花园的手法进行处理的——用几何图形整合人工及自然元素；也不像18世纪的花园那样，为了自觉地和如画般地模仿自然，在自然和艺术之间精心设定了一道含糊的分界。

在“罗密欧与朱丽叶”复杂的景致的产生过程中，没有一种美学，甚至没有一种自然的“起源”可以赋予它意义。确切地说，它的形式似乎是从某种不变的网格、表面，以及它们之间的停顿中自动生成的。这些停顿也是同样在自动过程中产生的，埃森曼把它称作“缩放比例”。参考了曼德勃罗(Mandelbrot)的随机的和不规则的几何图形，缩放比例这个方法应用了比例之间以及比例的区间之间的连贯性这一概念。这些比例表现了自然界中的生物体，并通过自身的图像重叠，以及透明叠加，而产生了新的物体。[19]这种手法的结果是不稳定的，也不是预先设定的。它是一件复杂的人工产物，由产生过程的痕迹标示着。它既不是城市，也不是乡村，不是房屋，也不是自然，它自身就是一道景致。往日的建筑被完全归纳进一个连续的表面，人们无法预测人或动物居住其中。人们可能记得，杜尚谈过“地理‘景致主义’”也谈过“地质‘景致主义’”。[20]

如果将功能归因于形式，或许会有这样的危险：相当于将火炉扔进水中，在岩石上凿庇护所，或者在看上去有房子的地方寻找森林。没有什么能对主体的出席或缺席，这些赋予形式以意义的过程，进行解码。在这样的历史后地质学中，唯一不变的元素是随机的、有系统的本性。随机理论在拓扑学和地形学的运算里为人熟知，却在建筑领域比较少见。这个理论进入建筑界，为彻底放弃那些长期以来折磨艺术的二元理论提供了基本的工具。它使得无意义的建筑以无意义的方式被应用，就像黑格尔认识到的真正的“独立”建筑。这里，非法闯入的人的唯一选择，就是随意体验不曾游历过的景致，并从开始时就依据这种体验，以随机的方式对事物命名。“随机”的语源来自古法语的“randon”，这为理解它的词义提供了线索：“randonnée”的意思是延长的漫步，其中有意外的转折。或者用狩猎(这个与土地有关，却被神灵们充斥的词汇)的术语说，它是被困的野兽临死前痛苦而猛烈的动作。[21]

131

或许对这种图解对应形式的正确描述，应该是“被掩埋的透明性”。它不是指建筑被隐藏在地下，而是矗立在原点和震中的建筑，它们依据在地下的相反存在法则而运作。“掩埋的透明性”与洞穴和坟墓的联系在这里是有些道理的，它指的是部雷（Boullée）定义的被掩埋的建筑，并可以在埃及幻想故事中找到例子。

黑格尔认为掩土建筑是古典住宅和庙宇的前身。他比前浪漫主义的前辈们更进一步，试图从掩埋建筑的理念中找到一种重要的假设。这个假设尤其对于理解黑格尔所说的建筑的死亡问题有所帮助。对于黑格尔而言，那些掏空的洞穴，里面装饰着“柱廊、狮身人面像、门农、大象、巨佛，不仅是由岩石雕成的，而且像是从无名的石头中生长出来的”，仿佛期待着新的建筑在它上面生长，成为古典建筑的原型：

> 与建造在地面的房子相比，这样的考古挖掘似乎比较简单。那些树立在地面上的巨大建筑可以看成是对地下建筑的模仿，以及地下建筑在地面的繁荣。因为，在挖掘中没有正形的房子，只有负形的消隐。（HA 2 : 649，强调由作者加）

132

曾被掩埋在地下的建筑，借助挖去其负形的实体而被提升到地面上，从表面上看，这注定了建筑更倾向于自身的掩埋。但是黑格尔在其复杂的、似是而非的对建筑符号的定义中，用金字塔的正形对峙着它所模拟的负形，因此赋予了这座正形的金字塔超出这个意义反转的更为重大的意义。

黑格尔不仅关注于阐明建筑标志作为象征的本质，而且从更为普遍的意义上理解标志的本质，并通过建筑隐喻反映标志本身问题重重的实质：在一个有趣的换位过程中，他将记号和所指的关系看作是“一个金字塔，一个外来灵魂表述于内的金字塔”。在金字塔里，符号从外部来看是封闭的，然而其内部潜隐着一种内在的意义（尸体）。这个潜藏的意义对外在壳体是陌生的，同时也被转移到外在壳体。黑格尔认为，这样的符号可以从象征的层面上被辨认出。符号是一个随意的记号，然而象征就某种意义而言具备符号所指的相应特质。

但是，无论这个解释如何绝妙，在黑格尔以金字塔所做的隐喻里，提出了一个含蓄的问题，即：我们如何将隐喻着任意符号的金字塔，视为象征性建筑理论的开始？换言之，如果一座建筑标志着符号的任意性，同时自身又具有象征意义，那么这个现象说明了什么？这里，符号的符号被双重化了——这是一个表现在符号的构造中的性质。

> 在我们面前存在着双重形态的建筑，一种在地面上，一种在地下：土壤里的迷宫、巨大的挖掘现场、半里长的通道、用象形文字装饰的房间，每件物品都精心摆布。而在地面上，被令人震撼的构筑物所簇拥

的，是金字塔这个主体。（HA 1 : 355）

正是这座双重建筑，曾以容纳外来遗体为特征——一个异样的意义，同时也被视作象征的奠基石——这个建筑的根本条件：

> 这样，金字塔在我们的眼前展示了象征艺术的原型。它们是巨大的水晶石，在里面隐藏着内在意义。同时，金字塔作为艺术所产生的外在形状，围合着它的内在意义。金字塔因其内在意义而存在，也因此与纯粹的自然分离，只和这个内在意义有关。（HA 1 : 356）

133

意义的本质只是问题的一部分。黑格尔澄清了金字塔是死亡的象征；金字塔所象征的死亡，是一个被封闭在其中的死亡，是无形的和被密封的。金字塔象征着"地狱王国"，因此完全无力表达任何形式的生命。死亡的象征绝对不能代表精神上被解放的，或是自由的事物。因此，金字塔曾是一个纯粹的象征，它受困于自身的有限形式里。同时，它也是一个不完全象征的象征，一个任意符号，它"是意义明确的内涵的一种外在形式或外在掩饰"。

从这个意义上，我们可以理解黑格尔所说的"半掩埋"、半正形、半负形的死亡建筑，它既是所有建筑的必要开始，也无可避免地引向建筑的死亡。这是一个无法借助金字塔作为死亡的象征，与金字塔之间的一一对应来表现的死亡，是由建筑符号问题重重的本质所表现出的死亡，换言之，是建筑被看作符号——这个问题重重的实质所表现出的死亡。只要建筑保持着象征性，它的内在意义与外在形式紧密相连，并且为社会所理解，那么，这个建筑就是活着的。社会目睹了建筑符号走向意识的挣扎。当建筑不得不以使用功能为条件，以服从使用功能的形式为条件，建筑变成了其代码的体现，而不是象征意义的体现，这时候，建筑便无可避免地向"死亡"进发。如果考虑结论从何而来，黑格尔所没能说的，却是我们开始朦胧地觉察到的，正是其结论的必然性：当建筑被看成符号时，建筑必然走向死亡。因此，在想象中的象征性的过去的衬托之下，建筑将必然显得不真实。

对于埃森曼而言，将建筑回归到地面，在一定意义上似乎是回归到它的起源。如黑格尔所说，这是一个早已成问题的起源，因为洞穴并不随意地具备象征性，它是住宅和庙宇的前身。同时，将曾经埋在地下的建筑转移到地面上，这就意味着以其负形取代"初始的"挖掘现场——是挖出的而不是埋入的。人们也许会想象，在"罗密欧与朱丽叶"地形的突兀岩石之下，是一个巨大的地下空间。它是密封的，从没有人居住过，就像金字塔一样。

134

封闭空间的概念，亦即所谓关闭的地穴，是埃森曼最近的作品特别关注的——从"罗密欧与朱丽叶"到东京到克利夫兰这些作品。这里，掩埋的问题，半遮半掩地体现在最后的两幢住宅的方形场地中。它们一半在地面之内，一半在地面之外，面对着意义的（假）起源的问题。在“El Even Odd住宅”和“Fin d’Ou T Hou S”中，地平线以一种几乎是传统的意义，标示着大地和天空之间的分界。这样的地平线在最近的这些作品中已不复存在，因为它早已被完全融入顶与底之间的模糊界定之中。这也是逃离黑格尔复杂而矛盾的符号定义的圈套的一个出口。

在质疑双重术语的过程中，埃森曼后来的作品中的掩埋建筑，试图跨越黑格尔所说的分界，并且建立一种依赖所指的符号，和不需要形象的构成。这种构成的意义只有通过引用最基本的语义分裂来破解。但它只是“一行的最后”这个模式的陷阱。关于这个模式，当代评论创造了“mise en abîme”这样一个新词。德里达指出，这个模式确立了符号语言学和心理学之间的关系：

> 所指和表意之间的必不可少的不连贯性，与一种成系统的必要性相符合。这种成系统的必要性包含了在心理学环境里的符号语言学。在黑格尔的定义中，这是在自身中定义自身精神的科学，一个为自身而定义的主体。这正是为什么我们必须在心理学和符号语言学中，坚持建构原则。它使得我们更好地理解任意性的含义——即是，任意符号的产生，标志着精神上的一种自由。[22]

这或许可以解释建筑学先天不足之根本原因：作为一种象征艺术，建筑不可能随意地指代某个心理概念。它最多只能将任意性掩隐于外在的躯壳之下，并将对自身的了解深藏于意识出现之前的墓穴里。但是，在精神战胜黑暗的原始梦魇时，当这段被隐藏的前历史被公之于众，或被分析家所发掘，“异样性”的条件就成熟了。埃森曼设计的那些没有被埋葬的房子，成为这种复杂心理的一部分，并且引发了缺席的危机。弗洛伊德则将这种心理与感觉联系起来：一个曾经是平常的状况，而后忽然变得不寻常。或许只有通过这样的阅读，才能将隐含在埃森曼对自传的抵抗中的自传性，以及那些只能被粗暴地解释的形式主义回归，融汇于一点。这样的融汇一旦被定位，就最好不再被分析。即使是弗洛伊德，也避开了对梦的完全解析，期望保留存在于“黑暗里”的一席之地。弗洛伊德承认，这些未解析的部分是梦的“命门”，一个梦观望未知的地方。一座重见天日的建筑，就像一座黑色的桥，筑造在隐藏着意义的深渊上，和满是叽叽喳喳的符号的旷野之间。

135

在这个过程中，无可避免地，传统纪念性的特征被抛弃了。埃森曼找到了一个“反”纪念性，抑或至少是一个“非”纪念性来替代传统纪念性，它看似更贴切地描述了刘易斯·芒福德

（Lewis Mumford）所描述的“一个自身价值降低、看不见目标的时代”，它不再能“造出令人信服的纪念碑”。[23]在埃森曼近期的作品中，这些问题在功能的背景下展开讨论。这个背景在过去必须以纪念性的方式表达。美国俄亥俄州立大学的维克纳艺术中心就是一例。

库尔特·福斯特（Kurt Forster）在讨论维克纳艺术中心的竞赛时暗示，当代建筑的困惑，可以通过建筑师对公共团体的建筑物的反应来衡量，特别是对博物馆的反应——一方面，是对过去“艺术殿堂”的偶像崇拜式的再次创造；另一方面，是娱乐园式的文化消遣。建筑师不能在这两者中对无休止的变化做出反应。福斯特推崇了埃森曼和罗伯逊（Robertson）的方法，用他的话来说，则是“过程而非结果”，以此对抗更趋向于传统纪念性的做法。[24]

但是，如果上述的对立在设计竞赛中表现得明显，并且被参赛建筑师的不同诠释所强化，那么，建立在不确定性和过程概念的基础上的建筑设计，对建筑的纪念性再次提出了质疑，并且是以一种更为矛盾的方式提出了质疑。一个根据暂时前提而确立的设计变得持久。一个从对纪念性的批判而发展出的形式立即变得有纪念性。

136

如此的困境为建成的房屋造成了问题。这些房屋难以用文字来正确表述，并且注定是属于经验类的。在彼得·埃森曼的作品中，这个问题作为理论问题而被渲染得更为尖锐，尤其是反纪念性的偏见，在一开始就被强加其中。若从古典意义上讲，纪念碑可以被定义为“人创造的地标，或是他们的思想观念、目标，以及某项行动的象征”，那么，埃森曼一直反对着这个观念。[25]然而，正如黑格尔所坚持的，艺术作品是将意义依附在文化资源上的，那么，有什么能阻止这个过程的逆转？一座不是着意成为纪念碑的房屋，一旦没有了作者，会被社会理解成有纪念性吗？在人们不顾及作者的意图而要对房屋强加以某种意义的时候，纪念性的重要前提是否还存在？

乔治·巴塔伊试图说明纪念碑的影响力，他追溯了纪念碑对社会权力的组建结构的影响，同时将它们的建筑特征与神职人员的外貌作比较。“纪念碑就像一道防护般被筑起来，它将庄严和权威的逻辑与有问题的元素对立起来。”对巴塔伊而言，建筑构图的出现，在所有传统艺术之中——不论是表现在面相学、服装、音乐，还是绘画，标志着权威：“一些画家用宏伟构图表达了这样一种意愿，那就是试图用理想化去限制人们的灵魂。”巴塔伊说，纪念碑是“整个地球的真正主人，在它们的阴影下是被奴役的大众”。“在教堂和宫殿这样的形式下，教会和政府将沉默强加于大众。很明显，纪念碑激发了社会的智慧以及往往是真实的恐惧。”[26]被这样的权威所责难就像被宣判成奴隶一般。巴塔伊关于法国大革命的观点，可以解释成为表达

了“人民对纪念碑这个他们的真正主宰者的憎恨”。 137

确实，由于纪念碑的起源是那个强加在岩石上的数学逻辑，它在社会有秩序的发展中，自然而然地占据了一席之地。纪念碑的起源因进化而实现，因“从猿到人的形式的演变而实现。而人体的形式早已表现了所有的建筑元素”。巴塔伊将建筑对身体的拟人化的依赖作了意义上的转化。在他看来，建筑是生物发展的一个有机的组成部分，以及一个“形态学的过程”。人类就是猴子与伟大的建筑之间的过渡，却被孤独地困在这个过程之中。建筑秩序从人类秩序发展而来，成为一个更高层次的类别；纪念碑的力量和作用也是同样的。

对纪念性的特质的描述，作为其建筑角色和本质的一种定义，扼要地总结了古典纪念性的传统所处的，纪念性被技术统治论和理想化的现代主义者所攻击的那个时刻。巴塔伊认为，随着艺术作品中建构这个次结构——“被掩饰的建筑骷髅”的消失，通向心理学过程的表达之路便开启了。而对心理过程的表达又从根本上与社会稳定不相协调。巴塔伊说，只有远离人体的优雅，走向“野兽般的畸形”，建筑从本质上由建筑掌控，才有可能摆脱加在建筑之上的禁锢。

1929年，巴塔伊加入了一场持续辩论。这场辩论曾经使得现代主义者和怀旧主义者对峙。巴塔伊召唤着“新纪念性”而不是［用西格弗里德·吉迪恩（Sigfried Giedion）的话来说］折中的历史主义的“伪纪念性”。他还反对为伪纪念性的辉煌过去而伤怀的怀旧主义和传统主义者，以及他们在逐渐衰退的西方文化形式中看不到希望。在这场辩论中，巴塔伊故意混淆了术语，将建筑的意志完全归结于纪念性，并且认为只有完全反对建筑，至少是传统意义上的建筑，才能找到医治建筑的方法。崔斯坦·扎拉（Tristan Tzara）和萨尔瓦多·达利试图通过发表在《牛头怪》（Minotaure）杂志的文章，推进这一立场。他们总结了运用心理分析而将建筑理论化的可能性：诸如，歇斯底里症的、消化的、异样性的、子宫的，以及洞穴等概念。在每个例子中，几何传统总是与心理形式对峙，并且与曾经将建筑与自然同化的敏感性对峙。畸形、半自然、半人工培植，被作 138
为抽象和理性的对立面。

回想起来，巴塔伊对纪念性所做的柔和而具讽刺性的攻击，导致了建筑秩序的瓦解，以及野兽式的建筑的突然产生，并以此作为与纪念碑的达尔文法则的唯一对抗。这种攻击在二十五年之久的试图复兴“失去的纪念性”的尝试中，扮演了新角色。复兴包含了将伪纪念性扩张到连吉迪恩也无法想象的程度，并且再次以一种奇怪的被减弱的形式，提出建筑纪念性作为隐藏的力量的问题。很明显，在这样的环境下，反对历史引用或风格复兴，以此来支持概念模糊的“现代性”，这样的论点很容易落入巴塔伊所预期的陷阱。后现代和现代后期都表明了一种对形式的怀旧意识。两者都在找寻一种失去的建筑，都试图实现纪念性和由此导致的控制性。如果用其他方式提出这个问题，就会像巴塔伊所暗示的，将会带来与建构这一传统的分离，也就意味着，与由传统所统治着的、并且以其为基础的“人体”的分离。

一些建筑师，如蓝天组，推进了反纪念性的论题。他们偏爱文本模式，用引人入胜的图示表现无纪念性、怪诞和异样。又如海杜克等一些人，则探索了超现实主义传统，试图建构建筑的“畸形”替身，以此使得受害者比胜者更有优势。再如里伯斯金等另一些人则转向了另一种形式模型——例如：不可能的机器、肢解的人体，并且将它们作为建筑永远无法跨越的鸿沟的象征。

在这个充满可能性的领域，彼得·埃森曼所提出的理论显得可望而不可即。他的作品建立在诠释与古典人类学的过去分离的基础上，以及对于后世界末日的想象——那是一个被缺席和不确定因素所充斥的世界。埃森曼的设计以激进的方式探讨了反建筑的各种纬度。它们反抗着古典主义从固定的和稳定的起源中找到的权威——亦即那些被人需要的、被使用的、拟人观的、美学公式里的起源说。埃森曼的作品从最初的在住宅系列中对现代主义词汇的笃信，发展到更为激进的对建筑让位的假设，并且体现在后来的作品中，诸如“罗密欧与朱丽叶的盒子”，以及俄亥俄州克利夫兰市的先进公司的开发。它们几乎是地质学的挖掘场或图示。

139

这些设计理念体现在具体的作品中，却表现在复杂的自我分析的图示和模型里。它们在虚构反纪念性神话的过程中，仍然是一种假设。它们没有经过实际建造过程的检验，却被文本诠释所包围。这些诠释借助转喻，暗示着这些作品的激进性，并使得它们成为起因的一部分。

在俄亥俄州立大学的维克纳艺术中心这个例子中，文本和设计之间、评论和设计之间的紧密结合被打破了。即将完成的房屋矗立在大地之上，期盼着人的居住。它在校园中心边缘的一系列纪念碑中间找到了自己的位置，它代表着并且嵌入了大学的结构机制。艺术中心坐落在两个已有的纪念碑之间；纪念碑包裹在吉迪恩所谓“伪纪念性”的古典风格里。这样的建筑凭借其外在的体积和存在，怎么会不成为围绕着它的纪念性的一部分呢？——至少是在校园机构的意义上，纪念性定义了这幢建筑的存在理由。

初看上去，这座建筑似乎力求并且实现了一种建立在完美比例之上的纪念性。砖贴面的城堡般的主立面，起拱的凹处模仿着原先的军械库；具有严谨节奏感的三维网格形成开合有致的通廊；间隙空间连接着已有的讲演厅。整幢建筑有着精心布局的综合体的外观。无论是从田径场，还是从校园的入口观看，这幢建筑始终优美而清新地矗立着，它的亮白色的矩阵以及红砖表面，与周围环境形成了完美的尺度关系。它的存在无可否认。

然而，这幅稳定的纪念性的画面，却被诸多令人不安的因素所削弱。首先，让我们仔细看：由军械库塔重建的“入口”完全不像入口。巨大的拱券被做成下沉式，并且被挡住了，好像要关闭那座古老的不安全的堡垒。再者，看上去是“历史性”复原的砖体块，像被手术刀切片一般层层剥离，显示出一系列错动的表面。而这些表面有效地打破了对安全感的幻觉。在对时间的不稳定性和时间中的退化的评论里面，那些曾经稳定的历史性片段出现了，它们被复制在复原和起点之间的复杂关系中。

140

构成房屋形式的网格有三种规格——12、24以及48英尺，它们似乎在独立运作，并且完全有别于结构和空间围合。它们似乎明显地排斥着任何相互协调的方式，甚至包括在自由平面中的结构与围合之间的辩证关系，明确地避免两者之间的调和。确实，在讲演厅和新结构之间的开放“拱廊”中，或者在大网格之间与内部楼梯的交叉处，两种网格以一种似乎故意的唐突冲撞而共存，它们暗示着空间的占据和功能，有时暗示着相互的存在。

“纪念碑”在这里逐渐被化解成明晰的碎片—— 一种关于复制的历史、网格、和结构的碎片。它们自然地相互触及、交叉，或者相互介入，除了转喻的共鸣之外，没有任何的统一体可言。

最近，学者们基于轴线与网格之间的冲撞这一表面上的相似之处，将上述的破碎片段与俄国建构主义中的结构表现和反古典构图进行比较。俄国建构主义故意扭曲和混杂古典主义的法则，同时提升了钢结构和钢筋混凝土结构的潜能。然而，俄国的那些例子，与维克纳艺术中心的抽象而且有空间距离感的网格之间，几乎没有紧密关联。首先，埃森曼的网格不代表结构系统，也不象征建筑的结构潜能。它们只是自成一体的网格构造，并不与房屋的真正结构系统在受力支点吻合。因此它们不反映建筑从根本上来自结构，这个建筑“起源”的画面。同时，它们也不是这个起源缺失的标志。更确切地说，它们代表了另一种比较不确定的起源—— 一个存在于基地平面几何化的起源。

每一个网格，都是从现有场地或是环境中的不同轴线方向演化而来。网格的线索来源于场地上至少两种潜在的标示方向，即：哥伦布市（Columbus）的网格以及校园的网格。对宏观布局的进一步观察可以发现，那条切过房屋的“断层”线，呼应着格林维尔（Greenville）的城市轴线切过俄亥俄州（Ohio）。每个建成的网格在三维空间中得以预想，并在建造中实现。网格之间的冲突不再只是由构图产生的，这些冲突是由潜在于同

141

一个场地中的假想占用所致，并且由于试图在同一场地上建立三种不同的内容，而显得明了。

在这个意义上，维克纳艺术中心的网格的本质完全脱离了传统意义上建筑网格的运用方式。在古典传统中，网格为两种互补的目的服务：一种是为了在空间中进行构图和布局建筑元素，即辅助网格，如同在制图或测绘中采用的网格；另一种是为了在模型空间或真实空间表现结构，譬如柱网。现代主义几乎没有改变网格应用的双重性——辅助网格由于方格纸的引进，以及建筑部件的大量标准化生产，而变得普遍。同时，结构网格似乎是建筑的抽象“本质”不可分割的一部分。然而，网格的双重状态依旧。总的来说，两种网格在实践中几乎是同义词，特别是在密斯·凡·德·罗（Mies van der Rohe）的作品中，辅助网格和结构网格因作为结构的抽象语言而变得一致。在一些较抽象的作品中，比如风格派建筑师的作品，正如罗莎琳德·克劳斯所言，他们把网格视为“体现现实的坐标系”和“通向宇宙的阶梯”之间的协调。[27]不论是物质的或是抽象的，现代主义者的网格正是因为它的双重性而被应用，更重要的是，由于网格与建构之间的潜在对应而被应用。

在埃森曼的作品中，网格似乎没有上述的这些内涵。维克纳的网格既不与其辅助功能相关联，也不与超凡的世界相关联。它无情地标示着图示在现实世界中的矛盾，同时它坚定地反对本质主义者关于建筑结构和空间本质的阐述。一方面，维克纳的网格就像在无边界的场地里沉淀的随机片段；另一方面，它定义着结构的物理极限。网格似乎悬浮在无限和有界之间，它模棱两可，并且拒绝着所有关于唯一起源的故事。

142

罗莎琳德·克劳斯于1979年在《十月》（October）发表了一篇具深远影响的文章——《网格》（Grid），阐述了网格所暗示的离心和向心的双重本性。她认为，网格使得艺术作品向各个方向无尽延伸，并因此而成为“片段”。这样，艺术作品可能会成为“无限的艺术中任意截取的一小块”。同时，作为美学物体的外在限定的定义者，网格必然成为“外在界限在作品内部的内在化的途径。”这里，网格似乎是“将结构之内的空间投射到网格的一种再现和复制模式”。[28]在建筑网格的三维领域里，这两种情况总是摇摆不定的：如帕拉第奥（Palladio）指出的，传统人文学已将网格作为无限中的一个抽象片段，并且在物质上将网格视为具有容纳性和中心化的特质。现代主义则简单地突破了这样的摇摆状态，倡导模糊性。例如在提欧·凡·杜斯博格（Theo van Doesburg）的构图中，概念上的网格是无限的，被实现的网格则既离心又向心，它们彼此趋向于对方的潜在可能。

在埃森曼的例子中，现代主义网格的双重性似乎还在运作——片段的网格的伸展趋于无限，它们的边缘界定着建筑实体的边界。然而，任何清晰的辩证解读，即或由蒙德里安（Mondrian）的绘画所引发的解读，亦难被认同。首先，无限网格的概念范畴，被多于一个的其他网格的介入而打破。平静而原始的“通用”性被转化成不计其数的网格，彼此纠缠于成为主要网格的矛盾深渊之中。巴塔伊的建筑堪称规整的几何监狱，而且被重组成一个战场——这里，无止境的差异从一开始就拒绝重复或类似。于是，这个概念范畴由如此之多的制图的错误组成，已不再是古典主义或现代主义所提供的超凡意义上的“通用”。

143

在不普遍通用的网格片段之间的矛盾游戏中，建筑实体的轮廓缺乏逻辑地、向心地构成一个有意义的中心的趋势。那里确实没有形成一个中心。每条轴线一旦在建筑内部展开，就被分解或是被别的轴线打断，建筑中的“房间”和“空间”的散漫布局加深了这一印象，它们重复着有关片段和网格的困惑，同时每时每刻抵制着中心化的解读。若按罗莎琳德·克劳斯所断言的，“在每个20世纪的网格背后，存在着一个象征主义的窗，视觉上的讨论装扮着它。”[29]那么，在埃森曼的网格背后，则存在着一个现代主义废墟的网格。这个废墟不像重创的疼痛要被压抑，而是展现了它们自身的矛盾。

如克劳斯所说，正是网格的自身条件加强了模糊性：“由于它的双重结构（和历史），网格完全，甚至是快乐地，患上了精神分裂症。”[30]在埃森曼的作品中，这种快乐的分裂，是从痛苦的压抑转化为外在表达的过程中发展起来的。雅克·拉康认为，这样的外在表达对心理分析十分有价值，它“不仅是深层思维困扰的一种征兆，而且揭示了深层思维的进化阶段以及内在机制”。[31]这些“多少有些不连贯的语言”被称作“杂语症”，在书面语言中，亦即拉康所称的“杂写症”。杂写症与19世纪神秘主义者所研究的“自动写作”如此相似。就像拉康所定义的，它是关于书面或口头语言的混乱的研究，它出现在词句中、名字中、语法中、句法中，以及语义中——所有这些都涉及正常写作或演讲中的混乱状况。拉康研究了省音、否定、新字、换位，以及其他类似的情况。拉康认为，与其将这些混乱状况归于“产生灵感的”或是神秘的一类，我们应该从这些例子中，看到它们在语言层面上的混乱。

运用上述观点阅读埃森曼的杂语式网格，我们总想在相互冲突的由片段形成的混乱中，找到有意激发杂语的条件——从根本上说，它更多的是存在于环境中，而不是存在于杂语的作者身上。这个杂语条件在极度恐慌的状态中也同样存在，它显现着“真正”被扰乱的状况。这里，让我们顺着拉康的思路，看他如何将病人的杂语症与那些引起自我注意的实验进行比较。在拉康的例子中，“由于病人的知识和文化层次的不同，他们提到的不连贯的画面组合能够产生极具表现性的效果。”而“‘超现实主义’的戏剧则在意图和无意识行为之间摇摆不定。”[32]而更有启发作用的仍然是拉康的结论。他认为，杂语般的混乱最为普遍的特征，是这些“无用产品”的异质结合：如“意识、词语、音节、强迫性的音量、警句、谐音以及各种无意识行为等。它们被处在某种行动状态的想法，辨别其真实性，并依据价值判断而拒绝”。

144

从故意模糊刻意的设计与无意识的设计之间的界限来看，我们可以解读埃森曼在网格生成过程中，坚持无意识的性质——一种来自此前的几何图示的无意识的转移。同时，这样的网格还展示了埃森曼将这些“真实”状况作为有意识的杂语症来处理的愉悦。再者，在他对于历史片段的运用中，埃森曼曾经标示出建筑以及社会机构过去所占据的场地，同时创造移位的和切断的历史。埃森曼为了制造一种必然是杂语的建筑的对立面，似乎是在利用建筑传统的熔渣。

这里，我们回到了巴塔伊最初对怪物般的建筑和无形的形式的渴望。埃森曼借助于切断建筑与拟人化模仿之间的关联，破除了建筑形式的原有传统，创立了存在于文化概念之中的，却没有可识别形式的建筑。更重要的是，他一直持续不断地对抗着“形式”这个概念，无论它出现在何处。

巴塔伊在关于“无形”的文章中，展开了他对建筑的立场在哲学上的解释。巴塔伊认为，“无形”被用来表达一种产生形式的意愿，用来表达在万物有形的宇宙中失去了身份。“事实上，宇宙必须有形，才能得到学者的认同。哲学没有别的目标，它所关注的是给数学的外衣再加上一层外衣。”“无形”在这个环境下是相对低级的，就像蜘蛛或蚯蚓。若用“哲学”和“数学”这些词替代“建筑”和“几何”，我们可以推断，在巴塔伊的概念中，如果建筑如同无形的宇宙那样，不同于地球上的事物，这栋建筑就“像一摊唾沫”。[33]或许我们可以从埃森曼的全部作品中找到“怪异”和“畸形”。埃森曼不再满足于在外衣之外再套上一层外衣，却在尝试寻找不变的和闭合的形式过程中，选择了揭示内在的无形。这体现了建筑杂语式的本质。埃森曼借助于全部写出病理的途径，来卸载表现纪念性的重负。在古典术语中，怪物或许是由于不恰当的类型混合而产生的后果。在上述伪无意识的模式下，怪物非但没有被早先定义的代码所压制，反而成为社会大毁灭的先决条件。根据巴塔伊的公式，建筑也许会再次成为“社会存在的表现”。建筑师可能会像巴塔伊笔下的现代画家们那样，开启了“通向野蛮怪物的道路，仿佛无法逃脱成为被锁链捆绑着的建筑囚犯的命运”。[34]

145

IT EVEN WORKS LYING DOWN.

半机械人的家

> 半机械人是不完全的、讽刺的、私密的和乖僻的一种绝对体现。它同时表现为对抗性的、乌托邦的，并且完全不是无辜的。半机械人的定义不再由公共或私密这样的二元论来定义。它定义了一种技术人类——一部分建立在家（oikos）的社会关系的革命之上。自然和文化被改写，从而两者都不能完全占据对方。
>
> ——唐娜·哈拉维①，《半机械人宣言》
>
> （Donna Haraway，“A Manifesto for Cyborgs”）

如果第一次机器时代所青睐的对住宅的比喻，是借用工业化概念的——“居住的机器”，那么第二次机器时代对住宅的比喻或许要优先借用医学概念——将住宅比喻为义肢和身体延伸的综合体。在柯布西耶的“人类的家”的概念中，技术被当作无害的“器物类型”以及被完美控制的环境，一个让自然的身体得以在自然环境中充分玩耍的环境。有机主义只是一个愿景，而非现实。自然和机器之间的界线，有机和无机之间的界线，原本看似很清晰。然而现在，有机和无机之间的界限被控制论和生物科技弄得模糊不清了。身体被技术侵犯和重塑，同时侵犯和渗透着外界的空间。甚至这个空间，在视觉、心理、身体的不同维度上，模糊着内与外的界限。“男子型”这个模度人，由于综合义肢、药品以及人体雕塑为一身，已经变成了一个半机械人，一个无性别的人的变体，他的家不再是一座住宅。正如沃尔特·本雅明精辟指出，“柯布西耶的作品似乎是在‘住宅’作为神话即将消亡的时候产生的。”[1]

148

用唐娜·哈拉维的话来说，机械人文化，这个资本主义晚期的技术产物，曾经是一个无所不包的现实存在，是一个载满承诺的乌托邦。现代化生产的控制力量，像是机械人殖民的一个梦，一个让泰勒主义看上去像田园诗般的噩梦。然而，它同时又在越过不同的域界，开拓了政治抱负的可能性：即，存在于人和动物之间、有机生物和机器之间、物质和非物质之间的不同域界所提供的可能性。“20世纪晚期的机器模糊了自然和人工、思维和身体、自我发展和外来设计之间的区别。……我

①哈拉维（1944年— ），美国学者、教授。主要贡献在于对女权主义，以及新科技的研究。——译者注

们的机器如此生机勃勃而令人不安，然而我们自己却依然沉湎于惰性，甚至到了可怕的地步。”[2]于哈拉维而言，她认为正是在这些差距之间，在这些共时的崩溃之中，“控制的矩阵”将被打破。在它导致的“污染”的环境中，新的政治和社会实践行将开始。哈拉维期待，这样的实践将产生的与性别独立的条件——借助医疗技术中的生殖、嫁接之类的手段，产生艾丽丝·贾丁①（Alice Jardine）戏称的“高技术人体”。[3]

上述的建筑变形的含义，比雷纳·班纳姆②（Reyner Banham）所预期的要激进得多。我们不再被这样的承诺所愚弄——诸如：住宅像气泡仓一样，包围呵护着居住其中的人，使他们不受外界变化的干扰。即使是戴马克西翁（Dymaxion）穹顶，或是太空服，都不能体现这层当代皮肤的无限可渗透性——身体某个部分与机器替代品之间的替换，抑或网际空间所导致的空间心理重构。如此复杂和混杂的存在系统，不能预示科技乌托邦，也不能预示乌托邦的黑暗对立面。韦尔斯③（H. G. Wells）的《当沉睡者苏醒》（When the Sleeper Wakes）中的沉睡者，在20世纪之初的反乌托邦的背景下，直面科学与社会之间的冲突。威廉·吉布森④（William Gibson）的《神经操纵者》（Neuromancer）中的主人公则不再能区分行走与沉睡休眠。

在这样的环境下，正如伊丽莎白·迪勒和里卡多·斯科菲迪欧所领悟到的，建筑探讨适合被限定在一定的尺度下进行。在不断释放权利的世界里——监视权、图像权、技术权，风格化的比喻和功能上的解决方案一样，令人怀疑。在它们的领域内，身体和机器之间被精准地调节起来的关系，受到冷静的检测，并被转化为预制时代的自动写作。这些计算过程，以现代主义技术所定义的独特系统作为起点：物体系统、身体系统、视觉系统，最后是家的系统。每个系统都被小心地打开、拆卸，以及毫无障碍地面临下一个系统。这些周密部署的场地变成了诸多的战场，布满了昔日生物技术的肢体残骸——这个场地演变成为战场上的“无人之地”或是半机械人的家。

149

当然，半机械人和他们的家具有令人尊敬的现代时期的史前史，在超现实主义的画面中，动物和人的怪异融合。正如哈拉维所写，“在神话中，机械人准确地出现在人与动物之间的被越界的界域。半机械人完全没有将人与其他的生命隔离，而是提示着一种有机体和机器之间的令人不安的结合。”[4]

这种结合自有历史。在那些充斥着利奥诺拉·卡林顿⑤

①嘉丁，当代美国学者、教授。研究重点为女性、性别、性欲。——译者注

②班纳姆（1922—1988年），英国建筑评论家。——译者注

③韦尔斯（1866—1946年），英国作家，《时间机器》（1895）的作者。——译者注

④吉布森（1948年—），美国—加拿大作家，首先提出“网络空间”这个概念。

⑤卡林顿，（1917—2011年），出生在英国的墨西哥艺术家、画家。她是20世纪70年代墨西哥妇女解放运动的奠基人之一。——译者注

（Leonora Carrington）《恐惧之屋》（House of Fear），以及马克斯·厄恩斯特（Max Ernst）插图中的，温柔的马头女子和男孩，似乎在故意颠倒半马人和独角兽的性别和意义。卡林顿自己也说，“当马和人的身体混合，就产生了能量和力量。曾经以为，我可以将自己变成一匹马。”[5]从“恐惧”和“恐惧城堡”中“看上去有点像马”的图像，到卡林顿的文字和厄恩斯特的拼贴中，“椭圆夫人”掌握着将自己变成摇摆木马的秘密；然后到小弗朗西斯，这个卡林顿自己的假面，形同马头；这些马形的出现记录了性别和心理的模糊性，并且具有明显的自传体借鉴。最终，父亲烧掉了摇摆木马，以惩罚“椭圆夫人”对变成马的渴望。而弗朗西斯的马的形体，曾揭露了他不能成为女人的耻辱，以及对雌雄同体的渴望。卡林顿的马人似乎预示着哈拉维的分裂主义的半机械人。

卡林顿的雌雄同体的家里装满了无机体和有机体：由乌布里亚克叔叔设在“小弗朗西斯的”工作室是“底层的一间宽敞的公寓，那里有完成了一半的结构和被拆开的自行车。墙边摆满了书架、备用胎、一瓶瓶的油、破损的头像、扳手、锤子和线轴”。[6]诸如这样的一系列的书——《人与自行车》（Man and Bicycle）、《踏板的复杂性》（Intricacies of Pedals）、《托比森关于钟的论述》（Tobson's Essays on Spokes and Bells）、《多余的轮子和轴承》（Free Wheels and Ball Bearings），堆放在其他的杂物旁，诸如，小笼子里饥饿的蟑螂、一串人造洋葱、旋转的轮子、女士束身衣的复杂图案，和无数的钝齿轮。

150

对卡林顿和超现实主义者来说，这些半有机的梦幻物体，抗衡着生硬的纯技术的现代主义之中的理性主义成分。在《椭圆夫人》（Oval Lady）中，现代主义的缩影是一个神父形象，看上去“更像一个几何图像”。与之类似的是《小弗朗西斯》（Little Francis）中的故事《伟大的建筑师》（The Great Architect），其中的埃格雷斯·勒佩莱夫（Egres Lepereff）这个人物的古怪比例。这个人物是基于警官切尔曼耶夫（Serge Chermayeff）——卡林顿在伦敦时的养父发展而成的。勒佩莱夫是男孩断头台——也是最后处死小弗朗西斯的断头台的设计师。他信奉“好的机器和有效率的计划”，“总是有艺术冲击力的”。“我设计的平台令人愉快”，建筑师嘟囔着说，“它除了必要机械没有其他。它是纯形式的交响乐。”弗朗西斯不确信“建筑是现代艺术中最接近纯抽象的形式”。他天真地观察着、述说着，“如果你建抽象的住宅，它越是抽象就越是不在那儿。最后如果你把抽象本身放在那儿，就什么也不存在了。”[7]

超现实主义对现代主义的反感，反映在安德烈·布雷顿和勒·柯布西耶之间著名的争论中。这个争论在表面上是基于对抽象的怀疑。于布雷顿而言，现代主义者的功能主义是“集体无意识的最不快的梦”，是“对渴望最暴力和残酷的固化”。这个论点被其他的超现实主义者进一步阐述：例如达利在“可怕和可餐的美”中对新艺术风格的提升；汉斯·阿尔普（Hans Arp）推崇“大象风格”，并以此对抗“坐浴盆风格”；特里斯坦·查拉①（Tristan Tzara）对现代建筑“作为否定居住的形象”的驳斥。所有这些表明了一种易变的和难以捉摸的对生理心理生活的敏感性。这种敏感性抵制着被视为毫无生机的和过分技术化的现实主义：即，内在的心理对抗着外化的理性。

勒·柯布西耶在看似超现实主义的期刊里，简明地阐述了对立的立场。他发表在1936年的《牛头怪》（Minotaure）杂志的一篇文章里，讨论了有心理问题的艺术家——路易·苏特②（Louis Soutter）的作品。针对苏特所说，“最简洁的住宅或是未来的牢房，它应该是用半透明的玻璃做的，也不再需要窗户这些无用的眼睛。为什么要向外看呢？”柯布西耶回答说，“路易·苏特的断言和我的想法十分对立，但它表明了这位思想家强烈的内心生活。”[8]正如比阿特丽斯·科利米那（Beatriz Colimina）洞察到的，勒·柯布西耶总是向往着一个通用的透明外观。就勒·柯布西耶的观点而言，从比喻的角度来展望日常生活用品的做法，是会引起误导的。它会把人类引向“技术—头脑—感情等式”的危险的不平衡。它可能会误导人们去创造被寄予感情的物品，而非能用的物品。正如本雅明指出的，现代性的本质或许可以用这样的话语来表述：“信奉布雷顿（Breton）和勒·柯布西耶——将法国精神当作弓箭，用知识射穿现时的心脏。”[9]

超现实主义者们反对现代主义者的冷酷理性，倡导一种与心理需求更有呼应的建筑：特里斯坦·查拉所定义的“子宫般的建筑”是出于对柯布西耶和密斯住宅的批评。查拉阐述道，“即使现代建筑希望自身是卫生的和无装饰的，它也不会有生存的机会。”他以此反对由多米诺模型暗示的水平延伸，以及公共与私密空间之间分隔的消解，查拉提出了“子宫般”建构的母体般的庇护的画面：从洞穴到石窟到帐篷，其中包含着人类居住的原始形态：

> 洞穴对于在地球上居住的早期人类来说，等同于“母亲”。爱斯基摩人窝棚这个石窟与帐篷之间的中间形式，则是子宫般的建筑的一个好例子。当人们从阴户形状的腔体进入，走到圆锥形或是半球形的窝棚，会有一种神圣的感受。这样的居住窝棚象征着出生前的舒适。

“从类阴户状的腔体进入”，这些圆锥形或是半球形的棚子显得阴暗、有触感、柔软。它们仿若我们童年时代的游戏屋。

①查拉（1896—1963年），罗马尼亚-法国先锋派诗人。——译者注

②苏特（1871—1942年），瑞士工程师、建筑师、画家、音乐家。——译者注

> 当一个人回归到在青春期和孩童时代被剥夺的东西，他就会拥有“奢华、平和与愉悦的感受”。这些感受在被单下、餐桌下，当他蜷缩在山洞里，而最终这种感受是在那个狭窄的入口。当人们认识到安宁存在于那个有触感和柔软的地方，这样一种既明晰又模糊的状态下——对母性的渴望，那么，人们有可能重建那些圆形的、球体的、不规则的住宅。人类一直保有着这样的住宅——从洞穴时代，到摇篮，再到坟墓，莫不如此。在人类对子宫内生活的想象中，并不存在现代艺术的阉割美学。在安排和确立实际生活的过程中，这也不会导致倒退到过去，而是一种真正的进步——一种基于我们最强烈渴望的潜力的进步。这种渴望如此强烈，是由于它是潜在的和永恒的，因此会得以解放。这种渴望的强烈性，自人类的野蛮时代以来就不曾改变，只是满足渴望的形式被打破，被分散，变得衰弱，直至消失。同时逐渐消散的，还有敏锐、真实的现实感和寂静感。这些退化，为自我惩罚的攻击性——这一现代时期的特征，做了准备。[10]

152

继米歇尔·莱里斯（Michel Leiris）在1933年对多贡人茅舍所画的插图，查拉对建筑的观察发表于《牛头怪》杂志。在查拉对流行心理学和原始主义的交织中，我们可以发现一种双重怀旧。一方面，查拉就原型的回归问题，表明了文明的起源，以及从人类自身和物质层面对技术结果的批判。另一方面，查拉关于以子宫作为住宅起源的假想概念，与弗洛伊德对本能渴望以及对于被压抑的和被置换的乡愁的解释，是具有相似性的。弗洛伊德在1919年曾经写道，“爱是一种乡愁，当一个人梦见一个地方、一个国家，并在梦中对自己说，‘这个地方我熟悉，我曾经来过’，我们可以将这个地方解释成母亲的生殖系统或是母亲的身体”（U368）。毫无疑问，我们可以借着这样的观念去解释查拉的渴望。查拉认为，“未来的建筑将是子宫般的建筑，前提是，如果建筑解决了关于舒适、材料和情感健康等问题，如果建筑摆脱了为诠释小资产阶级需求而服务这一角色。查拉指出，小资产阶级强制性的主观意愿，已将人类与通向自己归宿的路完全分离”。[11]

然而，上述的乡愁并不能唤起令人欣慰的家的形象。同时期的哲学家们，从特森瑙（Tessenow）到海德格尔，都提到过这样的图景。弗洛伊德指出，那温暖的和包容一切的子宫内空间，正是异样性的核心。其实，子宫屋是一个不可及的渴望庇护所，以及一个可能的被活埋的地穴。它并不能给我们的日常生活带来切实的慰藉。[12]

153

1938年，马塔·埃乔伦（Matta Echaurren）在《牛头怪》杂志上发表了“子宫般的”公寓设计。该设计是为感官而作的，是对平淡的小资产阶级的家的有意批判。其建筑透视角度表现了它的材料与形式，将自然与无机形式相融合，还将数学和触感相融合。马塔说，这是“一个将人的垂直性带入意识的空间”，一个真正令人眩晕的机器，“它有多层，楼梯没有栏杆去抗衡周围的空间”。它也是一个心理交互的空间。柱子“是心理层面上的爱奥尼式”，家具“柔顺而有灵魂”。马塔特别用了橡胶、软木、纸和塑料作为室内的柔性表面。所有这些在“理性建筑的盔甲中”，形成了更强的对比。整个空间模仿了一个人造子宫。

> 人们回顾自己在黑暗中被推出母体而诞生的生命来源过程：被潮湿的墙壁维护着，血和胎液几乎冲到眼睛，还有母亲的呻吟。……我们必须有像潮湿的被单一样的墙，它收缩变形着，并且成为我们的心理恐惧的一部分，……人体被挤进了一个模具，就像进入了一个运动的矩阵。[13]

这正是建筑师的工作，马塔（Matta）总结道，“去为每个个体找到脐带，用它与其他的生命之源进行交流。这些生命之源的物体自由得就像那些可塑的、心理分析的镜子一般。”弗雷德里克·基斯勒（Frederick Kiesler）的“无尽住宅”在1924和1965年之间有多个版本，它正是在类似的情况下被构想的。汉斯·阿尔普在说起基斯勒设计的“蛋”状的形式时，就像说起哥伦布的蛋①，他说道，“在这些蛋状的球体结构中，人们可以被庇护，就好像生活在母亲的子宫里。”[14]

在头脑和身体之间、有机和无机之间界限的模糊，对超现实主义者来说，曾经是新艺术风格运动的快感特征之一。达利颂扬了高迪（Gaudí）的“可餐”建筑，他着重指出，高迪建筑的变形形象将历史上出现的风格相互融合，并且借助生物与建造之间的交互影响、房屋和心理分析之间的交互影响、建筑和歇斯底里之间的交互影响，试图以此来产生极致的欲望物体，或者至少是它的最基本物化。为此，高迪的建筑模仿了消化系统的特征：有面板的大门形似牛犊的肝脏，有柱础的柱子好像在说，“吃了我吧。”整个房屋似乎被同化成了一个蛋糕。正如达利所描述的，这幢建筑“证明了那些急需的‘功能’，它们是情爱想象的必要条件：即，必须能够实实在在地吃那个欲望物体”。[15]与日常生活中的现代功能主义完全不同，1900风格在食欲和欲望中找到了真正的功能。

154

艺术中的“创伤主义”同样地由人的创伤和精神病的事例所造就。达利（Dalí）运用沙尔科（Charcot）所创作的妇女在救济院发疯的摄影作品，从这幅作品“癫狂的”画面与新艺术风格运动的雕刻二者之间找到了心理病因的类似性。

---

①这是一个典故。哥伦布将蛋的一端砸裂，使得它能立在桌上。——译者注

“歇斯底里雕塑”的发掘——连续的性爱癫狂，是一个在雕塑史中没有先例的表现型态。在此，我指的是在沙尔科和救济院之后被发现的和被理解的妇女题材。诸如与病理相关的困惑和装饰的恶化；过早的老年痴呆症；与梦的紧密关系、空想、白日梦；梦的特征元素的出现：缩合、置换，等等；性虐待狂的兴起；声名狼藉的装饰嗜粪症①。令人疲乏的装饰主义与一种负罪感相伴。[16]

跟随着这个理论的，是由超现实主义所引发的狂喜。它集中体现在达利的拼贴《销魂现象》(Le Phénomène de l'exstase)中：整幅画面聚焦在耳朵（“总是在狂喜之中”），与沙尔科的摄影与新艺术风格的雕塑并置，画面还融合了一把翘着的椅子这样的画面，空洞得仿佛画面里的内容已经完全被扔出画面之外。

弗洛伊德早已认识到这样一种异样的特质：物体沿用其所有人的特征并向所有人复仇，无生命体继承生命体特征的习惯，或是生命体继承无生命体特征的习惯。在一篇出现在厄恩斯特的拼图之前的文章中，弗洛伊德叙述了《斯特兰德杂志》(Strand Magazine)里闹鬼的桌子这个幼稚的故事。

我读过这样一个故事：一对年轻夫妇搬进了一栋布置了家具的宅子。宅子里有一个形状古怪的桌子，桌上刻着鳄鱼。快到晚上的时候，一股难闻的气味开始弥漫在屋子里。小夫妇磕碰到黑暗中的东西，他们好像看见有个模糊的形影在楼梯上滑动。总之，读者被引导而认为刻在桌上的鳄鱼引起了鳄鱼在这个地方闹鬼，或是桌上的木刻怪物在黑暗中复活了，或是其他类似的情况。这是个幼稚的故事，但是那种异样的感觉却不寻常。(U367)

155

弗洛伊德解释道，这种由于“相对于物质现实背景之下的，而过分强调的客观现实”而唤起的感觉，正是达利的“超物质主义”建构。勒·柯布西耶准确地描述了这样一种敏感性：它打破了“我们的技术-大脑-情感等式的平衡。其结果是对物体过度的‘情感’投入，以至于对其因果关系的关注衰减。因为我们不再适应，我们被躁动所俘虏，我们反抗着不正常的奴役。”[17]

当然，现代主义所想象的物体也相当令人不安。沃尔特·本雅明超越了达利过于简单化的态度——即，反对在现代主义在物质技术上的不同设想之间建立联系，不赞成反技术的新艺术风格。本雅明引用了达利对艺术风格“发狂的和冷酷的房屋”的描述，并且发展了对新艺术的展望，那就是“试图通过技术

① “装饰性的”是指表面化的，甚至是故作姿态的。“嗜粪症”是一种疾病，也可以是一种有意识的行为艺术——以令人作呕的行为激起观者的情绪反应。——译者注

手段去阐释艺术”。[18]本雅明论述道，正是由于这样，新艺术不再认为自身会受到技术的“威胁”，因为它本身就与技术一致。由此，他指出了两者之间的呼应：新技术风格的曲线与现代环境中的对应物——电线，这个现代城市居民的神经系统之间的呼应。“在新艺术风格的有典型特征的线索中，被一个想象中的蒙太奇所串联。其中，神经系统和电线被放到了一起。这尤其在有机世界和技术之间，采用植物神经系统的中介形式，建立了彼此交流的渠道。”[19]于本雅明而言，这种技术和自然之间的交叉，是通过浪漫主义的象征被置换到现代主义的环境里而实现的。

从这里，我们可以开始探寻超现实主义和现代主义在技术层面上的关联，亦即，由本雅明在这段警句里提出的联姻关系：“在新艺术风格之后，出现了对当时潮流的一种反映，即试图将新材料及新技术所强加的形式从其功能主义的背景中分离出来，然后将它们演化成自然恒定的产物，也就是使它们风格化。与之相似的状况还在未来主义中出现。”用本雅明的话说，将二者结合起来的是一种拜物主义。正是拜物主义，在其多重的替换中，成为“妨碍分离有机与无机世界的一个障碍”。也就是“自如地生存在有惰性的机械物质世界里，就像在肉体的世界里一般”。[20]正如西格弗里德·吉迪恩指出，这种身份上的困惑是现代居住的机械化抵制19世纪的平庸艺术的不可避免的产物。[21]吉迪恩在观察厄恩斯特的《一周的慈爱》（Une Semaine de bonté）时这样写道：

156

> 厄恩斯特（Ernst）的剪刀用悬挂的窗帘和浑浊的氛围，制造了一个水下洞穴。这些活物、学院派的雕像和模型，它们是横卧在那儿，还是在渐渐腐朽？对于这个问题，没有，也不必有答案。这个房间几乎总是被暗杀和无处可逃的感觉所笼罩着。[22]

超现实主义和纯粹主义，确实崇拜着相同类型的物体。对超现实主义者而言的“拣到的物体”（objects trouvés ）或是梦中欲望的媒介物，对柯布西耶而言则是“物体-肢体-人”（objects-membres-humains），或是人体的延伸。正如柯布西耶所说：

> 新超现实主义者（曾经的达达主义者）说自己是凌驾于物质的冷酷本性之上的，而且能辨认那些属于不可视的和潜意识的梦的世界的关系。然而，他们将自己与收音机的天线进行比较，其实是将收音机放在了自己的台座上。……他们无比优美的比喻……完全依赖于直接的和有意识的产物。……这是抛光钢材的必然命运。

为了证明这个观点，柯布西耶引用了德·基里科（De Chirico）的论述。在《超现实主义的革命》（La Revolution

Surrealiste）1924年12月第1期里，基里科这样写道："它们就像杠杆，像所有有力的机器一样令人无法抗拒。它们又像那些巨大的吊车在拥挤的建筑工地上升起；也像悬挂着的森林，由沉重的塔组成；或者像远古时期哺乳动物的乳房。"[23]

在超现实主义的幻想对机器世界里的真实器物的依赖中，"类型物体"和"情感物体"在共同的目标中相遇。这个目标试图克服技术上的平庸表现，倾向于一种能够将技术变形为人、人变形为义肢或是机器人的某些重要部分的，这样一种技术上的构想。所以，这些都不是偶然的，沃尔特·本雅明阐明，E·T· A·霍夫曼所著《睡魔》（Sandman）中的自动玩偶——奥林匹亚，以及弗洛伊德对异样性的分析，是新艺术风格的理想女人。本雅明总结道，"用技术来安排世界的极致是生育的绝灭。"

现代机械人由自动化引发，而且有着浪漫思想的长期传统，从霍夫曼的奥林匹亚，到玛丽·雪莱的怪物，以及从维莱尔·德·利勒-亚当（Villiers de L'Isle-Adam）的《未来伊娃》（Eve future）到杜尚（Duchamp）的《新娘》。正如利奥塔尔（Lyotard）所看到的，这些"独身主义的机器"完全是一种诡计：它使得机械成为主宰的趋势在不知不觉中愈发明显，也使得生物与技术之间的区别变得模糊。这样的表现手法最初被运用在赫菲斯托斯（Hephaistos）为宙斯（Zeus）所创造的潘多拉（Pandora）之中。[24]确实，依照迪勒和斯科菲迪欧安排的杜尚《大玻璃》的试验，我们可以冒昧地说，他们的作品是为了揭示现代主义的骗术，其实是在将那个原来属于第一个"自动人"的盒子打开，正如爱丽丝·贾丁（Alice Jardine）所效仿的。[25]

由于这些因素，建筑的物体变成了如此之多的义肢，身体的延伸与身体几乎是有机地捆绑在一起。如米歇尔·德·塞尔托（Michel de Certeau）所说，工具由其功能所定义：

> 两个主要的操作决定了这些活动的特征。第一种操作是从身体上去除多余的、病变的，或是不好看的部分，或在身体上增加所缺少的部分。工具则由于其功能而被区别：切、撕、吸取、去除等；或是，插入、装上、粘上、盖上、组装、缝合、处理等。这些功能还不包含那些替代所失去的内脏功能，比如心门和稳压器，义肢关节、股骨钉、人工虹膜、耳鼓替代等。[26]

显然，大多数现代主义所导致的物体类型，或多或少是义肢性的：柯布西耶从未吹嘘"物体—肢体—人"，那些物体由于功能而产生，并作为人体四肢的延伸——"用来坐的椅子，可供工作的桌子、发光的灯、用来写字的机器（啊！是的）、用来规整东西的架子"。设计一个"人的四肢物体"使它与人体和谐，就像个"温顺的侍者。一个好侍者应该是不显眼的，并且自我忘却，这样才能让他的主人自由。"[27]

158

现代主义的义肢同样也是一位大师：施瑞波尔（Schreber）为他的孩子制造的礼仪机器——纠正在躺、坐、站姿，还有吉尔布雷思（Gilbreths）的特制的家具，它们都是为了身体好、并对身体进行调控的设计。它们是机器时代的贞洁带，将有机性带入社会和经济系统的工业化生产中去。

对峙于这些的，是迪勒和斯科菲迪欧的物体类型，它们既不附和，也不主宰，它们只是呈现。他们剥去包装——例如，包豪斯黑体字或是市郊流行的贴面，从而展现出内部形式。电视机被变形为生物的模拟，内脏被翻出，管子、电线、接头都被裸露在外，似乎在显示它们自身的临时性特质。一方面，这些机器看来很虚弱，它们被切开，还受了伤；但同时也很怕人，它们标志着由技术造成的微生物的巨大力量，它们在侵犯着住宅。

然而，以下的操作不全是中性的：以预制物为开端，待制的器物更易受到微妙的变形和变态的影响。这些变形和变态不仅针对其内在特性，而且针对由操作而延伸开来的领域——即物与人体的关系。所以，如果将电视屏幕从水平变成垂直，那么，这不再是对人们所习惯的角度的关注，而是对反映屏幕的一面镜子的关注。屏幕模拟着真实形象，实际上，现在却被屏幕对真实形象的模拟所替换。同时，屏幕的控制性的（图像—图框）位置，也被镜子消解和折射。与此类似，椅子这个通常意味和提供舒适的造物，在镜子的映像中似乎被从中劈开，在人体脆弱的部位恐吓着坐在其上的人。

这些造物不再受观众控制，而是反击着观众。就像在马克斯·厄恩斯特的拼贴画中所表现的那样，它们在抗争中联合统一。而现在，它们的联合统一是以一个批判机制的形式出现，并且赋予观众新的特征。作为既改变人体，又与人体融合的机器，它们就像“操作”它们的机械人那样，扰乱了所有可以辨认的代码。这些造物向人类反攻着，它们把我们当机器使唤，就像我们将它们当机器使唤一样。其实，正如到现代美术馆参观迪勒和斯科菲迪欧1990年装置设计的观众所意识到的，作品通过运用镜子，使人们从空中的角度可以看到的那个椅子变成了一个被错放的座位，这时唯一的抵抗是倒退回去，用没有新意的眼光去看待物体。造物之间形成的网络变成了人体的义肢，并被常态所拒绝。

159

如果在一个层面上，人体可以被解释为，被自身监视和惩罚的诠释所决定的一种建构，在迪勒和斯科菲迪欧的作品中，身体不仅记述着自己，而且被书写其上。椅子在臀部的留下印迹，成为一部转录机器。但与卡夫卡笔下的机器，在受害者的肉体里刻下惩罚的名字不同，这些建筑的“神奇复写板”只留下暂时的印迹。这样，现代人体的状态被印到具有反应性的结构中。计算机控制和生物技术的运作——破解、探索，通过对于物理世界的全面考察，通过无数观察着却不明了的盲眼扫描，被赋予了物质生命。

由屏幕和相机、观察者和被观察者建立视觉网络，并设立了偷窥空间，其中客体和本体被困在了“深渊”（en abîme）之中。然而，眼睛的明显轨迹，由众多的彼此交叉的镜头视觉锥所标记，它似乎仍然复制着真实视觉的法则。事实上，空间被“假视线”横穿。这些假视线不是由真正视觉系统的几何规则所确立，而是由观众的心理所确立。在这个虚拟的科学产物中，没有观众，而由造物占据着位置。这是一个既包含又排除观众的情景，或是将观众作为其虚拟标示系统的一种形式。一把空着的椅子“代表”着它的使用者。若将这个系统对外界封闭，那么，就像在戈雅（Goya）的《拉斯韦加斯梅尼纳斯》（Las Meninas）里的虚设的观察者一样，它不再是技术工具，而是一种心理玄机。

没人能将自己放在这个视觉系统的中心投影点，这其实是后拉康主义空间概念的一种直白的实现。我们已经习惯于在图解历史上，相对的并且迅速变化的视觉系统，从阿尔伯蒂的透视窗到尼采的迷宫。现在出现在我们面前的，是考古发现的复原图，尽管它们相互矛盾，却表达着每个系统的阴暗含义。

160

这些因层层叠叠的、断裂的视锥而变得私密的视线，不再是全景的。用爱丽丝·贾丁的话说，“我们不再生活在福柯所精确描述的全景敞视的系统里……而是处在一种自我监视的模式中：亦即，我们把自己当作他人来观察。”[28]从全景视线到机械人视线，迪勒和斯科菲迪欧的频繁更迭的观察者们将注意力不断转移，从写下的关于监视的文字，到被传播的浏览和反思的三维网络。就像阿洛伊斯·里格尔（Alois Riegl）描述的精心校准的荷兰肖像的视角，潘诺夫斯基（Panofsky）阐明的透视作为一种象征形式在文化上的精确意义，为三维超空间的建构让路。在三维超空间中，错线像完整的视线一样。在纯粹的德·塞尔托定义模型的计算机控制系统，将优先权赋予写作，现在分界已被打破，并由于在三维中的观察而变得令人困惑。

通过简单却十分重要的、在实践中“实现”模型的努力，迪勒和斯科菲迪欧物体和有机主体之间，画出了一半完整、一半破碎的折射线段。这个网络是真正的半机械人。这些机器本同时激发内在的“黑客”或“网络”空间，以及外在的身体空间。它们成为人之间复杂的和想象中的屏障。机器时代的单身汉装置被迫成为一种真正的障碍。就像在阿尔弗雷德·雅里（Alfred Jarry）的“光滑玻璃之岛”的处女膜墙，当它被触摸时，就会变成性器官。[29]与之相对比，现时的半机械人早已因其人造的性别而使人们的视线偏移，因此他们被隔离，也不需要传统意义上的家。

但半机械人的家绝不是技术乌托邦的用武之地。唐娜·哈拉维在描述“家”作为社会中的场所时，直面着在网络工业背景下的小资产阶级家庭神话的崩溃。

> 家：长着女人头的主人、一夫一妻制的传统、男人逃离、老女人独自一人、家务的技术、花钱请人做的家务、家庭糖果店的再出现、居家办公和远程交流、电子茅舍、都市中的无家可归、搬家、模度建筑、强化的（虚拟的）核心家庭、严重的家庭暴力。[30]

对战后的建筑技术乌托邦的一代来说，从建筑图像派到高技派，只不过显示出小资产阶级的社会发展机缘——它是一个不太可能的“地球村”的社区主义。这个社会机缘出现在郊区的战场，那里布满了被肢解的家庭细胞核，以及他们的“家”的废墟。在这样的状况下，如哈拉维所说，无论如何“也没有女人的‘位置’”。“只有几何区别，以及有关女人的半机械人状态的至关重要的矛盾和问题”。那里，在20世纪二三十年代量身定制的背景下，家庭成为产生新一代工程师和技术专家的地方。而女人妥善地将时间和活动，综合到仔细安排的“厨房—家—工厂”的空间里。现时代，有技术竞争力的空间往往被缩减到计算机屏幕的有限表面，缩减到键盘上两只手之间的狭小宽度。在这样的环境下，家的空间秩序承载着越来越少的内涵，而家的传统“房间”和家具则承载更少。“可居住的机器”被转化成为有可能罹患危险的心理疾病的空间，其中居住着一半自然、一半义肢的个体。住宅的墙面反射着观察者的视线，而住宅以无声的威胁审视着其中的使用者。 161

在卡普街（Capp Street）项目中，迪勒和斯科菲迪欧探索了所有维度：因为其中的饭桌和椅子被提升到空中，床和椅子被切成两半，每个物体的空间都被重新标注。所有这些都遵循了它们的（传统）用途，并且将其用途夸张成切割效果。其中，物体的作用超出了它们的正常范围：椅子与桌子被用锁以及模仿人臂膀的秋千连接起来；椅子被门锁一分为二。这些处理都是用非常规的手段串联起来的，试图以此来表现它们在家居系统里的潜在的相互依赖性。所有的家居物件现在可以自由标注它们自身的工具性空间。人对物件的控制却变成了对物件的替代物的控制，这些物件成为义肢的阴险延伸。[31]就像尘埃坠落在杜尚的《大玻璃》上，缺席的住民和其他生命体也被标示在它们的沉积物中。移动的床由床下的那层灰跟踪着；先前的饮酒者由桌上那一圈玻璃杯表示。整座房子仿佛是一个荒芜的技术空间——就像收音机的内部装置——是预制的，又是被重新发现、被使用的，和覆盖着灰尘的；那些未被使用和被使用的痕迹，似乎提示着一个可以重新开始的示意考古学。

162 如此的组合不再能预示一个统一的、光明的机器人未来，而只是现实中的一个不均衡的发展，其中充满了过时的技术秩序的碎渣。正如米歇尔·德·塞尔托所说，这个现实就像一个露天矿藏，仍然在由过时系统在碎渣所分层的矿床上开采着。

> 认识论的结构从未被表面上的新秩序所取代，它构成了现实层面的坚实基石。工具系统的废墟依然在各处存在着。……工具披上了民俗的外貌。它们组成了一个退伍军队，已被不存在的机械王国所遗弃。这些工具徘徊在值得记忆的废墟与繁重的日常生活之间。[32]

虽然具有明显的同质性，网络系统却在间隙中运行，并借助于先前系统里的身体的和文本的定义。正因如此，在迪勒和斯科菲迪欧作品中的现成元素，从来就不像柯布西耶所想象的单纯类型，也不是杜尚所表现的嘲讽的反面。这些现成元素只不过是被丢弃的垃圾，或是在马路上或是在垃圾桶里找到的废物。它们早已对技术乌托邦失去了意义，并且被另一个系统的精确运作进行了调整，这个系统就是半机械人。

迪勒和斯科菲迪欧创造了这样一个环境，它有着过渡性的垃圾场所具有的气息。正如威廉·吉布森所著的《神经操纵者》（Neuromancer）中的"夜城"，曾经是"一个历史遗址公园，提示着先进的日本科技的卑微起源，"这也是一个"被禁的地带"，"一个完全没有管理技术的游戏场"。[33]具体说来，迪勒和斯科菲迪欧设计的卡普街，其小环境与吉布森的短故事《约翰尼助记》（Johnny Mnemonic）里的另一个"夜城"很相似。

> 林荫路大约有四十公里长，在平面上粗糙地与福勒（Fuller）穹顶重叠。这条林荫道曾经是郊区的主动脉。如果在好天关掉霓虹弧光，可以看见一道灰色的模拟日光透过涂层，就像乔瓦尼·皮拉内西所画的监狱的情景。最南面三公里的屋顶是夜市。……整个镇上的霓虹弧光都坏了，地线被多年的炊火熏黑。[34]

在这些被遗弃的穹顶结构里，生活着一个叫洛·泰克斯（LO TEKS）的群落。他们致力于回到原始主义，将自己转变成达尔文倒退论里的半人—— 一半是狗，一半是人。他们的城市是由垃圾拼装起来的，采用粗糙的树脂粘接，贴在高技术的椽子上，"粗糙地采用即使是夜市也不想要的废料建造起来"。对于这幅画面，吉布森所推崇的，不论如何粗浅，是新浪漫主义，它点明了在技术的废墟里的网络系统的非凡之感。然而，迪勒和斯科菲迪欧则保持着分析思维，并且致力于解释建立新世界的过程。

163

在迪勒和斯科菲迪欧的作品中，旧的日常用品——旧椅子、旧电视等，被精心加以安排，这难免让人们对此产生疑虑。老朋友丢掉这些用了多年的东西，它们除了熟悉，没什么别的。熟悉得有些单调。但是在重新改造和必需的重建过程之后，它们带着阴险的弦外之音，从墓地复活，在一个不合适的地方被发掘出来，并且投入了异样的生活。它们打破了从熟悉与平凡，到单调的衰退过程，并且再次回到无家的状态。[35]这里，它们造成的效果既不是异样，也不是熟悉，却表示着一种可能的异样；揭示着一个既是秘密，同时又是人们在后技术的家居环境中与用品之间的永恒的相互关系。

吉布森（Gibson）说的在网络空间里的"交感性的幻觉"，被精准地体现了。在这个网络空间里，充斥着被黑客肢解的，强加入空间化网络的意识。这是一个公共的网络世界。阿多诺（Adorno）所概括的乡愁的困境——与老家的"距离"的结果，在这里得到解决。阿多诺梦想着一种幻觉，它似乎是身处家中体验乡愁的必需条件，而今由技术支撑着。[36]

私密空间被展现成为无尽的公共空间，甚至于私密的仪式对其主体来说也变得公共，从而被连接到公共网络中去。正如爱丽丝·贾丁所告诫的，家居空间已不再被视为私密的领域而受到庇护，以不受公共监视的侵害。它变成了自我监视的系统："很多种族的和政治的体制都运用自我监视系统，但不是所有系统都要受到外界的影响，……比如自我测试……自己家里的私密。……不过，很快的，没人能够触摸到其他人，我认为这将发生在每个人的身上。"[37]

164

在这个意义上，哈拉维的半机械人的神话，在反乌托邦和乌托邦的层面上可以同样运作。她解释道，这个神话建立在讽刺之上，"企图建构一个忠实反映女权主义、社会主义、物质主义，有讽刺意味的政治神话"。

反语是关于不能在大的整体里解决的、甚至是辩证地解决的矛盾。它是一种由于将不协调的事物放在一起而产生的张力，而这些事物都是必要的和真实的。讽刺是幽默和严肃的游戏。它也是一个修辞策略和政治手段。[38]

哈拉维企图将半机械人表现为"一个社会现实和虚构故事的生物"，它象征着当今状态中的生活及社会关系——亦即对于我们最为重要的政治建构。这种企图是将无法想象的和可能的事物放在同一个框架里的一种勇敢的努力，同时是性别隔离和建构（传统的）现时关系的对立面。[39]这样的反语，只能被置于政治和社会的主动游戏之中。它难解的辩证关系几乎不能被置于积极的空间，或是物质庇护所的对美的建构之中。所以，迪勒和斯科菲迪欧所暗指的"住宅"强迫它的非住民（para-inhabitants）感到持续的身体和心理的不适。这些住宅将海德格尔的乡愁的精神食粮变成了住宅的一种焦虑，显现出不寻常的单调和日常的性质。对家的梦想，就这样在棺材般的旅店的现实中消失。

第三部分

空 间

黑暗空间

> 关于空间的历史还有待书写——它同时也是关于权力的历史（空间和权力都是复数），从地缘政治的宏观策略到栖息地的微观措施，从教室到医院的社会机构的建筑，都是跨越经济和政治概念的设施。
>
> ——迈克尔·福柯[①]，《权力之眼》
>
> （Michel Foucault，"The Eye of Power"）

空间，在现时的论述中如同生活体验那样，是一个可触摸的存在。它的轮廓、边界和地理关系，显示着从国家到种族的彼此竞逐的特征性领域。它的空和虚被人体所占据，而这些人体又在其内部复制着政治和社会斗争的外在条件。同时，空间的空和虚代表着政治和社会斗争的战场。空间占据、领地的对应图解、占领和监视的技术，都被看作社会控制和个体控制的工具。

同时，空间隐藏在最黑暗的深处和被遗忘的边缘。所有引起恐惧的事物不断返回，在试图保护自身健康和快乐的人们的想象之中，驱之不去。确实，空间作为一种威胁、一种对未知的预兆，起着医学和心理隐喻的作用。它比喻着，小资产阶级在肉体上的和社会关系中的美好状态行将腐败。人的身体已经成为自身的外在表现。它的细胞结构成为一种空间模式，标示着自身的免疫战场，描绘着抗体的形态。"外部"——比如，现代主义早期的放逐空间、避难所、禁闭空间、隔离空间等，持续不断地渗透到城市的"通常"空间之中。就这样，今168天的"病理"空间威胁着社会秩序里的明确限定。在每一个案例中，"明亮空间"在各种层面上被"黑暗空间"所侵犯——对身体而言，这种侵犯是瘟疫和不可医治的疾病；对城市而言，这种侵犯是无家可归的人。换言之，正如弗朗索瓦·德拉波特（François Delaporte）指出，身体的有机空间，以及身体生存和工作的社会空间之间，尽管在19世纪被非常明显地区分，而今却不再被区分了。[1]

在下文中，我将考察上述新状况的一个侧面。它将涉及纪

---

①福柯（1926—1984年），法国哲学家、社会理论家、文献学者、文学评论家。他的理论关注知识和权利之间的关系，以及它们如何通过社会机构被作为社会控制的形式。——译者注

念性建筑的意义，同时延伸到福柯之后对空间状态的理论化过程。我将分析反映现代主义时期有关空间的负面状况的视觉建构，并以此作为探讨一个更为复杂的主体与空间的关系问题。我希望，这个探讨从政治的角度讲，能比公认的现代城市论（以光明淹没黑暗）或现代建筑论（将空间完全被看清和被占用），更为细致。

在福柯之后，历史学家和理论家关于现代空间的复杂历史的阐述，过分关注于透明空间的政治角色。透明空间是杰里米・边沁[①]（Jeremy Bentham）倡导的全面控制的范例，并在柯布西耶领导的现代主义建筑师所设计的“卫生空间”的掩饰下，得以恢复。透明曾被认为可以根除神话、迷信、独裁，并且高于一切不合理的事物。例如：从医院到监狱的理性网格和封闭围合；外科手术般精密的城市对流线、光线、和空气的开敞；居住区里有益于健康的设计等等。学者们对于所有这些，都做了潜在内涵的分析，认为它们的实质是，采纳边沁所说的“普遍透明性”理念，实现了监视平民的政治。历史学家偏爱研究“透明性中的权力”这个神话，尤其是关于它与现代运动中新技术的同步，以及它们在建筑和城市中“乌托邦”式的运用等问题。

然而，正如福柯指出，这个空间模式最初源于恐惧——例如，对直面黑暗空间的启蒙的恐惧，对黑暗的幕布的恐惧等。它妨碍了人们对事物、人和真理的认识。正是由于对黑暗的惧怕，引导了18世纪晚期对暗昧的向往——例如，幻想世界中的石墙，以及黑暗、隐蔽所、地牢等。它们是“正要确立的透明性和可视性的反面”。[2]那个时刻见证了“政治空间”的创始——它基于光线和无限，这两个科学概念。那个时刻还同时见证了关于黑暗的空间现象学。

169

18世纪晚期的建筑师已经意识到这样的双重视角。艾蒂安-路易・部雷（Etienne-Louis Boullée）[②]将伯克定义的关于非凡的认知，运用于社会机构的设计。他利用了伯克提出的“绝对明亮”的理念在视觉和感觉上的感染力，以此赋予他设计的都市教堂和法院建筑以特色。部雷还迷恋于伯克所认为的绝对黑暗——一种由深层的恐惧而唤起的非凡感的强大工具。部雷设计的法院面临光明与黑暗这两个世界，讲述着具有启示意义的寓言。有顶光的方形法院坐落在半下沉的监狱之上。“于我而言，”部雷写道，“将明亮的宫殿砌在罪恶的巢穴之上，我不仅运用对比的设计手法使建筑显得非凡，而且采取隐喻的方式渲染了罪恶被公正碾碎的画面。”[3]

①边沁（1748—1832年），英国哲学家、社会改革家。他被公认为现代实利主义的奠基人。——译者注

②部雷（1728—1799年），法国新古典主义建筑师。他的作品对当代建筑师有深远的影响。——译者注

在恐怖时期，部雷从公共生活中隐退；这个时期也是罗伯斯比尔（Robespierre）所说的，真正的恐惧意味着“政治非凡感”的必要的时期。部雷在这个时期对黑暗的反思并非巧合。1790年代中期也是部雷的内向放逐时期。他陈述了当自己深夜走在家附近的树林子里，所见到的光与影的“试验”：

> 在乡间，我走进月光下的树林。光线所塑造的自己的轮廓吸引了我的注意（对我而言这并不是新鲜事）。影子由于我思维中的一种情绪而显得无比伤感。树撒在地上的影子给了我深刻的印象。这幅图景在我的想象中萌生发展。于是，我看见了自然界中最阴暗的图景。我看见什么？一堆漆黑的物体映衬在苍白的月光下。在我的眼中，感觉自然界似乎在悼念着什么。我被这样的情绪所触动，从此将它运用到建筑中。

170

出于这样的体验，部雷建立了一种能够用来表达死亡的建筑概念。它有着低矮和压缩的比例——亦即一种体现埋葬的“掩埋建筑”。它采用裸露的墙体，“免除所有装饰”，从而将悲哀的愁绪表达到极致。最后，它遵循建筑师的阴影模式，借助阴影将其展现于眼前：

> 正如我在丧葬纪念建筑中所尝试的，我们有必要采用完全裸露的墙体来表现建筑骨架，借助低矮和压缩的比例来体现建筑被掩埋的画面，进而借助材料对光的吸收，形成漆黑的建筑，以及比它更为漆黑的阴影。

部雷以“死亡神庙”为例。神庙的立面有阴影蚀刻，用吸收光线的材料做成——这是一种负形的虚拟建筑。部雷为自己的“发现”而自豪：“这个用阴影形成的建筑风格是我的发现，也是我开创的一项新事业。要么是我愚弄了自己，要么是艺术家们不屑追随这个风格。”[4]部雷的后来人迅速地抓住了丧葬建筑形式的深邃效果，以及因此而带来的非凡感。尤其是克劳德·尼古拉斯·勒杜（Claude-Nicolas Ledoux），他将死亡建筑转化成遐想无尽的宇宙空间和来世绝对“虚无”的起点。

然而，部雷所说的不是简单的对黑暗的引用，也不是拿破仑（Napoleon）远征之前对埃及主题的时髦情趣，而是人的影子隐射成建筑的“骨骼”。这个影子，或者是部雷所说的“肖像”，预示着人的身体在黑暗中消失。它既是困扰着部雷的一种对他自己的“复制”，也是建筑模仿的一种模型。一方面，部雷遵循“模仿”人体比例的传统造型概念，与此同时，部雷倒置其理论，从而创造基于人体“死亡形态”的建筑，将其埋藏在土地里。此外，部雷还在建筑中创造了名副其实的对被埋葬的尸体的“模拟”：那是一座半下沉的建筑，它压缩了自身的比例，仿佛承担着来自上面的重量。它不是模仿站立的雕像（如维特鲁威（Vitruvian）古典理论所要求的那样），而是采取一个

171

横卧的形式，并将自身在土地上印出一个负形空间。这个形式于是被进一步提升，它不仅用来标志部雷所说的神庙，而且变成了幽灵的形象。它是一座表现着模糊时刻的死亡纪念碑，处在生命和死亡之间，或者，它是活着的死人的影子。这样，部雷提出了19世纪的一个迫切的论题——以复制作为表现死亡的征兆，或者作为被埋葬的死者的影子。

在复制的双重意义中，部雷设计了建筑（模仿和复制的艺术）和死亡（在复制中的形象）之间的戏剧，它给予对启蒙的恐惧以实实在在的力量。萨拉·考夫曼在分析弗洛伊德关于异样性的文章中这样说，“为了征服死亡，艺术像所有其他的复制一样，自身变成了死亡的形象。艺术游戏是一种死亡游戏，它作为拯救和抑制的力量，早已暗示了生命过程中的死亡。”部雷将死亡形象印刻在阴影中，反映在色彩沉重的立面或“背景”中，不断地演绎着弗洛伊德指出的重复主题。对此，考夫曼评论道：

> （弗洛伊德的）“异样性”暗示了复制的代数符号式的一种变形。它与自恋和死亡相关，是寻求不朽的惩罚，和杀父的惩罚。“复制”的表现模式由埃及人首创，用来表现梦中的阉割。所以，出现对生殖器的复制现象，应该不是偶然。[5]

部雷用同样的语言做了一个预见“黑暗空间”影像的试验，它即使不是关于死亡的第一次建筑赋形，也是第一个具有自我意识的异样性的建筑。他将自己的影子压平在房屋的表面，这个表面除了（负形的）表面没有其他。部雷创造了一种建筑形象，它不仅没有深度，而且玩弄着绝对扁平和无限深度，以及影子和空间之间的关系。房屋本身作为死亡这一主题的复制，将消亡的概念转变成为可以被人们体验到的空间不定性。

172

福柯对启蒙空间的诠释具有明显的局限性。他仍然被启蒙运动理念的诸如光明与黑暗、清晰和隐晦这些现象纠缠着，却坚持借助透明性——展示全景的原则，去维持权利的运作。这种坚持，抵制着对于透明和不透明在何种程度上影响权利运作这一问题的探索。正因为非凡感和恐惧对立的两者之间的密切联系，以及它们相互转化一种异样能力，非凡感作为恐惧的手段，保持着自己的位置——比如，在生命中存在死亡，在光明的空间中存在黑暗空间，这样的模糊性。从这个意义上讲，现代主义的光明空间——从全景敞视到辐射城市，不是为了最终用光明战胜黑暗，而是试图表现光明和黑暗之间相互包容的关系。

在另一个层面上，部雷的设计对福柯的理论系统中的空间和纪念的特征进行发问。福柯认为，体制政治的全景敞视主义与从医院到监狱的建筑类型，有着类似的根源。并且因此推动了起源于20世纪60年代后期的对现代类型学的评论。这里的空间维度像扩散四方的潮水，联系着政治和建筑，或是纪念性和建筑。然而，我们对部雷作品的分析，或许意味着空间在早期是与纪念性相抵触的：空间不仅在各种城市张力中，被情境主义者们，或是被亨利·勒菲弗所认知的背景——在此意即，赋予纪念性建筑以背景。并且，正如我们前面提到的，空间借助于身体负形的投影，吞噬了纪念碑。

勒杜效仿了部雷对死亡吞噬事物的强烈渴望。勒杜讲述自己如何在1785年的一个墓地设计中组织“虚图像”，最终却被这个虚图像吞噬了纪念性本身。18世纪晚期的全景敞视的理性网格和空间秩序，在死亡神庙的设计中再现。这座纪念性建筑的虚无感，没有体现在建筑平面上，但它的建筑立面成为唯一的再现黑暗的标志。这个立面无比轻薄，在它的上与下、垂直与水平中保持着一种不稳定的平衡。这里，传统纪念碑的实在体型，以及控制性的空间特征，成为正在消失的主体的一种虚幻影像。空间，就这样成了消解纪念碑实体的工具。

173

在主观性的和纪念性的层面上，主体和空间的类同似乎表现了罗杰·凯卢瓦[①]所指的“拟态恐惧症”——所谓的“空间诱惑”仿佛在模拟昆虫世界里的运作，从而为人的体验提供了诸多类比。凯卢瓦沉迷于昆虫在保护色的作用下失去了与周围环境的区别，即昆虫模仿其环境的倾向的研究。他指出，这一倾向不总是让昆虫抵御死亡的最佳选择。看上去像叶子的昆虫，同样有可能与叶子一起被吃掉。如此失去个体特征，在凯卢瓦看来，是一种病态的奢侈，甚至是“危险的”奢侈。就像艺术中的模拟，生物拟态有赖于空间视觉的失真，有赖于打破空间识别的正常过程来达成。在这个识别过程中，主体被清晰地在空间中定位，同时又对抗着识别。

> 对空间的认知无疑是一个复杂的现象：空间被囫囵吞枣式地认识和表现。就像不断变化的二面角一样。人的行动的二面角，其水平面是土地，垂直面是人自己，他在地面上行走，并承载着二面角。二面角的表现方式被相同的水平面决定，与前者一样（被表现却不被认知），水平面与垂直面相交在人出现的距离里。正是通过表现空间，这个戏剧变得更为具体。因为生物不再是坐标的原点，而是许多点中的一点，它被剥夺了所有的优先权，而且不清楚自己的位置。我们或许早已认识到这里的科学态度的特征，被表现的空间概念被当代科学所发展：芬斯勒（Finsler））空间、费马（Fermat）空间、里曼·克里斯托弗尔（Riemann-Christoffel）的超空间——抽象的、宽泛的、开敞的和

① 凯卢瓦（1913—1978年），法国学者，他对游戏、戏剧、祭祀的独特研究，将文学评论、哲学、社会学交汇在一起。——译者注

封闭的空间。空间自身变得稠密、稀疏，等等。关于性情的感觉，关于空间中的特定部分与意识之间的联系的感觉，被认为是生物区分自身与周围环境的感觉，它们是不能因为这些实际条件而被破坏的。这样，假使我们用这个名字表达对性情和环境之间关系的不安，我们会陷入拟态心理学，尤其是拟态恐惧症。[6]

174

凯卢瓦传承了皮埃尔·珍妮特（Pierre Janet）的心理学研究，比较了骚动感和精神分裂症者的体验。当病人被问，"你在哪里？"的问题时，他们总是回答，"我知道我在哪儿，但我不感觉我在那个地方。"凯卢瓦将这种空间方向的迷失联系到弗洛伊德的失实病理学，并归结到19世纪晚期所确认的空间恐惧症——惧旷症、恐高症、幽闭恐惧症。正如卡尔·奥托·韦斯特法尔（Carl Otto Westphal）在1871年描述的惧旷者。凯卢瓦见证了精神分裂症者被空间吞噬的过程：

对于这些一无所有的灵魂来说，空间成了一个吞噬力。空间追随着他们，围绕着他们，在强大的吞噬作用中消化着他们，最终替代了他们。之后，身体与思想分离，个体突破皮肤所限定的边界，体验着在皮肤另一侧的感觉。他试图从空间中的任何一个角度观察自己，感觉自己成为空间的一部分——一个什么都放不进去的黑暗空间。他很相似，不是与什么东西相似，只是相似。他似乎创造了一个空间，而自己却被这个空间所吞噬。[7]

凯卢瓦从经验中找到这样一个有关"黑暗空间"吞噬主体的空间状态，若按尤金·明科夫斯基①（Eugène Minkowski）的描述，指的是一个在没有人性化，并且被吞噬的条件下的居住空间。明科夫斯基区分了"明亮空间"和"黑暗空间"，认为黑暗空间是一个有生命的实体，尽管它缺乏空间深度和视觉延伸，却被人们当作深度这个概念体验着：它是"一个不透明的无限球体，所有的半径相同，黑暗而神秘"。[8]于凯卢瓦而言，明科夫斯基的认识和他自己的精神衰弱的经验类似，他对黑暗空间的解释，体现了他的诸多病症之一的"恐惧黑暗"症。这个病症来源于"生物与其环境之间的对立"。对明科夫斯基和凯卢瓦来说，黑暗不仅仅是光明的缺失：

175

黑暗中也有积极的一面。光明空间被物质性消解，而"黑暗空间"是被填充的。它直接触摸着每个人，包围着他，渗透着他，甚至穿透他：所以，"黑暗中的自我是有穿透性的，对明亮空间来说就不是这样了"。人们在夜里能够体会到的神秘感，在别处是体会不到

①明科夫斯基（1885—1972年），法国精神病学家，他将现象学和精神病理学融合，并探究"活过的时间"这一概念。——译者注

的。同样地，明科夫斯基曾就黑暗空间作过这样的叙述——在其中，生物体与环境之间几乎失去区别："黑暗空间从各个方向包围着我，比明亮空间更深地穿透着我。内与外的区别，以及感知外部的器官，在这里就不太重要了。"[9]

在黑暗中迷失的冲动，与凯卢瓦所说的死亡动机以及美学上的模拟相联系，把我们带回到部雷所描述的在巴黎郊外树林子里，感受到死亡将至的感觉，进而回到对这种感觉在纪念性建筑中的模仿。我们或许可以说，《死亡神庙》①（Temple of Death）模拟着人由于空间激起的冲动，它是一座被拟态恐惧症所折磨的纪念碑。

①《死亡神庙》是游戏中的一个模块，由大卫·库克于1983年设计。——译者注

后城市主义

我讲的那些城市没有过去，所以它们没有痛苦或是被抛弃的感觉。在无聊的午休时光，它们的哀愁没有变化，也没有愁绪。在晨光中，或是夜晚温馨之时，它们的愉悦同样是粗糙的。这些城镇不留下任何思绪，却留存着所有的激情。它们与智慧不合、与精致的品味不合。

——阿尔伯特·卡慕，《没有过去的城镇指南》（Albert Camus，"A Short Guide to Towns without a Past"）[1]

在传统城市中，不论是古老的、中世纪的，或是文艺复兴时期的，城市记忆很容易定义。它是城市的一个画面，民众通过这个画面与过去联系。这个画面还表现了政治、文化和社会实体。它既不是这个城市的"现实"，也不是完全存在于想象中的"乌托邦"，而是复杂的心理地图，城市因它的重要性而被当作"家"——不陌生的家；并且在有道德原则的和被保护的环境里，构成了日常生活。因此，城市肌理中具有标志性的纪念性建筑的特殊位置便出现了。这些纪念性建筑，正如阿洛伊斯·里格尔[①]（Alois Riegl）所指出的，因为它们作为记忆媒介而得名："纪念碑最原始的意义是人的创造，它因为要纪念人的作为和事件而树立……它在后代的精神中存活。"[2]对于遵循等级观念而建的纪念碑群体的认识，成为从远古到文艺复兴时期，城市文化及政治体制的一种体现。然而，不是纪念碑本身，诸如凯旋门或记功柱，而是这些纪念碑所代表的事件，确立了它们的意义。当然，它们最终是一种工具和媒介——如同文学作品中的人物，通过一件事说明另一件事。它们也像自身产生的诠释记忆的比喻。阿尔贝蒂可能会这样说，布鲁内莱斯基（Brunelleschi）设计的圣玛丽之花（Santa Maria del Fiore）的巴西利卡穹顶，它那巨大的尺度和形状代表了佛罗伦萨的所有住民，以及他们的政治与社会的团结。布鲁内莱斯基设计的穹顶是一个隐喻，它的形象时刻提醒着市民记住这个抽象纽带的存在。穹顶坐落在树立着罗马共和国所有主要纪念碑的"记忆地图"的正中心，这个中心不断被佛罗伦萨的人文主义者们更新。

178

①里格尔（1858—1905年），奥地利艺术史学家，他为艺术史成为一门独立的学科做出了奠基的贡献。——译者注

正如弗朗西斯·耶茨[①]（Francis Yates）在她的著作《记忆的艺术》（The Art of Memory）中写道，这样的地图自西塞罗[②]（Cicero）起，就被修辞学家和哲学家们借以对记忆的营造。辩士——昆体良[③]（Quintilian）作了关于如何记忆的精准描述。他说，“我们在外多时返回故土的时候，不只辨认出那个地方本身，还记得以前在那个地方做过的事情。”因此，我们可以通过场所的这一特性去建造记忆机器：

> 地点被选定，并且意味着无数种可能，正如一幢大房子被分隔成许多房间。每个被注意到的细节都有秩序地印入脑海，以至于记忆的所有部分可以轻松重演……之后，符号提示着写下的和想到的事物。这个符号可能来源于事情的整体，“就像导航和指挥作战一样，或者来源于一个词，流逝的记忆被这个词唤醒”。[3]

昆体良提出了唤起记忆的系统——它在古典思维中盛行，在文艺复兴时期复苏。在这个系统中，不论是想象的，还是真实的，一系列地点在思维中被确立起来。记忆符号也被“安装”在这一系列的地点。只要能记住地点和内容，我们几乎可以记住所有事件。因此，记忆的艺术要有“真实或想象的地点和图像，或者需要创造类似的元素”。昆体良说，“我所讲的真实或想象的地点，在住宅里可以做到，在公共建筑中也能做到，或是在长途旅行中，或是在穿过城市的时候，或者是看照片的时候。或者，我们还可以自己想象。”

179

耶茨描述了越来越多的记忆中的中世纪和文艺复兴时期的场所的不同版本，它们形成了奇特的一半真实、一半想象的“记忆剧场”，或者被康帕内拉（Campanella）称作“乌托邦”。真实城市和乌托邦城市之间的关系被一种心理地图协调着。这个心理地图因为需要想象不真实，而包含了真实，包含了理想化的，或是应该被记住的元素。

对我们来说，这个真实与想象之间的关系，在很大程度上决定了文艺复兴理想城市的本质。它只有在建筑师理解了将想象的记忆变为现实的可能性之后，才会变得重要。那就是，构建城市肌理中反映记忆地图的序列和场所，并且把城市变成一座记忆剧场，使得当地人和游客都能接近这个剧场。罗马西斯五世（Sixtus V）的总体规划是一个巨大的旅游城市，那里有众多的纪念碑，连接着壮丽的干道。这个总体规划标志着城市主义的起点。从这个意义上讲，城市主义可以被定义为一种操作理论，和把城市建成自身的纪念碑的实践。城市主义的历史，

---

①耶茨（1899—1981年），英国历史学家，着重研究文艺复兴。——译者注

②西塞罗（公元前106年—公元前43年），古罗马哲学家、政治家、雄辩家。他对拉丁语的贡献极大。——译者注

③昆体良（35—100年），出生于西班牙的古罗马修辞学家。——译者注

自晚期文艺复兴至二战起就清晰地演示了这一定义：例如，雷恩（Wren）和他的皇家协会的科学家、历史学家同僚们对伦敦的重新规划；皮埃尔·帕特[1]（Pierre Patte）和启蒙时期哲学建筑师对巴黎的重新规划；豪斯曼男爵[2]（Baron Haussmann）在第二帝国的支持下对巴黎的重建；各式各样的城市模型，以及它们被从托尼·杰尼尔（Tony Gernier）到勒·柯布西耶的现代主义建筑师的不完全的应用和想象。所有这些在大都市的中心被渲染得壮观非凡，并将记忆延续。

当然，现代主义对于记忆地图，甚至对定义这个地图的纪念碑，作了概念上的转化。对现代主义者来说，他们想要忘却和记住的渴望已为人们所知，忘却旧城市、旧纪念碑，以及它们的传统意义。被忘却的这些被认为与旧的经济、社会、政治以及医疗问题有过多瓜葛，因而不应该被保留。以柯布西耶为例，如此的忘却，会运用对城市删除的形式——具体的或有形的，会运用以纯净空间来重新建立分散的城市主义的基础，并且将城市生活的功能——摩天楼，变成了纪念碑。一些人将这种观念和做法称为反城市的态度。而我认为，它的辩证性使之成为城市主义的另一个版本——对称，它与19世纪的对称不同。

180

然而，现代城市的模式与早先的城市模式相比，在形式和精髓上并没有太大突破。比如辐射城市保持了中心参照点和人体理念，把它们作为规划原则。这里，现代主义没有动摇关于记忆的基本概念。从根本上，遗忘相较于记不得，是更为复杂的行为状态。遗忘暗示着诸多步骤，从普鲁斯特到尼采和萨特的论述中都有所阐述。普鲁斯特在有系统地遗忘曾经发生过的事情的基础上，奠定了“寻找失去的时间”的学说，并且对未曾发生的事进行假想和释怀。尼采所描述的虚无，进而由萨特铺陈与发展，成为对个体和世界的存在进行理解的基础。保罗·德·曼（Paul de Man）指明，普鲁斯特在他的作品中，以马塞尔为叙事者的掩盖下，总是“记住”事件，却说是“后来”他从另一个角度“悟到了”。事实上，普鲁斯特只不过忘记了或是抹杀了自己作为作者的角色，却请来了一位寓言家。这位寓言家与普鲁斯特不同，他可以合情合理地认为这个“后来”确实存在于他的过去。如此的记忆深渊在同样程度地追溯和抹去曾经发生的事情。其实，拭去的痕迹形成了一条路径负像——一条通向过去的潜隐之路。这个过去对伯格森（Bergson）之后的现代主义者而言，总是现在，也是对未来的期待。

萨特以上述概念，作为著名的巴黎人咖啡馆的画面主题。他质问不存在和负面判断的关系，认为不存在不是负面判断的

①帕特（1723—1814年），法国建筑师，他认为城市是一个有机体，其中局部的变化会影响到整体。——译者注

②豪斯曼男爵（1809—1891年），曾被拿破仑三世任命对巴黎进行大规模的城市更新。——译者注

结果——比如个体对自身的有意识的怀疑，而是负面判断本身。不存在是负面判断的预先假定。这样，当萨特在四点十五分的约会迟到了十五分钟，皮埃尔已经离去。萨特知道皮埃尔总是很准时。上述的不存在是以判断还是以知觉为基础的呢？咖啡馆是一个“完全的存在”：“它的桌子、椅子、镜面、灯光、烟雾缭绕的气氛、声音、晃动的茶托以及咖啡馆里的脚步”都证明了这个存在。同样，皮埃尔在另一个未知的地方，也是完全的存在。然而在所有知觉里，总有背景和前景。如果所有事物都是完全的存在，那就不可能有背景，也就不会有知觉。在萨特走进那家咖啡馆的一刹那，它已经成为搜寻皮埃尔的背景。

181

> 以咖啡馆为背景是一种原始的虚无。每一个元素——人、桌子、椅子，都试图将自身划分出来，提到其他物体所组成的总体之前，却又融入了无法区分的背景之中。背景本身是从属的，是不为人注意的。这样，被中性背景吞噬的前景的原始虚无，成为主要前景显现的条件——这个前景就是皮埃尔。[4]

然而，所有这些想法都来源于直觉，如果皮埃尔出现了，他周围的事物都会变成背景。但事实上，皮埃尔并不在场。他的缺席却无处不在，咖啡馆似乎围绕在他的缺席的周围，反映着一个形象，它摇移在样子和实体之间——亦即咖啡馆里真实存在的物体，和那“永恒的消失”。皮埃尔在咖啡馆虚无的背景中所显现的空白，为萨特提供了对于双重否定的直觉：对见到皮埃尔的期待，之后转变成以咖啡馆为背景。期待基本上是虚无，从而导致了皮埃尔的缺席。这个过程就像真实事件一样地发生，因此产生了双重否定。“皮埃尔的缺席笼罩着咖啡馆，成为由于自我虚无而变成背景的条件。”

以上描述的双重虚无由一种期待所促成—— 一个可能的完全存在，却被挥之不去的缺席所代替。这个描述，如果不是在哲学的层面上，也是在文学的层面上，构成了现代城市记忆错位的比喻。现代运动的建筑师们提出的城市主义模型，似乎忽视了这种过程。这表明，他们是古典信仰的囚徒，相信正面和负面的存在来自于评判。可以说，现代建筑师进入旧有的城市，就像萨特走进德马戈咖啡馆（Deux Magots café）。他们期望在旧城里找到现代主义。显然，他们知道已经迟到了，但他们确信现代主义在准备了一个多世纪之后，一定早已到来。由于这样的期待，旧有城市立即变成了迎接现代主义的一个背景。然而面对现代主义，城市首先陷入了怀疑，并且维持在怀疑的状态。然而我们知道，现代主义从未来过，它作为缺席的存在而被保存着，而且在旧有背景下一直驱之不去，就像皮埃尔在咖啡馆缺席一样。现代主义建立在双重怀疑之上，因此它必然不被建筑师们促成，却立即被认为是不现代，或现代不存在。现代主义在生命开始之前就过时了。

182

不论未来如何被现代主义者所想象，把假想当作真实决定了现代主义者如何去想象。它是一个双重图像，包含了把将要发生的事物当作真实的事物，以及包含了对立意义而难以运用的影射。现代主义者进入了旧城的咖啡馆，找寻未来实实在在地存在。这个未来可能早已成为过去，而现代主义者却试图以它的虚无去描述未来，这个虚无来自预料之中的对它的反驳。这样，在城市主义和现代主义的交汇点上，两者都运用了影射的图像——直白的和隐喻的。这成为在建筑领域里自透视原理被运用以来，又一种被运用的制图机制。

从透视城市到图底城市的转化，以及从文艺复兴到现代城市的转化，的确意味着一种破裂。透视城市表现了两种完整存在之间的微妙平衡——即城市与城市中的纪念物之间的关系。它们成为彼此的心理上的围护。现代主义的图底城市，建立在消解两种完整存在的基础之上，也就是，建立在彼得・埃森曼所说的“缺席的出席”之上。

由双重缺席引起的怨尤，是皮埃尔让萨特感到失望的缘由。皮埃尔总是很准时，却不在那儿，我认为，就像后现代主义试图从回顾的记忆中找回过去完全的存在一样，是对于不可能的怀旧。这是普鲁斯特曾经委婉地描述的过程：对从未发生过的事物的怀旧，这样的企图被现代主义的否定从深层次上改变了。旧城在双重意义上被否定，在后现代主义者面前是驱之不去的缺席，而不是驱之不去的出席。若试图捏造一个假想的存在，借以取代缺席的魅影，其结果只会导致第三重的否定——那个被提出的存在，既不是现代的缺席，也不是过去的出席。然而，它显然不能成为现代的缺席，也不可能成为过去的出席，因为过去在记忆中已不复存在。在回顾的记忆中找寻由未来决定的过去，就像历史学家发现哥白尼（Copernicus）时代的科学家所预见的彗星的回归一样。这颗彗星的确回归了，但是这个回归已经成了过去。人类不可能在这样的虚幻动荡的基础上建立安逸的未来。

183

保罗・德・曼借用尼采所说的“艺术家不吸取教训，却一再地落入相同的陷阱”，来类比后现代主义的错误。而我认为，我们正在走进一个完全不同于虚构的咖啡馆。我将用萨特的话来描述这个咖啡馆：它看上去和萨特所看到的几乎完全一样，或许更古老一些，它的椅子破旧，跑堂的人已过了风华正茂的年纪，这是一个衰败的咖啡馆。当然，我们在走进咖啡馆的时候，没有带着任何过分的期待；在跨过门槛的时候，也没想着会有什么发现。我们早已放弃期盼皮埃尔出现的念头，而且我们也不能确定他是否真的来过。或许他只是我们想象中的一个虚构人物。咖啡馆在平衡着我们对它的无所期待，反馈给我们不该有任何期待的念头，其中没有什么有趣的。就像彼得・汉德克（Peter Handke）的小说《穿过》（Across）里的叙事者所说的，我们走进这个房间只是为了放松，不被注意到，从而成为我们背景中的背景：

> 在独自忙碌了一天之后，去咖啡馆对我来说是件好事，诸如莫腾多夫（Mauterndorf）、阿布特瑙（Abtenau）、热尔兰（Gerlin）、伊本（Iben）的名字不时地响落在桌间。我在疲劳之中试图显示出对周围事物的兴趣，这样没人会注意我，也不会来打扰我，更不用说与我对抗。当我离开咖啡馆，没人会谈论我。但是，我的出现将会被人们注意到。

184

这个叙述者明确地告诉我们，做了一辈子的考古学家，他总是在找寻着一种界限，在挖掘中找寻“不在的而不是在那里的东西，抑或找寻那些找不回来的东西——不论是被人拿走了，还是腐烂了。但它们仍然以空缺的形式存在着，以空洞的空间或形式存在着。”在这个找寻的过程中，他训练出了“观察过渡的眼睛”，成为发现踪迹的人——“空洞、颜色突变以及木头的痕迹”。对于他来说，这些界限并不是指代门之类或者其他类似的事物。界限不是反映整体的局部，而是它们自身的区域或地域，是“一个测试安全感的地域，或者它自身就是安全的地域”。

> 乔布（Job）可怜地坐的地方不正是一个界限吗？一个测试的地域？作为难民，他坐在一个界限之上，以此将自己置于别人的保护之下。

当然在现代世界里，他承认，除了在行走和梦幻之间，没有界限：

> 界限只有对精神错乱的人来说，才会成为白天的体验，并且显而易见，就像前面提到的被毁的寺庙里的碎片。因为界限不是边界，而是范围。在内在和外在的生活中，边界的数量增加着。而“界限”一词包含了变形、地面、过河的地方、山里的路径、围栏……但现在，我们除了从自身之外，还可以去哪里找到分限。[5]

界限在这个意义上既是古老的（真实的），又是现代的（想象的）。它们仍然可以在乡村和自然界找到，而在城市里，它们已经“被遗忘了”。汉德克（Handke）的城市充满了分限。每一个分限昭示着一个实际上是通道的入口，或是一个过渡的场所，抑或一个定义场所之间的场所。它自身没有特征，就像在工作和睡眠之间我们喝的咖啡。

这样的敏感性标志了现时城市在文化上的表现：诸如《真实的故事》（True Story）、《最后的摄影展》（The Last Picture Show），或者更为戏剧化的如《银翼杀手》（Blade Runner）、《发条橙》（Clockwork Orange）这样的电影。在这个城市中，郊区、商业带以及城市中心被糅合成一系列的心理状态。它们没有注册在系统的记忆中的地图上。我们游荡在其中，就像弗洛伊德在热那亚，对连绵不断的重复感到惊讶却不震惊，那些不断穿越已经消失的界限的运动。而界限只留下过去身份的空间。在那些不再辉煌的纪念碑的废墟之间，这些纪念碑失去了自身的系统状态，往往更失去了自身的形体。走在纪念碑铭刻的灰尘上，那些我们不再能解读的，因为失去如此之多的文字——不论这些铭刻是在石头上还是在霓虹灯里，我们走过虚无，也走向虚无。

185

这样的敏感性，与萨特的乐观虚无主义相去甚远，我们将其称作后城市主义。它因为缺乏预见，不再是“城市主义”。然而，在这样的城市主义之后，后城市主义明显地区别于诸如片断、机遇以及边缘的敏感性。不论是波德莱尔[①]的暴力街区，或是阿波里耐[②]（Apollinaire）的分区，那些过去关于边沿的论述，曾被认为是积极的、甚至是激进的城市主义。然而，这种城市主义威胁着城市的边缘，好像要将它吞噬进城市的整体系统。而边缘对共生主义者和早期现代主义者而言，是一个放松的场所，同时是一个产生另一种秩序的可能——不论是怀旧的残余、破坏的力量，或是事物的差别。于是，传统的现代主义者提倡“在缝隙中生存”。现代主义者也呼吁“在缝隙中生存”——这是布雷希式的“城市居民”的英雄主义。而城市居民被迫“掩藏他们的存在踪迹”：

> 与你的朋友在车站告别
> 扣好大衣在清晨进入城市
> 寻找一个房间，当你的朋友敲门时：
> 不要，啊，不要开门
> 但是
> 掩藏你的踪迹

如此的策略，假定了地上的每个事物都有其地下的存在。它们在地上没有形象特征，甚至于试图找到那个幸存者，那个故事里的孤独的非英雄角色，也是不可能的。为了遵循布雷希（Brecht）的如下忠告：

> 当你想象死亡，
> 墓碑既不代表，
> 也不背弃你所长眠的地方，
> 却有清晰的铭刻谴责你，
> 以及你去世的年月让你永远离开。[6]

纪念性铭刻的存在和不存在之间是有明显区别的。在后城市的范围内，我们的领域不再有铭刻——亦即那些记载人或事

186

①波德莱尔（1821—1867年），法国诗人，他被公认首先将“现代性”这个术语和概念，用来指代都市中转瞬即逝的生活体验。——译者注

②阿波里耐（1880—1918年），法国诗人、剧作家、小说家。他是立体派的捍卫者，也是超现实主义的先辈。——译者注

的警句。我们所拥有的是潜在的图（*hypograms*），——那些由索叙尔[①]（Saussure）认为的潜台词和基本台词。它们在用词不当的标志下，既是签名又是抹去签名，既是拟声法又是省略号。或许我们真的进入了那个罗伯特·穆西尔（Robert Musil）《无质的人》（Than Man without Qualities）中的无名城市，那里没有任何特殊的品质可以与城市的名字联系起来。正如所有大城市，它由不规则、变化、前滑、不能保持稳定的步伐、事件的冲突以及它们之间的深不可测的沉默所构成。[7]在后城市的敏感性中，边缘完全侵扰了城市中心，并且浸染了它的聚焦点。“在其中”的实在感难以找到，无论是在《下降法》（Down by Law）的拱券下和墙上，抑或是《蓝丝绒》（Blue Velvet）的心理滑动中。在《蓝丝绒》这部电影里，巴什拉的“多样共效”这一概念，在不同恐惧状态、消遣和完全的平庸之间的滑移之中，被全面瓦解。

这个状态，显然由于失去每座传统城市最初的秩序，而增强了其重要意义。最初的秩序是关于人体本身的秩序，它是原始的城市秩序的典范，也是建筑的典范。从弗朗西斯科·迪·乔治（Francesco di Giorgio）明晰的类比，到柯布西耶对维特鲁威完美人体的模型在辐射住宅的实现，人体提供了有机的生物组织。城市或许会因为这些生物组织而被认识、被记得，并因此而生息。“人体政治”和城市之间的纽带，至少对于人文传统来说，不只是一个简单的比较。失去这个指导性的比喻的心理后果，只可能从乡愁的角度来理解——那种对回到曾经是安全内地的渴望。

失去人体范式，在政治上的后果却不那么清晰。显然，人本主义者和城市主义者可能会说，城市主义的结束标志着自由的人本主义、社会良心以及对（自然优良的）公众的信念的结束。但是我们至少可以这样认为，面对理想化的城市主义的严格排他性，以及城市主义要求的最现实的经济支持，后城市主义的城市或许提供了更多的包容性，而不是宏大的希望。确实，后城市的咖啡馆也许可以庇护众多不被期望的人群，亦即那些由于性别、种族、阶级而长期不被期望的人群。

①索叙尔（1857—1913年），瑞士语言学家和语义学家，奠定了20世纪语言学和语义学的基础。他的理论直接影响到20世纪中期的建筑理论。——译者注

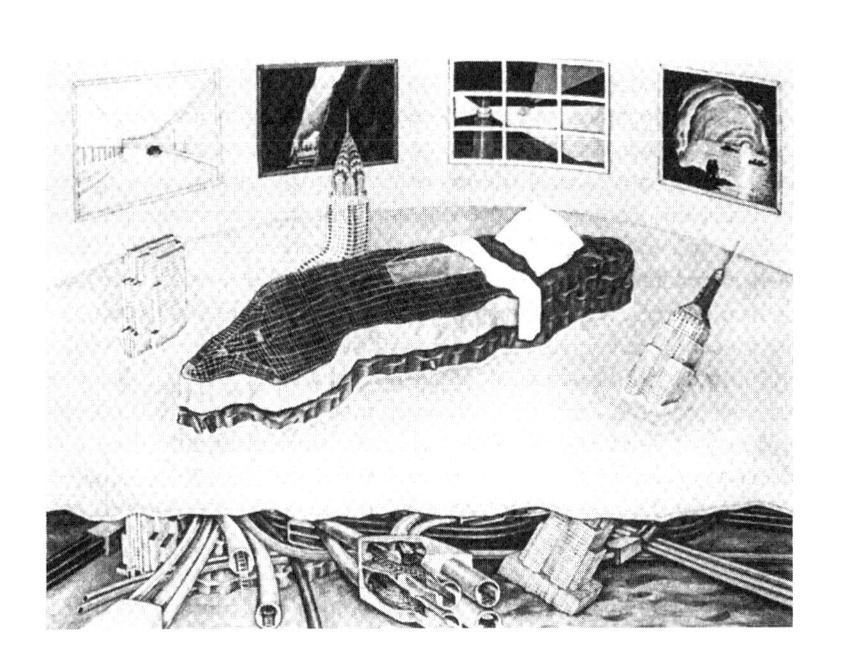

心理的都会

做艺术家的代价是将非艺术家眼中的“形式”看成“内容”，也就是看成“问题本身”。这样，人们处于颠倒的世界，其内容——包括我们的生活——变得完全形式化。

——弗里德里希·尼采，《权力的意志》

（Fredrich Nietzsche，The Will to Power）

“现代”建筑的理念，只要是有意识地认同先锋派的理念，就存在着两个处于不稳定平衡的主题。一个主题，萌发于对文化变革的需求，以及对于传统学术形式的疲劳。它强调了评论艺术语言的需求，以及摧毁成规的需求，并从废墟中建立充分表达现代时刻的方式。另一主题，与乌托邦和唯物主义试图改造社会的传统有关，并且召唤着政治和经济的变革，借以推动社会进入新工业时代的和谐生活。这两者都洋溢着历史主义关于进步的概念，这是一种无法回避的发展潮流。在这个短暂的时期，时代精神将两者联系着，其间没有明显冲突。不论“现代性”是否将柯布西耶与理想主义结合，或者马克思主义与唯物主义结合，在相同的基础上重新组织语言和社会。正如柯布西耶在 1929 年给卡雷尔·泰格（Karel Teige）的信中写道，“我们都在这个时刻，处在小墙角下。”[1]

形式和社会变化之间的相互依存是如此牢固，以至于在第一次世界大战后重建的制衡崩溃之后的数十年，这两者之间唯一的产生崭新语言的可能，也被看成是一种政治上的威胁。与此同时，对于政治乌托邦的假设，已经向现存的形式语言提出质疑。正如罗兰·巴特①在法国学院的就职辞中所说，“马拉美式的‘改革语言’是马克思式的‘改造世界’”。[2]

190

从某种意义上说，没有人能抵御现代主义的巧妙部署。超现实主义的换位，形式主义的震动，形而上学的“对体验的提升”，以及唯物主义的反理想化趋向，所有这些动态，在当代的社会效应中占有各自的一席之地——不论是商业上适用的，还是文化上割裂的。从另一种意义上说，对技术的简单利用，无论怎样精心策划，也不能导致文化或政治上的隔阂：随后令人

①巴特（1915—1980年），法国文学理论家、哲学家、语言学家、评论家。他的论著在建筑界被广为引用和借鉴。——译者注

欣慰的超现实主义图画，以及后现代主义的新近作品，都证明了这一点。正如克莱门特·格林伯格[1]（Clement Greenberg）在20世纪30年代晚期所指出的，技术本身不过是一种学术，并且会很快走向媚俗。与此同时，将功能问题孤立出来，不论是改良还是革命，都趋向于社会实证主义的确立。它们或是体现在分区法规，或是体现在五年计划，将艺术与社会变革之间可能的关联完全排除。确实，过去的十年充分暴露了形式和功能的脱离。而形式和功能的联系曾经是现代主义历尽辛苦而保持着的理念。任何对语言的研究，无论其动因如何纯正，总是被图像所抵消。任何政治上的姿态，哪怕伪装一丝的积极效益，也总是被迫否定其“审美的”潜力。

建筑在无休止的形式游戏以及地产和空间分划的经济决定论之间摇摆不定。一方面，存在着对语言的内向探索的需求；另一方面，人们认识到一种必然性，即是社会民主对体积、场地、房屋形式的决定力。无论这两个方面的脱节如何被理想主义、诠释学和经济学所弥补，现代主义的形式和意识形态之间的差距仍然一再显现，这成为后现代时期无法回避的条件。

191

OMA，大都会建筑事务所的起名似乎表示要无畏地直面现代危机。他们总是在抵制着功能与形式之间的脱节，以及社会计划与艺术技能之间的距离。自从马德隆·弗里森多夫（Madelon Vriesendorp ）的叙事绘画和文本以来，OMA的概念性项目一直试图将文本和图像融合在互动的舞蹈之中。舞蹈运用多变的舞步，反映着欲望、返祖现象、希望以及纽约，这一现代主义完美都市的惨状。这个项目与知名的现代手法有明显关联——超现实主义的和形而上的，但又不同于这些早先的例子。OMA的作品显示出一种嘲讽，它运用不断的瓦解和颠覆，攻击了20世纪20年代正负两面的辩证。然而，这个方法最终被用来攻击它自身。因此，“悬浮泳池”和它不疲倦的游泳者（1977年）对峙着20世纪20年代的青春和健康一族，并且意识到1932年之后建构主义乌托邦急于逃离故土的情绪，一步一步地倒退到资本主义腐败的核心。这个核心让梦想实现，却又在实现的过程中蜕变，它对无法挽救的现代主义束手无策。“福利宫酒店”（1976年）对峙着“大社会计划”苍白的理想。它确实是威廉·伯勒斯（William Burroughs）人民的场所，但同时又是他们所鄙夷的，甚至这座豪华酒店的住客们都要对它加以批判。面对着20世纪20年代的大批量住宅，以及最近像巨大谜团一样的租赁学说，“斯芬克斯酒店”（1975—1976年）表现着外在的愉悦。所有这些项目都是在逃避社会现实，以及不可能逃避现实的标志之下，建造起来的。

---

①格林伯格（1909—1994年），美国随笔作家，他最为著名的是对美国20世纪中期的现代艺术的评论，并且极力推崇抽象表现主义，是第一个赞美杰克逊·波洛克（Jackson Pollock）的评论家。——译者注

反语是一种修辞法。就其定义，它是通过愉悦的或是严肃的嘲笑来操作的。用19世纪修辞理论家丰塔尼耶（Fontanier）的话来说，“反语似乎是专属愉悦的范畴，但是愤怒、鄙视也会时常用到它，甚至成为是运用反语手法的有利条件。最终，反语步入了最高贵的风格和最有意味的主题。”[3]反语作为现代时期的一种主导的表达模式及思维程式，无论它是质朴或是微妙，已经渗透到几乎每一个诠释领域，其中包括建筑。从傅立叶（Fourier）到柯布西耶，最有希望的乌托邦，往往以反语的方式抵抗着其自身的必然失败。作为一种表现手段，反语看似空洞，并且可能被任何类型的意识形态所利用。但是由于反语所具有的特殊结构——它操作文字和图像的方式，就深层次而言，反语是反实证主义的。正如历史学家海登·怀特①（Hayden White）所指出的，“作为世界观的基础，反语具有将信念在积极的社会运动中分解的倾向。在用反语描述诸如愚蠢与荒唐的人类状况的过程中，产生了人们对文明‘疯狂性’的信仰，并在那些试图从科学或艺术之中捕捉自然和社会现实的人中间，触发一种不屑。”[4]但这种反语——这种自我意识的风趣，被尼采的完全反语主义所质疑。如他所言，“具有世界历史意义的反语”，它甚至可能摧毁反语自身所预期的积极意义。诸多自从达达主义到情境主义的先锋派运动，都是建立在反语意识的基础之上的，也基于对批判苏格拉底式的“怀疑确定性”的自我意识的反感。

192

反语的确是OMA早期作品中的一种形象，它赋予这些作品一个顺畅的“功能”。雷姆·库哈斯所著的《癫狂的纽约》（Delirious New York）一书[5]，运用了OMA的图片和文本的毫无掩饰的《后记》，同时也毫无掩饰地选择了主题和形式上的策略。其主题及形式上，都借鉴了现代主义都市作品的长期传统。其中展示了一种复杂的认识，即，关于现代城市作为一种无意识的物件转变成为对先锋派自觉的痛苦：由乔治·齐美尔、西格蒙德·弗洛伊德、埃米尔·涂尔干（Emile Durkheim）发展的都市社会学和病理学；从奥托·瓦格纳（Otto Wagner）到柯布西耶的都市技术意识；以及同样重要的都市虚构的结构，它在波德莱尔（Baudelaire）所著的《巴黎的愤怒》（Le Spleen de Paris）（1855—1865年）中得到检验，并且在沃尔特·本雅明的电影般的文字中，被提升为蒙太奇的高尚艺术。这对于曾是制片人和剧本作家的库哈斯来说，应该是可以预料得到的。然而，无法预料的是，这些借鉴本身却被其针对的主题所颠覆，因此颇具讽刺意味。这就如同将1911年在科尼岛（Coney Island）的“战火”活动，与当年摧毁会场真正的大火并置，那个博览会的快乐以大众为代价，反映出他们德行的倒退。我们怎么能面对“战火”这样的场面笑得起来呢？无论政治讽刺、超现实讽刺

①怀特（1928年— ），美国历史学家，专注文学评论。——译者注

或最高讽刺，当它们并置于曼哈顿的快乐和经济赢利的未来项目的时候，最终暴露了没有讽刺的一面。一方面，这些例子都起着大胆的名称——“基础”、“火”、“终结”；另一方面，并置的手法—— 一个时间蒙太奇的技巧，对包括作者本身的所有事件，提出了质疑。 193

上述的并置或许可以成为极好的、生硬的幽默读物，却不会成为任何建筑的基础。选择这个技巧本身武装了极度自觉的作家，借以抗拒先锋派建筑师的命运。我们并不想目睹福利宫酒店建造在垃圾填埋场上，其中的反语只有在心理和物质的图像保持原封不动的情况下，才会有效用。

在早先维茨（Witz）的研究一旁，OMA将建造诸多严肃的工程——包括酒店、度假区、公寓、办公、住宅，甚至监狱和议会。这些当然不是反语。但是，OMA以微妙和耐人寻味的方式，借助于新作品成功地维持自己在建筑界的主导地位。这次，它不是依靠建筑画和叙事，也不是展现缜密的脚本和它的图解。那些建筑画确实精美，但它们绝对不是凭借马德隆·弗里森多夫的机智所绘制的超现实的城市机器。它们其实是十分“科学的”，是计算和电脑图像的成果。这些建筑画利用机器的灵活性，一次次切割着视角。在对现实进行准确描述的一旁，出现了对视线、实体、人和物体的动态分析。这里，再也没有形式主义的变形技巧，因为这些技巧借助不曾预料的而且是更为现实主义的自然视角，无情地告诉我们它应该是什么样子，摧毁了我们的陈词滥调。

反语不是存在于表现方式的震撼力，也不是存在于文字和图像并置的效果，而是在作品的形式结构中所体现的一种真实感。这些作品几乎无一例外地吸取了现代主义运动体现功能的有寓意的“形式”——功能分区、规范或是功能自身，并且将它们融入房屋的形体中。在这个过程中，由不同功能分区—— 194 生活、工作、娱乐——所决定的荒唐并置，被作为一种“形式”的生成机器。现代主义分类密码和现代主义美学，被认为是提出了在本质上相同的“形式”原则。正因如此，在希腊的岛屿勒斯波斯（Lesbos）上建造的度假酒店，将功能分区的“荒唐”作为设计策略。而都柏林（Dublin）总理官邸将公共空间与私密空间相互交织，则完全是从形式出发的。鹿特丹（Rotterdam）公寓区中人们的活动流线亦然，被结合进塔楼的形式中去。在这里，功能主义以一种反语的方式找到了表现手法。同时这些文字与图像、功能与形式之间的不纯关系，不是为了让人们对建筑问题的“解决方案”感到自在而发展起来的。在通常的设计中，人们的需求和意愿与房屋之间的关系并没有得到积极的解决。例如，在希腊安提派洛斯岛（Antiparos）上的十六幢别墅中［1981；伊莱亚·森格尔斯（Elia Zenghelis）任首席设计师］，希腊政府并没有对当地的历史以及乡土文化加以保护，也没有对被加入的所谓“现代”元素而感到震惊。以至于，在文脉主义看来很天真的想法却在这里变成了规划，就像措埃·森格尔斯（Zoe Zenghelis）的画是一种至上主义的练习。

在这些项目中，对建构主义的引用，对现代主义晚期的设计语言的参考，比早期的仿作绘画要明显得多。不同的是，在这些项目中，没有任何对于它们自身进行解释的提示。从艺术史的意义上说，风格作为分析的工具而不再奏效。这些项目或许看似属于这个或那个现代先例，但它们不是20世纪二三十年代的现代主义的重复或延伸。如果允许对这个现象加以说明，那就是关于这些项目的本质，它体现在其基本意图中，体现在动摇过去本质的基本目标中。

或许在阿纳姆（Arnhem）展示全景监视监狱的翻新工程（1979—1980年，主持设计师：雷姆·库哈斯）中，我们可以找到解读这些项目的提示。仅从一个层次上，也就是在图面层次上，可以看出这个设计旨在废止旧有理念，也就是原有监狱内呈现的全景监视功能。正如建筑师的文字告诉我们的：轴线贯穿了能观察到各个方向的中心，监管机器的心脏就这样被撕裂了。后全景监视精神摧毁了全景监视精神。这里，我们仿佛听见了米歇尔·福柯对监管和权利的研究的回声。这个研究深深地影响了OMA一代建筑师的政治观念和设计策略。然而，将福柯引导的对圆形监狱的兴趣作为实在的形式，就不免俗气了。

195

福柯抵制着种种理论上的简化倾向。这样的简化试图将每一个革新举动，概括成无所不在的意志的力量。这个意志在体制和环境的缝隙中，找到了毛细管一般的路径。边沁的圆形监狱的实质，是包含着所有的权利系统的一个象征或缩影。它的外表是体制的，内在是心理的。基于这样的理解，OMA的设计行为可以被概括成，权利从一种形式替换成另一种形式。其中没有能量的消耗，也没有有效的变革，只有外形的变化。讥诮的人甚至会把交叉的圆圈看成是一种权利的恢复——宗教战胜凡俗。然而这些解释都忽视了这样一个事实，即，OMA的建筑师完全明白上述的这些理论。其实，OMA的设计是在尼采之后福柯所标明的空间里，基于上述意识而产生的构思。由于这个原因，这座新监狱的空间组织在地下消失了，并且像史前世界一样。它代表了对破败监狱的考古。

如此复杂的否定和反否定，仍然沿用着现代主义形式的糟糠。除了干涩的讥诮，对现代主义的失去信念，是否还有其他对它进行解释的方法呢？我们是否可以得出这样的结论：当反语的矛头指向了自身，它就转化成了一种怀疑论，或者是更糟的后现代主义？答案的一部分在评述设计的文字里可以见到：比如，罗兰·巴特的文章和福柯的哲学。正是在这些标志之下，现代主义直到现时依然在作为作品而运作，而不是作为庸俗的事物。

福柯在《通向无尽的语言》（Language to Infinity）（1963年）一文中，谈到从神话到文学的变形，从荷马（Homer）到马奎斯·德·萨德侯爵（ Marquis de Sade）的变形，从全英雄的作品到无穷无尽的耳语般的写作，以及从辞藻到图书馆。[6]巴特在他的冥想中运用了这些“语言”——洛约拉的圣·伊格内修斯（Saint Ignatius of Loyola）与上帝“说话”的语言，德·萨德的“讲述”性欲的语言，以及傅立叶“讲述社会和谐的语言”。这些语言都是无法实现的设想，需要一种新的无法交流的方式去表达。这是福柯论著的主题。[7]福柯和巴特对尼采之后的世界十分敏感。福柯运用积极的思考方式，巴特则运用写作本身。他们打开了可以称作是“局限的现代主义”的可能性。福柯和巴特的论著是一种受限制的艺术，它们觉察到可能会不复存在的积极理由，却深知自身的发展过程。它们注定要发出声音，尽管其结果既不可预期，也没有任何统一的目标。

196

在这个大环境下，OMA拒绝对语义学的追究，即近些年以来成为发展“真”语言特征的结构符号学。OMA也没有试图将其作品人类学化，为它们加上人文的面具，因为OMA肯定了图像和社会之间的完全相互的独立关系。类似地，语言学的类比，虽然提供了对古典世界中符号运作的有价值的理解，却不再持有绝对的诠释价值。即使是尼采所标明的空间，它曾有力地鼓动了福柯，却不再是OMA进行建筑生产的充分空间。

既不是“词语的自由性”，也不是当代语言哲学的“真理”对于比喻机制的把玩，成了将反语引入现实生活的有效密码。正如索伦·克尔恺郭尔（Søren Kierkegaard）观察到的，反语作为技巧和图解，它的可能性是无法穷尽的。“负面”结果是它精心策划的，同时又是未预料的效应。它试图揭示表象之后的现实，因此正是现代主义的乌托邦之一。然而，反语的优势只有在乌托邦被遗忘之后，才能得到充分实现。

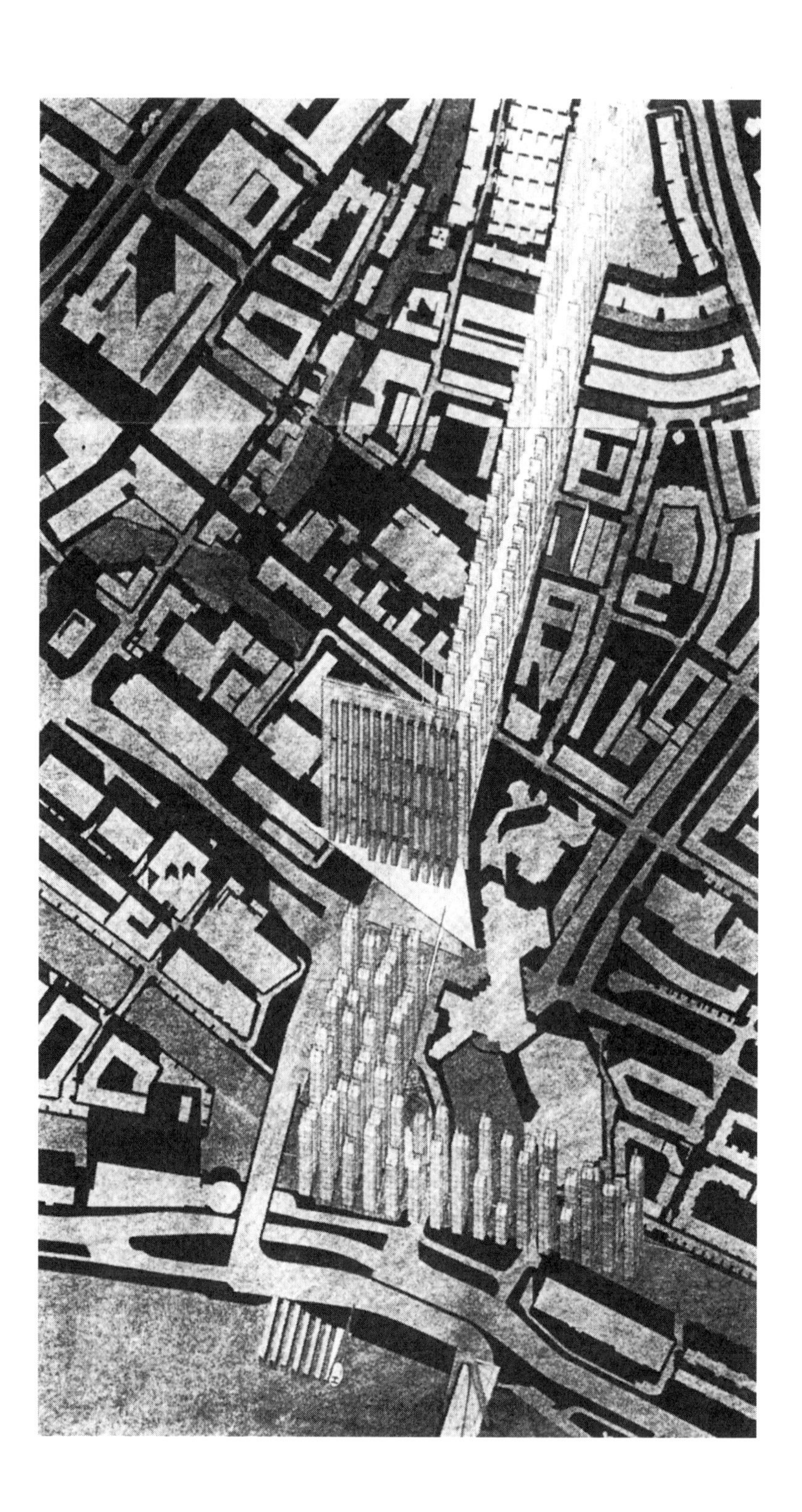

我是个短命而知足的原始现代城市的市民。
——兰波①,《阐释》(Rimbaud，Les Illuminations)

波德莱尔(Baudelaire)在回应奥斯曼(Haussmann)所说的过度重建时，讥讽而有些怀旧地指出，城市的形态比凡人的心思变化得还要快。然而，紧随其后的“现代主义”和“反现代主义”证明，人的心思的变化比城市的变化更快。柯布西耶对顽固古老的巴黎感到有些不耐烦，他说，“想象所有这些垃圾，就像蔓延着的硬皮，有一天被清除。”[1]这例证了20世纪人们对城市的敏感性的巨变，然而，这样的巨变往往受到现有城市肌理的顽固抵抗。最近关于历史城市命运的讨论，无论是罗西(Rossi)的新理性主义还是克瑞尔(Krier)的新古典主义，都不情愿地发现自己已经走向让城市变成历史博物馆的方向。莫里斯·哈尔布瓦克斯(Maurice Halbwachs)观察到“城市中的石头就像树和岩石一样，有一个固定的位置。罗马和巴黎似乎走过了整个世纪而其中的生活却没有一丝中断”。这些在二战期间的描写，表明了城市发展的持久性，及其在现代性中重演以往生活的顽强意愿。[2]

20世纪末的城市建筑哲学家所面对的，不是过去的1980年如先锋派或是后锋派所指出的过去和当代之间的辩证关系，而是更为微妙、困难的问题，即推测干预城市对抗变化的极限。正如从兰波到朱利安·格拉克(Julien Gracq)这些作家所认识到的，对抗不只是诸如石头这样的建筑材料层面上的，更是心理上的。用哈尔布瓦克斯(Halbwachs)的话来说，“空间图像是大众记忆的重要部分。一个群体占据的场所不像黑板，它不是可以随意书写、涂改和删除的。”[3]黑板不因为它上面所画的图形而改变，然而场所却受到人群的影响，同时，人群也受到场所的影响。这是城市建筑师们，面对看似被动的道路和房屋规划时，应获得的有益启示和警醒。

200

在城市变迁极限的敏感性的发展过程中，维尔·阿瑞兹(Wiel Arets)的实践，堪称在精神和物质的交汇点上进行的令人回味的试验。以此为起点，维姆·凡·登·贝格(Wim van

①兰波(1854—1891年)，法国诗人，对现代文学和艺术有重大影响，是超现实主义的先行者。——译者注

den Bergh）设计的城市街区（1984—1985年）回避了关于理想形态和真实环境之间的现代对话这个传统问题，却引入了复杂的思索叙述和材料上的主张。现存的城市是诸多可能未来的发生器，它们针对与未来相逆的本性而设计。建筑作品在提炼这些未来的同时，不是像乌托邦城市主义那样，作为过去的一种替代，而是服从于具有消耗力的当代环境。显然，合成“类型”的努力，最终将被场地环境的各种对抗力量所瓦解。在莫斯科塔楼住宅里，想象中的旧城中心里，异己人群对社会的抵制被城市自身所回应。这样，建筑像堡垒一样对抗着周围环境，然而这种对抗是很有限的，并且受到环境的侵犯。阿瑞兹和凡·登·贝格不赞成白板式的，或者支在架空柱上的现代叠加，也不主张对历史文脉的看似令人欣慰的效仿。他们的语汇属于一个世纪的技术变迁，回应而不是模仿着早已成为历史的先锋派。但是，他们的策略却建立在反现代的遗产上——例如兰波的《阐释》，布雷顿的《连通器》（vases-communicantes），阿拉贡（Aragon）和本雅明的《闲荡之人》（flânerie），以及鲁塞尔（Roussel）在《孤单之地》（Locus solus）中的虚幻世界。然而，当代的“城市图像”则是从记忆——定义于后柏格森（post-Bergsonian）的传统，和情境的现象学的摹写——从作家巴什拉到列斐伏尔（Henry Lefebvre）之间的辩证法中编制出来的。

201

这个辩证法或许最明显地表现在，阿瑞兹和约斯特·缪维森（Joost Meuwissen）的设计作品——卡·费尼尔·代·莱奥尼（Ca'Venier dei Leoni），这个佩吉·古根海姆（Peggy Guggenheim）在威尼斯的藏馆。这个作品的历史基础，是一个18世纪宫殿的“海的故事”，然而，其时空尺度已经决定了这个作品不可能完成。它的历史基础是为了怀念威尼斯大众记忆中的两位常客——音乐家弗兰茨·李斯特（Franz Liszt）和理查德·瓦格纳（Richard Wagner）。生命有限而精神永恒，音乐成为表现瓦格纳塔建立在古典基础上，这一荒唐图景的形象。一方面，底座和上层结构互不相融——如果其中一个存在，另一必然不存在。另一方面，它们的并存，如同在阿瑞兹关于记忆的艺术的精确性中，注入了缓解元素。然而，这只是一个勉强的、现在和过去之间的调和，因为两者都拒绝对自身的削减和向对方的转移。

这些几乎是考古断层一般的叠加，与弗洛伊德所说的罗马记忆相似，两个空间上不能同处的内容，却可以在头脑里和解。这样的状况，反映在阿瑞兹和耶维姆·凡·登·贝格设计的OFI体育中心和哥伦布世界中。这两个设计建在开阔的场地上，基地的作用就像城市一样，与这些设计构成精彩的呼应。与此同时，基地中还充满着记忆的积淀——群体记忆，诸如：希腊运动员在克里特岛，以及哥伦布（Columbus）和他在葡萄牙的发现。哥伦布世界令人想起柯布西耶和保罗·奥特莱（Paul

Otlet）关于整个世界的预见，它依据佐丹奴·布鲁诺（Giordano Bruno）的建议，试图建造一种当代记忆剧院的形式，使得访客可以追溯哥伦布的不同路径，同时借此回应历史和展望未来的路径。

无论在城市或乡村，这些设计似乎对场地的特殊心理地理性十分自觉——它糅合了记忆、经历、空间的复杂性，被20世纪50年代的情境主义者所暗示，被亨利·列斐伏尔加以理论化。它与后现代主义唤起的机械记忆形成了对比。后现代主义更多地依赖于建筑语汇的引用，而不关注建筑内部空间的设计策略。

202

我们必须阐明，这样的建筑意识，在只注重建筑的可视性的领域中是不允许存在的。但在阿瑞兹最近的设计中，这样的建筑意识在技术和形式的绝妙把握之中被强行体现。布伦素姆（Brunssum）药房改建、哈佩尔特（Hapert）医务中心、韦尔特·祖伊得（Weert Zuid）的基恩特-莫-塞尔（Keent-Moe-sel）药房，以及更为重要的实例——韦尔特医务中心，都趋向于一种简洁的建筑语言，用有意削减的技术元素加以实现。这样，设计既满足功能需要，又不妨碍与记忆和经历的融合。这样，阿瑞兹被众口称颂的"纯净"，趋同于罗西所提到的部雷作品中几何简化的"困难的简洁"。这种简洁也曾在罗西早期的学校和住宅作品中出现。它们没有所谓高尚建筑的欺骗性，而是强化了柯布西耶直白定义的基本建筑元素的表现效果——以光线和阴影表达实体和表面。这里，记忆剧场和建筑体在不太突兀的类型想象中找到了交汇点。比如，在布伦素姆药房改建中，这个想象强调了柯布式的多米诺模型（Domino model）的精髓，它加强了楼层的水平条，并且将室内空间围合在半透明的玻璃盒子中，这种手法并不破坏现存的坡屋顶。当建筑类型面对建筑背景，类型可借以作为衡量固有的现存建筑的必要尺度。阿瑞兹的其他作品也显示出对这些典型状况的类似态度，尤其是马斯特里赫特（Maastricht）的时装店设计。它采取的建筑元素抵制着装饰和风格，而追求阁楼和垂直楼梯之间的对比，文化消耗就这样被体现了。此外，迈阿密的罗曼诺夫（Romanoff）别墅，这个未建成项目，容纳了最少数量的建筑事件。而这些建筑事件，都是挡风避雨和解放思想，所必需的。

或许，在鹿特丹国际建筑（Architectural International Rotterdam）为铁路隧道场地项目受委托的九个方案中，鹿特丹北城中心的设计显示了建筑类型和建筑模式诠释的最优先的组合。这个设计以玻璃塔楼呼应着城市街区的设计项目，它的建筑类型有严整模块组合，并且被巧妙植入城市肌理——这个肌理被人们尊重，但同时经历着深刻的改变。那细长的玻璃塔群形同队列，从城市中心引向河流的边缘，沿路蜿蜒伸展。这条路线同时也是一条思路。虽然，设计有强烈的视觉冲击力，但是周围的城市却没有受到丝毫冲击，反而成为这个半透明机器

203

的精神混响。大都市作为个体和群体记忆的建筑容器，一个充满思想的空缺，如阿瑞兹所言，在这个设计中发挥了催化剂而非步骤性的作用。在现代主义者的"社会凝结体"的环境下，依据边沁式的将日常生活向资产阶级的改良转化的热情，阿瑞兹预见了闪光但破碎的半透明幕墙，它反射着格奥尔格·齐美尔观察到的多重刺激，这些刺激成了大都市"精神生活"的主旨。

这个替代，曾经在现代传统似乎被击败和混乱的时候，从政治上和美学上肯定了城市建筑，同时不只是将建筑类型进行重组。它的策略比结果更重要。阿瑞兹的总结将城市空缺和城市思想提到一个重要位置。城市空缺和城市思想之间的对话是困难的，它基于想法和事物之间的渗透性的信念。因此，事物不再是思想的结果，或思想的简单指代，它们建立在记忆的含糊领域中。这些记忆曾是某种经历，以及与之密不可分的关于经历的记忆。在韦内托（Veneto）的法尔塞蒂（Farsetti）花园的早期设计，建立在关于德·蒂帕尔多（de Tipaldo）的描写和鲁塞尔（Roussel）近期对花园的想象之上。它把文学转化成空间情境，从而为体验，以及为访客对体验的描述，提供了可能条件。在哥伦布世界和半透明城市这两个设计中，尽管它们的描述和引用几乎达到了解剖学般的清晰程度，然而，其最终的构成仍然存在多重解释。建筑创造情境和事件，需要一个虚构的起始点。城市对于事件的逐步积累，挣脱了所有对重新想象的约束。

204

我们或许可以从其他角度理解由阿瑞兹发展起来的自觉过程，将它看作以下两者的综合。其一是建筑师创造的孤单之地；其二是异样之所，或者称作城市里的闹鬼场地。它证实了建筑和其中的体验共源。在这个综合体中，理想化的设计和真实的实现之间的传统对立，被建筑师的设计与源于公众记忆之间的合力所克服。在这样建立起来的不寻常环境中，我们可以想象，阿瑞兹的设计很自然地生长在反映城市记忆的墙和空间组成的不和谐之中。它们来自先前人们的想象，并且置身于这些想象，最终将激起它们自己的想象。在这些城市记忆及其想象中，沿着朱利安·格拉克（Julien Gracq）的足迹，我们或许会在城市里发现，和心里存在的永恒一样的永恒：

> 城市，和我，都在变化着，更新着自己，除去局限，拓展视野，在这样的过程里——有一种形式对所有的未来冲动开放，这是让城市存在于我心中的唯一途径，也是让城市成为它自己的最好方法。因为，城市从未停止过变化。[4]

流浪者建筑

让我们颂扬流浪和流浪主义（Bohemianism）。

——波德莱尔，《我的心戳穿：日记》

（Baudelaire，Mon Coeur mis à nu）

约翰·海杜克（John Hejduk）在最近发表的走访里加（Riga）和海参崴的故事中，以十分不寻常的手法，再次调动了建筑式的动物所组成的部落。这是一个在过去十年逐渐筹划与集合起来的游动的狂欢节，一个看似可以无限扩展的部落。在海杜克必须携同旅行的群体中，有些部分曾在别处出现过——比如，柏林"受难者"中的六十七个作品，曾多次以不同的假面形式呈现。此外，还有海杜克为走访过以及尚待走访的地方所特别设计的新作。亦如他的自述：

> 这个部落陪伴着我游历了一座座城市——去过的，或是没去过的。部落的成员向城市和它的居民，做着自我介绍。一些作品被建造在特定的城市里，并留了下来。另一些则被建造在特定的时间里，然后被拆除，消失。还有一些作品被建造、被拆掉，然后在另一个城市被重建。[1]

或许，我们可以同意杰弗里·基普尼斯①（Jeffrey Kipnis）和大卫·夏皮罗②（David Shapiro）的看法，海杜克的这些调皮的、着意的临时装置，反映了他不愿参与、也不愿认同当代建筑时尚的态度。我们还可以从这些移动装置中洞察到他对于纪念碑式的建筑的批判，以及对于移动建筑和游牧建筑的推崇。这种反纪念碑建筑的态度，在现代主义的悠久传统中不乏支持者——从勒·柯布西耶到巴克明斯特·富勒（Buckminseter Fuller）。正如柯布西耶追随未来主义的预言，现代城市的居民住在帐篷式的住宅里（多米诺住宅）、汽车般的住宅里（雪铁龙住宅），或是更激进的飞机般的住宅里（沃伊津住宅），这些都是机动社会的主旨。对激进的现代主义者而言，住宅的传统模式已经过时了——"用沉重的基础和厚实的墙体牢牢地根植在土地上"，"永恒性的象征"，"人的诞生地"，以及"家的诞生地"。现代主义的特征化，成为保守社会评论的负担。勒杜的球形设

208

①基普尼斯（1951年— ），美国建筑评论家、理论家、设计师、电影制作人、策展人，最初因与艾森曼、德里达的合作，而在建筑界受到关注。——译者注

②夏皮罗（1947年— ），美国诗人、文学评论家、艺术史学家，与海杜克有长达二十多年的合作。——译者注

计或许是最早的把住所从地面连根拔起的例子。从海德格尔到泽德尔迈尔，他们无疑将建筑的“失去中心”归罪于勒杜。

我们可以把海杜克的移动建筑，归于功能乐观主义和现象怀旧主义之间的一种传统。但是，我们却难以对这些相貌古怪的轮子上的人物，进行理性的归类。“受难者”的名单听起来像是伯格森式（Borgesian）的“中国百科全书”。海杜克在《受难者》（Victims）和《海参崴》中表现的移动性，不是简单化的功能主义的移动或半移动建筑，也不是现代移动主义的梦想。

事实上，海杜克的设计鲜明地批判着过去和现在，它们就像催化剂一样激发着对每个作品所在城市的评论。让我们看看《受难者》这个对社会文化进行残暴屠杀的见证。《受难者》的基地据说曾是二战时的酷刑地，如今这块土地将被海杜克的装置“住宅”占据，其中包含“身份证官之宅”和“档案官之宅”，以及他们的办公室——身份证办理和档案厅。这些装置是卡夫卡式的，例如，“给朝向别处的人的房间”从场地汲取了历史文脉。[2]这些引用被整个受难者群体所证实——例如“消失者”、“放逐者”和“死者”。海杜克对这些受压抑的表现没有点明，它们像永恒的见证，像记忆剧场，提醒着人们勿忘那些曾经发生在这块场地和在这些假想的装置里的痛苦过去。这些以简洁明了的故事为背景的装置，将每天新出现的恐惧和对往日暴行的记忆交织在一起，却不能和海德格尔的理论联系起来。

209

海杜克风趣的半类似人形的装置，看上去像格朗维尔（Grandville）的动画，或是像现代版的中世纪马背射击或神迹剧，它们不只是局限于用象征性的语言进行评论。海杜克的戏剧以赫伊津哈的手法对演戏的人进行诠释。这些戏剧是极度严肃的，它们占领着途中的城市，恰如狂欢节一般，颠覆了平常的规律和思想，讥讽和烦扰着等级制度和小丑般的人物。事实上，海杜克的部落也有内在的不安—— 一些装置模拟着引起19世纪社会秩序纷乱的流浪者，像歹徒一样侵扰着城市。它们不像格奥尔格·齐美尔笔下的陌生人，今天来明天走，而是今天来明天还在这儿。如此对离开的反抗使得它们更不为人们所接受。

海杜克把他的作品和诗歌及政治传统联系起来。这些传统在流浪的特征中找到了对社会和法制规范的批判。如人们所知，流浪在现代时期具有双面性：资本主义的社会和法制，给没有财产和住所的人们加上所有可能的罪名；而流浪状态同时又是小资产阶级、没落艺术家，以及反叛诗人们偏爱的角色。“流浪”一词在法语中的复合含义，从“随便停留”转化成轻蔑语和比喻。其轻蔑语的含义是从拉丁语中“vagari”（流浪）一词演变而成的，就像圣·贾斯汀（St. Justinian）概括的“野蛮民族”，他们没有居留权。其比喻意义则是用来形容不羁的和无秩序的人或事物，更有甚者，或可是想象。因此，诗人们渴望不羁的想象力。

正如克里斯汀·罗斯①（Kristin Ross）所证实，在兰波的作品中，诗意的流浪和直白的流浪之间的联系不只是一个比喻。因为诗人兰波竭尽全力地在无政府的情绪下寻找“无止境的行走、休憩、旅行、冒险、游荡和反叛”。在这个意义上，兰波不是浪漫主义的局外人，而是他那一代人中的青少年。罗斯指出，仅1889年就有超过六十万少年流浪者。他将兰波这样的人，描述为残酷的都市中的短命但又不是对社会完全不满的市民。 210
他们就像西奥多·霍姆伯格（Théodore Homberg）定义的那个1880年的阶层，一个游离于威胁和反抗社会之外的阶层，一个没有家、没有正规工作和固定住所的阶层。这个阶层包含在流浪阶级中。[3]流浪者们不是因为他们所犯下的罪行而有罪，而是由于他们的生活方式可能导致在以后犯下罪行。

海杜克认同流浪的传统，他有意识地启动了所有可能的思辨角色，这些角色来自固定的环境和不定的主题之间的矛盾。就像它们模拟的流浪者，海杜克的装置实际上构造了一种局面，这个局面来自于一半随机，一半着意的主体和客体的交汇——对城市无意识的持续挑衅。因此可以说，这些装置继承了探讨导致这个局面的辩证力量的长期传统。其历史渊源，可回溯至从波德莱尔和兰波这样的诗人，到超现实主义者和情境主义者。海杜克反对现代运动晚期对于技术进步的观念，他响应超现实主义，因为超现实主义试图应答现代主义的游牧乌托邦。就像阿拉贡（Aragon）笔下的夜行人，海杜克赋予了他的装置既实际又是想象中的流浪者的姿态—— 一种阅读城市的敏感性。沃尔特·本雅明在描述漫游者的经历时曾提到的“摆卖空间”，现在被海杜克变形为“流浪建筑”，城市也因此变成了自我批判的载体。正如本雅明在《商场项目》（Passagen-Werk）中提到，“源源不断的流浪者难道还没使城市习惯于一种对自身形象的毫无顾忌的诠释？那些通道难道还没变成赌场和游戏场吗？”[4]

1913年，阿波里耐（Apollinaire）在他的反驳宣言《反传统的未来主义》（L’Antitradition Furtureiste）中预期了超现实主义对城市心理地形学的最后贡献。在“建造”这个副标题下，他写道，“壮观的游牧主义探索着城市里的旅行和漫步的艺术。”[5]这些旅程靠近家乡，是城市里的观光。作家们纷纷效仿这样的旅行，从布雷顿到朱利安·格拉克②，从本雅明到弗朗茨·黑塞尔③。他们的旅程被记录在画面中、定格在物件里，一半是他们 211
的设计，一半是梦幻。迈克尔·博茹尔（Michael Beaujour）甚

①译者注：罗斯（1953年— ），美国比较文学教授。——译者注

②格拉克（1910—2007年），法国作家。——译者注

③黑塞尔（1880—1941年），德国作家、翻译家。他与本雅明一起翻译了法国作家普鲁斯特（Marcel Proust）所著的小说《追忆似水年华》（À la recherche du temps perdu）。——译者注

至这样写道："纳嘉这个传说讲述了向一个怪诞城市的远征。它是鬼魂萦绕的巴黎，一点点地展现着魅力，展示它定期的用人作牺牲的仪式，无论它是实景或幻景。"[6]柏林、里加、海参崴就这样被怪诞的装置和它们被压迫的渴望所游历和占据了。

海杜克的装置在城市中游移，它们仿佛被一种令人不安的自动控制所左右，不像游人，而像20世纪50年代晚期和20世纪60年代早期在居伊·德博尔①（Guy Debord）周围的一小群书信主义者和情境主义者，他们闯进了漂泊的实践领域。如德博尔所说，漂泊这一理论包含了机遇的作用和计划中的偶然。走过街道的时间和方式、一群人中漂泊者的确切人数，都引向"和城市社会条件联系的试验行为模式—— 一种迅速通过多变局面的技巧"。[7]这样的游移，时停时行，从记忆和偶然中汲取意义，从随机的人或物的联系中找寻真谛，这是超现实主义的手法。就像亨利·柏格森和莫里斯·阿尔布瓦克斯②的社会心理学，以及雄巴尔·德·劳（Chombart de Lauwe）的衡量城市空间公用化的更科学的方法。为此，德·劳曾在《巴黎的城市聚集》（Paris et L'agglommeration parisienne）中描绘了学生在巴黎的第十六区里一年的行踪。[8]

情境主义者们（situationist）反对柯布式的现代城市复兴，提出了城市心理地图的概念，旨在重新描绘邻里关系，使得人们的心理与巴黎的空间更持续地联系起来。1958年12月，阿卜杜勒哈费德·哈提卜（Abdelhafid Khatib）试图建构对莱斯·哈利（Les Halles）的心理地形的描述。他费力地在地图上记录车辆和行人的轨迹，发现了一个由莱斯·哈利的内在和外在交流所确定的"氛围单元"。[9]这些"地图"为心理地形学这一新"科学"提供了定义和指南："对地理环境的精确效用的研究，不论它是不是有意组织的，对于人们的个体情感具有直接作用。"[10]这样就产生了不同的巴黎城市地图的拼贴，而这些拼贴为研究精神空间提供了资料。

212

这个过程并不消极。它在很大程度上依赖于"建构情境"的可能性这个情境主义者的主要关注点——情境是一个"生活中的瞬间，实实在在地、有意地由单一氛围的群体和事件的群体所建构的瞬间"。[11]情境主义者运用了转向的技巧，替换或重写物件与文本的意义，["转向"这个词经常出现在《情境国际》（Internationale situationniste）杂志的漫画里］从而掀起了反对现代主义建筑和城市的"壮观"文化的狂潮。

吉勒斯·伊万（Gilles Ivain）在他的"新城市主义配方"中抱怨现代城市的贫乏无趣。一种能改变时间空间概念的新建

①德博尔（1931—1994年），法国马克思主义理论家、作家、电影制作人。——译者注

②阿尔布瓦克斯（1877—1945年），法国哲学家、社会学家，因提出"集体记忆"这一概念而著名。——译者注

筑的出现成为必然，这种新建筑是启动知识和行动的途径，是能建构情境的试验建筑。德·基里科①（de Chirico）探讨了时间和空间中的存在和缺席。凡引用了他的观点，召唤了未来建筑师对时间空间的新展望，一种类似建筑里的未来主义，它深藏在象征建筑中借以表达的人们的渴望和精神力量，“最终将以心理分析为建筑服务”。伊万具体概括了反现代的新镇概念：

> 这样的新镇可以是一组随意的酒庄、石窟或湖泊。城市的不同区域反映着人们在一生中偶然遭遇的情感：古怪区、快乐区、特别居住区、智慧儿童的高尚区和悲惨区、历史区（博物馆、学校）、功能区（商店）、险恶区等等，或许还有逝者区——不是在这个区过世，而是在平静中活着。险恶区可以取代过去都市中的空白的不安全地段，这些地段曾象征着生命中的邪恶势力。险恶区不必真有危险存在，诸如那些陷阱、暗牢、矿井，但接近它却是恐怖的（间断的口哨声、警铃声、时而响起的警报声、怪异的雕塑、汽车等），这里夜晚的光线很差，而在白天却灯火通明。在镇的中心是“可怖的汽车区”。市场中一种商品的饱和促成了它的贬值；成人和孩童学会了以一种娱乐的方式体验险恶区，而不是由于生活的烦恼而感到恐惧。镇民们的主要活动是持续漂泊。环境的时刻变化将导致完全的“转向”。[12]

213

建筑师们在试图实现“漂泊建筑”的时候，建筑建构理论中的矛盾性就愈发明显。比如，康斯坦（Constant）的作品吉普赛营地受到赫伊津哈的戏剧模式和朱塞佩·普安-加利齐奥（Giuseppe Point-Gallizio）的研究的影响，远远不如他原先想象的灵活而欢乐的空间。新巴比伦建筑的后续发展不过是技术上乌托邦式的建筑图像派的移动城市。宣告对日常生活的创新，是通过对环境布局的不断改变，以及适应生活的动态发展状况的途径实现的。而对这种创新的需求，必然导致了对于活动建筑的青睐。与固定的建筑一样，活动建筑也有展示全景的倾向。同时，康斯坦对民众在新巴比伦（New Babylon）的经历的描述，似乎更多地呼应了尼采式的迷宫漫游的理想：“人们可以在相互联系的区域里长时间漫游，体验这个迷宫所提供的冒险经历。”[13]在《国际情境主义者》第四期中有这样的描述：康斯坦的“黄色区域”是个游戏场。这里有大量公用大厅，和“迷宫住宅”。里面有许多不规则房间、成角度的楼梯、迷失的角落、开放空间、死胡同，它们都是冒险的场所。其他的空间让感官无忌地嬉戏——聋人屋布满了隔音材料；尖叫屋装点着绚丽的

①基里科（1888—1978年），意大利艺术家。他的作品对超现实主义有重要影响。——译者注

色彩和响亮的声音；此外还有沉思屋、休息屋、心理影响和性欲屋。“在这样的房间里待久了可以清洗大脑。”康斯坦特这样总结道。[14]

这可以是海杜克想象城市的描述，一种反现代的心理地理的情形，但体现了这样一种不同——市民对建筑师的行为试验所作出的精神反应，与装置持续漂泊之间的不同。于海杜克而言，这些装置从城市到城市的戏剧形成了一张横跨欧洲的心理地形网，这个心理地形网在他看来是不容遗忘的。

214

这里，海杜克超越了情形主义者的对舞台场面的迷恋，以及前泛视的含义。他探索了一种新的空间，一种流浪的空间，它与已经停滞的城市空间交叉。这里，我们要引用德勒兹和瓜塔里（Guattari）在《流浪学协定：战争机器》（Traité de nomadologie：La machine de guerre）里，对“国家的空间”和“流浪者的空间”之间区别的探讨。他认为，“国家的空间”是一个停滞的空间，被各种制度特权所划分和关闭的空间；它与游牧主义的流动和无约束形成鲜明对比。在西方的文脉中，前者总是要想方设法将后者加以控制。这样，德勒兹和瓜塔里追溯了数学几何与游牧文化之间的冲突。游牧文化在动态的基础上所形成的多元和无穷，以及持续的变化等。胡塞尔（Husserl）在谈到流浪者几何时对此作过概述。历史上，与之平行的是流浪工作和政府工作之间的区别。与流浪相关联的，是旅行家、陪伴者、流动工人，行会、“乐队”、“身体”；它们总是不易被控制。“流浪乐队”又与“身体游牧”相关联，它一直反抗着资本主义的分隔空间。[15]

因此，我们可以推断一种游牧主义，一种与海杜克的装置的肢体语言以及它们所占领的空间地域相关的游牧主义，它们总是不可能被所在的城市同化。就像部落的游击战，发生在定居乡村之间的空间里；就像吉普赛乐队预知被放逐的新流浪者。这里，在想象中，建筑师旅行家的展望，为诠释一个越来越急待阐释的论点，找到了可能的策略——用迈克尔·叶礼庭（Michael Ignatieff）的话说，即“陌生人的需求。”[16]

透明性

217

众所周知，现代性被透明性的谜团萦绕着——诸如，自我对于自然的透明性、自我对于他人的透明性、个体对社会的透明性，以及所有这些代表人物，从杰里米·边沁到勒·柯布西耶，借助建筑材料的透明、空间的穿插，以及无所不在的空气、光线和流动来赢得透明性。正如西格弗莱德·吉迪恩在1928年的《在法国的鲍恩》（Bauen in Frankreich）所述：

> 柯布西耶设计的住宅不是以空间或形式定义的，而是空气穿过这些住宅！空气成为构成的要素！正因如此，我们不能依据空间或形式，而应该依据它们之间的关系和相互穿插来定义。在这些住宅里，只有一个不可分割的空间，却没有室内和室外的分隔。[1]

沃尔特·本雅明在他的《商场项目》（Passagen-Werk）中引用了以下的这段话。透明性为居住这一古老艺术敲响了丧钟。

> 在这个转折时代，旧意义上以安全为主旨的居住行将消亡。吉迪恩、门德尔松（Mendelssohn）、柯布西耶，为人类建筑了居所，它超越所有想象中的气流和光线充斥的临时空间，它被发现在透明性的标志之下。[2]

在另一层面上，透明性解剖了机器建筑——功能像人体解剖模型一样清晰，墙体藏不住任何秘密，建筑被称为社会道德的缩影。从这个意义上，安德烈·布雷顿批判了海斯曼（Huysman）的赫墨斯主义以及象征主义的内向性。

218

> 我继续生活在我的玻璃房里（ma maison de verre）。在这里，我随时能看见访客，天花和墙上挂的物件像被施了魔法般地悬着。晚上我在玻璃床上歇息，盖着玻璃被单。在这里，真正的我将最终出现，并刻在钻石之上。[3]

如我们所想象，这段话没能使布雷顿与他的现代主义的同时代人同伍。沃尔特·本雅明写道，“住在玻璃房子里具有革命性的优越感，同时也令人陶醉，是一种道德的展示主义，这些都是我们急需的。对自身存在的关注这种亚里士多德式的美德，愈来愈为小资产阶级暴发户所关注。”[4]灵魂玻璃屋的思想意识与人体玻璃屋的思想意识相互平行，相互类似——前者是心理地理意义上的，后者是可呼吸的。这两个主题，为20世纪的哲学理论注入了辩证的活力。难怪马塞尔·杜尚、曼·雷（Man Ray），以及乔治·巴塔耶都偏爱小小的尘埃。巴塔耶曾对于灰尘这样赞美道：

> 说故事的人们没想到，在睡美人醒来的时候，她的身上将盖着厚厚的一层灰尘。他们也没想到恼人的蜘蛛在她的秀发上织的网。无论怎样，忧伤的层层尘埃不断地侵入屋子，沾污着屋子，仿佛阁楼和老房间为鬼魂的到来而备，为在腐臭气味和灰尘中的蛆虫而备。每天清晨，当那些能干的大姑娘举着羽毛尘掸或吸尘器，她们或许知道自己和那些有知识的人没什么区别，因为她们都尽力驱除扰乱清洁和逻辑的邪恶魅影。总有一天，灰尘将战胜掸尘的人们，占领被遗弃的房屋和荒芜的码头，没有什么能把我们从夜晚的恐怖中拯救出来。[5]

玻璃，曾经完全透明，而这时却完全不透明。

的确，在不透明的标准下，现代主义的普遍性，建立在普遍主体的神话之上，但在过去二十五年遭到了攻击。从科林·罗和罗伯特·斯卢茨基（Robert Slutzky）在《透明性：直白的和现象的》（Transparency，Literal and Phenomenal）一文中，从狡黠的批判现代主义的简单化开始，透明性就被政治和心理分析的思辨所怀疑。[6]代替它的是不透明性——直白的和现象的，这成为后现代主义的暗号，它呼吁着根基、传统、地域特征，以及对家居安全的重新找寻。几年前，人们可能已经得出这样的结论，如果居住这个古老的艺术没有复活，那么除了媚俗的模仿之外，透明性已经消亡了。

219

在过去的几年里，就像异样性在21世纪的不断重复出现，我们再次目睹了透明性的复活。这次是好的现代主义，由法国的重点项目所庇护。透明性在巴黎风靡一时，表现在国家图书馆和巴黎世博会的优胜作品中，并重新提出在卢浮宫金字塔的背景下——这座弗朗索瓦·密特朗（François Mitterand）的纪念碑，首次提出的问题。在卢浮宫金字塔中看似很实际的问题——如何使新的纪念碑在历史环境中消隐，其实是一个原则上的问题。在多米尼克·佩罗（Dominique Perrault）图书馆的四本大书的造型中的透明性，以及世博会上的三个方盒子中的透明性，已经存在于密特朗及其政府、项目评委以及建筑师们的意识之中，并且被确定为进步的现代性。因此，透明性被看作后现代返祖现象的对立面。凭借着对20世纪首次出现的先锋派的信念，人们将透明性与现代性联系起来。

一方面，透明性和现代性的关系很容易理解。过去的十年，后现代主义（postmodernism）围绕着假墙和假石料，进行历史学和类型学的探索，因此一直被人们用固有眼光看待——后现代主义只不过是当代的波将金城（the Potemkin City）①。如果后

①比喻看上去给人印象深刻，实际上却毫无重要性。——译者注

现代主义想要被提炼和升华，它必须建立起与新时代精神的联系。在法国，新时代精神仍然被技术专家的“理性”建筑所困扰，从杜兰德（Durand）到维奥莱-勒-杜克（Viollet-le-Duc），到皮埃尔·沙如（Pierre Chareau），再到20世纪60年代蓬皮杜（Centre Pompidou）中心的技术表现主义，以及最近的诺曼·福斯特（Norman Foster）的卡雷住宅边的尼姆（Nîmes）市政厅。 220

直白的透明性自然是非常难以实现的，就连贝聿铭自己也承认。透明性很快转化成不透明——它的对立，或是反射性——它的反转。不论圣-戈班（Saint-Gobain）玻璃厂的研究如何先进，卢浮宫金字塔的玻璃并不比布鲁诺·陶特（Bruno Taut）在1914年设计的玻璃厅更透明。至于图书馆中所宣扬的透明性——图书对读者开敞，图书管理员提出的几个简单问题就很快将这个论点压抑。对透明性的解决方案有这两种：假的透明——在防止图书受日照的墙后面模拟打了光的墙；或者是它的镜像，亦即所谓的反射。

那么为什么要透明性？是为了让巨大的体块、纪念性的形式、城市中大尺度的构筑物消失吗？是因为对纪念性失去信心吗？十分明显的是，这些获选的竞赛作品是从模型中选出来的，没有真正的结构和尺度；抑或是概念模型及世博会中的方盒子形体做成了有机玻璃块。以上问题的结论是，现代建筑的思想体系，不论是作为后现代主义所讨厌的事物，或是作为后现代主义的替代，要想它有成效，就必须是一个被实践的虚构故事。公众纪念性也将面临相同的命运，正如20世纪40年代吉迪恩发问，“新纪念性”是否真的能用现代材料实现。

我们所看到的公众纪念性，即使表现了法国式的厚重，也是奇怪的。它不只是沉默着，而且希望消失得无影无踪。近来纪念性建筑复兴的支柱，或许来自于建筑表现这个困难重重的领域。这个领域无疑与詹尼·瓦提墨（Gianni Vattimo）所归纳的“弱”纪念性或背景纪念性相交织。它还和建筑在确立自身特征的过程中，所自认的角色相交织。正是在创造一个新的和现代的公民的过程中，透明性第一次在建筑中被援引。对通透视觉的房屋的热情，显然与建造一个技术现代性的政府形象相关联，它对抗着与棘手的历史保护问题纠缠不清的城市个性问题［巴黎，希拉克（Paris，Chirac）］。

221 然而，与之并列的状况是，我们开始看清楚一个逐渐明显的综合途径。它不拒绝技术和意识上的现代主义传统，却质疑其前提，承认现代性的效应已经动摇了现代主义“主体”的稳定性。在这个大环境下，雷姆·库哈斯将法国国家图书馆的竞赛方案，设计成为一个显现内在器官的玻璃立方体，同时强调了对于透明性及其复杂性的批判。这里，透明性被视为实体，而非空间。实体内部的体积被挖空，就像阿米巴的悬浮。它们如同影子般地反映在立方体的表面，立体感被平面化、模糊化，相互叠加成非晶体般的复杂密度。透明性就这样变成了半透明，变成了晦涩和模糊。这样，透明性的内在性质是否能转化到它的反转面——反射性，值得怀疑。观众不再迷失在难以表达的空间那些无止境的推理之中，抑或迷失在对自身印象的迷恋之中。尽管观众在一面玻璃或镜子之前——这个外向的表面最多也只是内部空间的二维模仿，观众还是被悬于知识和障碍之间的尴尬状态，被推向难以理解的体验。

在一个层面上，透明性所导致的疏远感与镜像的异样效果十分相似，其具体表现在霍夫曼和莫泊桑这两位作家的写作中。莫泊桑的小说《霍拉》（Le Horla）（1887）是奥托·兰克的《替身》（The Double）的范本。在这本小说中，叙事者总是以为他自己被一个无形的替身跟随，一个他看不见的却住在他房子里的灵魂，喝着他的酒，控制着他的言行思维，这个想法折磨着他。于是，他决意要抓住这个灵魂，经常跑进自己的房间，试图抓住这个自己的替身，并杀了他。一次，他不自觉地突然转身面对一面镜子，后来回忆道，“在镜子里，我看到的不是我自己。镜子里面空空的，很清澈、深远、很亮，但我的影像却不在那儿，尽管我站的地方应该投影像在镜子里。”从上到下地盯着镜子扫视了一阵，他开始害怕了，“我突然发现自己的影像在镜子里，隔着一层雾气，而且雾气好像从左至右地滑动。”他确信看到了自己的替身，于是得了广场恐惧症：将他房间的门窗钉上铁栅栏；在房间里点上火，用来杀死那个自己的替身。最后，他无法忍受总是怀疑没有杀死这个替身的困扰，就自杀了。[7]

222

弗洛伊德注意到了镜像这一主题及其异样的效应；他讲述了这样一段有趣却令人不安的经历。一次，弗洛伊德坐在火车车厢里，火车的颠簸使得车厢的推拉门打开了，“一位上了年纪的绅士身着礼服和便帽走了进来”。弗洛伊德因为这个不寻常的侵入而愤怒地跳了起来，但他却绝望地发现“那个侵入者不是别人，而正是他自己在玻璃中的镜像。我还能记得我是如何不喜欢他的穿着”（U244）。萨拉·考夫曼在解释这段经历时写道：

> 重复就像压迫一样十分平常，它填补着普通的空白并掩盖它。替身并不只是复制事物的存在，而且还补充着存在。这样使得人们在镜子中阅读“不同”、阉割、死亡以及抹去它们的必要。[8]

马哈茂德·萨米–阿里（Mahmoud Sami-Ali）引用了拉康的镜像概念，试图进一步解释异样性和镜像反射之间的关系。他认为接近性，正如弗洛伊德所说，在熟悉和陌生之间制造了对事物的意义深远的变形：将熟悉的事物变得陌生，同时陌生的影像又让人困惑，因为它与其原型如此相似。萨米—阿里空间因为这种体验而转变。如果像弗洛伊德所暗示的，“异样的情感回归到这样的空间组织——空间被简化成内和外，并且内同时也是外”，那么镜像完全符合这样的条件。镜像是一个正常的双眼三维空间，但是被剥夺了深度，于是导致了同一视觉平面上的熟悉影像（直接看到的）和陌生影像（投射到镜子里的）之间的混淆。在镜像中包含着一个被叠加的综合体——主体的反射图像与主体所渴望的形象混为一谈，“同时是自己和另一个自己，熟悉同时陌生。主体自己没有面目，其面目存在于另一个自己的视角中。”[9]

223

虽然在库哈斯设计的图书馆中无可否认地存在着这样的异样性，但我们还需解释这个设计对镜像反射的抵制——同时具有的内向表现和外在反射。我们应该区别以下这些状态：一种是在库哈斯作品中，对异样性这个无法定义的状态的意外表现，它从简单的透明性中迸发出来；另一种是现代主义的反射性，以及“后现代”对同时性和诱惑的表面化游戏。库哈斯既不让我们停留在表面，又不让我们穿透它，却停留在一个焦虑的状态。

这种状态不是近似镜像阶段①，而是镜像反射的那一刻，或是拉康所说的镜像阶段完成的时刻。“当人在镜像中确认了自我的形象，以及对自己的镜像的原始嫉妒的那一刻，镜像阶段就结束了，自我（I）和社会关系构成的情状之间的辩证关系从此开始。”拉康得出这样的结论，对于被疏远和孤立的极度恐慌，出现在当镜子里的自我转化成社会的自我的那一刻，并且概括了一种复杂的社会情形。[10]

当自我转向社会，主体就不再满足于在镜子里寻找灵魂的透明性，而是如拉康的比喻，渴望将自我放置到社会关系里。这样，二维的面相转化成三维的主体空间——社会活动的舞台。亦即，镜子的平面变成了剧院空间。如拉康所说，“镜子是戏剧。”[11]

对此，拉康还摆弄着这样的措辞，“镜像阶段被设计了”，或者是法语中的“生物的发展阶段在剧场上演”：

> 自我（I）意识的形成是以一个稳固的堡垒或竞技场为象征的。从内部的竞技场到外部的围护，再到垃圾和沼泽的外围环境。在两个对峙的角逐领地，主体迷失在寻找高而远的城堡的过程里。城堡的形式（有时并存在同一情形之中）象征着某种骇然的本能。我们同样在精神层面上认识到，对那些稳固城堡的比喻，其实显示了主体自我的种种症状，比如，反转、隔离、复制、取消、替换以及强迫性的神经官能症。[12]

224

在竞技场里，在这个被垃圾场巩固和包围的自我的画面中，存在着维克多·布尔金（Victor Burgin）延承拉康所说的“恐慌空间”。[13]

---

①这里指幼儿心理发育的镜像阶段。——译者注

库哈斯在《癫狂的纽约》中，引用了萨尔瓦多·达利的“恐慌批评法”——拉康关于恐慌理论的前奏。对照库哈斯的分析，我们或许会认为，库哈斯设计的图书馆立面恰恰表明了这些理论。图书馆的所谓恐慌空间，就是由于它的表面被煽动起来的。

拉康在1962年至1963年之间的关于焦虑的讲座中，把焦虑和异样性直接联系起来，他认为焦虑必须通过异样性的结构来建立其理论。焦虑场由异样性作框架，就像异样性自身由一个突然的外观——窗户，作框架。“恐惧、怀疑、异样，所有我们翻译成法语的这个权威性的词‘不寻常’，像从天窗中投射下来，显示出焦虑场。”“突然”和“所有的事件都发生在同一时刻”，这对拉康的异样性的情境十分关键——“在闯进不寻常的一刹那，你会发现这些词”。在某个突然的时刻，就像幕布打开之前“焦虑消失的短暂时刻”，当乐队指挥击三下指挥棒之时，焦虑就有了一个框架。这是一个等待、准备、警觉的时刻。超越这个框架，焦虑却在真正的意义上存在于这个框架之内。这是我们早已知道的，也因此期待着的——“焦虑早已在出现之前就在那儿，靠近屋子，靠近主人”。假如主人突然出现在家门口，既是有准备的又是有敌意的，而且对将要发生在屋子里的事十分陌生。“在这样的框架中，平常被提升了，则可说是一种焦虑的现象。”[14]

225

主体的焦虑与库哈斯设计的表面的柔软空间对峙着，于是表现了基于内外之间的新状况的异样性。功能主义的“内部”像鬼影一样展现在外部，它没有体现主体的外表，而是显示了自身的生物一般的内部。偏执空间变成了恐慌空间，这里所有的界限模糊在一种厚厚的、可触摸的物质之中，它将在不知不觉中，被传统建筑所取代。

注释

导论

1. Ernst Bloch, “A Philosophical View of the Detective Novel” (1965), in The Utopian Function of Art and Literature: Selected Essays, translated by Jack Zipes and Frank Meckelburg (Cambridge, Mass.: MIT Press, 1988), p. 245.

2. Walter Benjamin, *Charles Baudelaire: A Lyric Poet in the Era of High Capitalism*, translateci from the German by Harry Zohn (London: New Left Books, 1973), pp. 128-131: “害怕、厌恶，以及恐惧，是人们首次看到大城市人群时，油然而生的情绪。” (p. 131).

3. Benjamin Constant., *De l’esprit de conquête et de l’usurpation dan, s les rapports avec la civilisation européenne* (1814), in Benjamin Constant, *Oeuvres*, annotated with an introduction by Alfred Roulin (Paris: Bibliothèque de la Pléiade, 1957), p. 984.

4. Karl Marx, *Economic and Philosophic Manuscripts of 1844*, in Karl Marx and Friedrich Engels, *Collected Works*, vol: 3, *Marx and Engels, 1843—1844* (New York: International Publishers, 1975), p. 314. 参阅马克思在同一本书中的论述：“人类向穴居的回归，却被现代文明的浊气所污染。人们实践着这样的回归，没有安全感。洞穴是人类陌生的住所，并有可能随时失去它——虽然一个人无需为住在洞穴里付租金，但随时会被赶出去。人是要为洞穴这个停尸间付出代价的。”(p.307)

5. Sigmund Freud, “The Uncanny” (1919), *in The Standard Edition of the Complete Psychological Works of Sigmund Freud*, 24 vols. (London: Hogarth Press, 1955), 17: 217-252. 本文中所有的引用都来自于这本书的修订再版，并以“U”起头标示：Sigmund Freud, *Art and Literature*, The Pelican Freud Library, vol. 14, edited by Albert Dickson (Harmondsworth: Penguin Books, 1985), pp. 335-376.

6. 参见 Otto Rank，*TheDouble*：*A Psychoanalytic Study*，translated and edited by Harry Tucker，Jr. (Chapel Hill，N.C.：University of North Carolina Press，1971)，首次以短文的形式发表在 "Der Doppelgänger，" *Imago 3* (1914)：97-164.

7. Sigmund Freud，"Thoughts for the Times on War and Death" (1915)，*Standard Edition*，14：271.

8. Georg Lukács，The Theory of the Novel，translated by Anna Bostock (Cambridge，Mass.：MIT Press，1971). p. 41："赋形的形而上的结构，与形式所组成的世界之间的相似性，已被破坏。艺术创作的根本基础已找不到归宿。"

9. Hubert L. Dreyfus，*Being-in-the-World*：*A Commentary on Heidegger's "Being and Time"*，*Division I* (Cambridge，Mass.：MIT Press，1991)，p. 37.

10. 参见：Dreyfus，*Being-in-the-World*："海德格尔后期的论述直接与前期矛盾，前期的侧重是人对无法安定的根本经验，而后期海德格尔力求给予我们一种新的根基牢固的感觉，而这种感觉或许可以用来重温过去以及现时迅速消失的改变着形式的根基感。"(p. 337) 德莱弗斯引用于海德格尔所著的：*Discourse on Thinking* (New York：Harper and Row，1959)，p. 55.

11. Theodor Adorno，*Aesthetic Theory*，translated by C. Lenhardt，edited by Gretel Adorno and Rolf Tiedemann (London and New York：Routledge and Kegan Paul，1984)，p. 262.

12. Adorno，*Aesthetic Theory*，p. 369.

13. Adorno，*Aesthetic Theory*，p. 262.

14. 最近，弗洛伊德关于异样性的论述因其自身的异样失误而在被仔细研究。例如：Helene Cixous，"Fiction and Its Phantoms：A Reading of Freud's *Das Unheimliche*"，*New Literary History 7* (Spring 1976)：525-548 (originally published as "La Fiction et ses fantòmes. Une lecture de l'u*nheimliche* de Freud"，*Poétique* 10 [1972l：lq9-216)；Samuel Weber，"The Sideshow，or：Remarks on a Canny Moment，" *Modern Language Notes* 88 (1973)：I102-1133；Sara Kofman，*The Childhood of Art*：*An Interpretation of*

Freud's Aesthetics, translated by Winifred Woodhull (New York: Columbia University Press, 1988), from *L'Enfance de l'art* (Paris: Payot, 1970); Sarah Kofman, "Le Double e(s)t le diable", *Quatre romans analytiques* (Paris: Galilée, 1973), pp. 135-181; Neil Hertz, "Freud and the Sandman", in Josué V. Harari, ed., *Textual Strategies: Perspectives in Post-Structuralist Criticism* (Ithaca: Cornell University Press, 1979), pp. 296-321; Jacques Derrida, "La Double séance", in *La Dissemination* (Paris: Seuil, 1972), pp. 300-301; Jacques Derrida, "Speculations-On Freud", translated by Ian McLeod, *Oxford Literary Review* 3, no. 2 (1978): 84-85.

15. 15.Jacques Lacan, "L'Angoisse", seminar, 1962—1963, unpublished transcript.

16. "我们会不断地被这些拉回到［对弗洛伊德的《异样性》（Das Unheimluche）的重新阅读］：替身和重复之间的悖论；'想象'和'现实'、'象征'和'被象征'之间界限的消失；对霍夫曼及幻想的引用；对heimlich的双重意义的考虑：'heimlich模棱两可，直到它与自己的对立面unheimlich一致。从某种意义上说，unheimlich是heimlich的一个亚种。'" Jacques Derrida, "La Double seance", p. 249.

17. Jean Baudrillard, *De la séduction* (Paris: Seuil, 1979), p. 91

18. 在众多的评论中，西尔弗曼（Silverman）的提问导致了对视野、盲目崇拜以及男性中的去雄综合征的讨论，为解释弗洛伊德异样学说的空间维度提供了一种方式，以至于最终动摇了传统意义上的外与内、公共和家居的归类。参见：Kaja Silverman, *The Acoustic Mirror: The Female Voice in Psychoanalysis and Cinema* (Bloomington: Indiana University Press, 1988), pp. 17ff.

19. Julia Kristeva, *Etrangers à nous-mêmes* (Paris: Fayard, 1988), P. 277; Michael Ignatieff, *The Needs of Strangers* (Harmondsworth: Penguin Books, 1985); Tzvetan Todorov, *Nous et les autres: la reflexion française sur la diversité humaine* (Paris: Seuil, 1989).

20. Homi K. Bhabha, "DissemiNation: Time, Narrative, and the Margins of the Modern Nation", in Homi K, Bhabha, ed., *Nation and Narration*(London and New York: Routledge,

1990), pp. 319-320, 300.

21. Ernst Bloch, "Building in Empty Spaces" (1959), in *The Utopian. Function of Art and Literature*, pp. 186-199.

22. Jeffrey Mehlman, *Revolution and Repetition*: *Marx/Hugo/Balzac* (Berkeley: University of California Press, 1977), PP. 3-7. 梅尔曼（Mehlman）将他的书的特征总结为"冥想被强迫重复在其最为惊人的程式中的乖僻——'异样性'和'死亡本能'"。(p.3)

第一部分 住宅

不寻常的住宅

1. Edgar Allan Poe, *The Complete Tales and Poems* (New York: The Modern Library, 1938), p. 231.

2. Poe, *The Complete Tales*, p. 233.

3. Poe, *The Complete Tales*, p. 233.

4. Poe, *The Complete Tales*, p. 237.

5. Victor Hugo, *Les Travailleurs de la mer*, in *Oeuvres complètes. Roman* Ⅲ (Paris: Robert Laffont, 1985), pp. 50, 51.

6. Hugo, *Les Travailleurs*, pp. I19, 120.

7. Hugo, *Les TravailLeurs*, p. 51.

8. Poe, *The Complete Tales*, p. 231.

9. Edmund Burke, *A Philosophical Enquiry into the Origin of Our Ideas of the Sublime and Beautiful* (1757), edited with an introduction and notes by James T. Boulton (Notre Dame: University of Notre Dame Press, 1968), pp. 39-40.

10. Burke, *A Philosophical Enquiry*, p. 119.

11. Burke, *A Philosophical Enquiry*, p. 59.

12. G. W. F. Hegel, *Aesthetics*：*Lectures on Fine Art* (1835), 2 vols., translated by T. M Knox (Oxford：Oxford University Press, 1975), 1：243.

13. “Can”来自古英语的“can”或“cann”，也就是现时的“cunnan”，“知道、能够”，与荷兰语的“kunnan”和德语的“können”有关，“知道、谨慎的”，（Canny，cannie），其意义是小心的、精明的、明白的、警惕的，同时也是有技能的、专家的。从这个意义延伸出“有超能力的”、“有法力的”。这样，“uncanny”是神秘的、不熟悉的、可怕的、超自然的奇怪、怪诞的、异常的。“uncanny”和“canny”的关联与unheimlich 和heimlich的关联相同。

14. Ernst Jentsch, “Zur Psychologie des Unheimlichen”, *Psychiatrisch-Neurologische Wochenschrift* 22 (25 August 1906)：195. 文章的第二部分发表在同一期刊vol. 23, September 1, 1906, pp. 203-205. 我深深感激加利福利亚大学戴维斯分校（the University of California，Davis）的珍妮特·特赖贝尔（Jeannette Treiber）翻译了延奇的文章。

15. 弗洛伊德对字典研究的冗长陈述，仿佛在邀请读者加入他的探究，这显然是有安排的。评论家们指出，他的论点是为了早有的定论而小心地建立起来的。但字典的持续节奏，堆砌着分支的意义，就像法律文件一样。由无数圣经的和德语辞源的引用，异样性被确立在文化环境里。这个文化场地在席勒和谢林之后在浪漫主义时代获得了影响力。这些积累起来的一页页的字典，几乎被弗洛伊德逐字逐句地复制。正如埃莱娜·西克苏（Hélène Cixous）指出，这样的复制几乎是异样的。因为，弗洛伊德像桑德斯和格林（Grimm）那样，在异样这个概念周围一次次地着迷地圈点；像福尔摩斯（Holmes）满足华生（Watson）一样，弗洛伊德则首先提供给他的读者大量素材，然后深挖细节——这个细节就是谢林的一个词，它将成为心理分析中的异样性的基本原则。参见：Helene Cixous, “Fiction and Its Phantoms：A Reading of Freud’s Das Unheimliche,” New Literary History 7 (Spring 1976)：525-548. 如西克苏指出，弗洛伊德的文字自身就是一部“理论上的小说”，“一个木偶戏院，其中真的玩偶和假的玩偶、真实的和模拟的生活，都被极好的、同时也是变化无常的舞台导演所操纵”。（p.525）

16. Daniel Sanders, *Wörterbuch der Deutschen Sprache*, 3 vols.

(Leipzig：Otto Wigand 1860)，1：729.

17. Sanders，Worterbuch，1：729.

18. Jacob and Wilhelm Grimm，Deutsches Worterbuch，16 vols. (Leipzig：S. Hirzel，1854—1954)，4：2：874.

19. Sanders，Worterbuch，1：729 quoting from the novelist and playwright Karl Ferdinand Gutzkow (1811—1878).

20. Sanders，Worterbuch，1：729.

21. Sanders，Worterbuch，1：729.

22. Friedrich Wilhelm Joseph Schelling，Philosophie der Mythologie，2 vols. (Darmstadt Wissenschafdiche Buchgesellschaft，1966)，2：649. Translation by Eric Randolf Miller.

23. Schelling，Phitosophie der Mythologie，2：649.

24. 埃伊那（Aegina）庙山墙上的雕刻是谢林的美学异样性的例证，在他事业的早期已有大概轮廓，后来又被再度推敲。这些雕塑已是在慕尼黑的利奥·冯·克伦策（Leo von Klenze）雕塑馆的中心。于谢林而言，这些半原始、半现代的雕塑代表了西方艺术一个特殊的发展阶段。

25. 1816年1月26日，柏林皇家剧院主持导演——卡尔·瑞克斯康特·冯·布吕尔（Carl Reichscount von Brühl）写了这样一封信，霍夫曼从中洞察到，没人比申克尔（Schinkel）更为适合的了，他在剧目《水女神》的舞台布景中“将浪漫表现得淋漓尽致”。早先，霍夫曼表达过这样一个意愿，他希望“唤起申克尔对《水女神》这个故事的兴趣”。霍夫曼说，“我特别希望他能为我建一座壮丽的、真实的、哥特式的墓”。参见：*Selected Letters of E. T. A. Hoffmann*，edited and translated by J. C. Sahlin (Chicago：University of Chicago Press，1977)，pp. 254-256. 那幕用了申克尔的舞台布景的“重要歌剧”的首演是在1816年8月3日。

26. E. T. A. Hoffmann，*Der Sandmann. Das öde Haus* (Stuttgart：Philipp Reclam，1969) pp. 46-47. The house existed at 9，Unter den Linden in Berlin.

27. E. T. A. Hoffmann, "Rat Krespel", in *Die Serapionsbrüder*, *Poetische Werke*, 6 vols.(Berlin: Aufbau-Verlag, 1958), 4: 32-56. Quotations are from "Counallor Krespel", translated by L. J. Kent and E. C. Knight, in E. T. A. Hoffmann, *Tales*, edited by Victor Lange (New York: Continuum, 1982), pp. 80-100 and will be cited in the text as "K" .

28. Schelling, *The Philosophy of Art*, edited, translated, and introduced by Douglas WStott (Minneapolis: University of Minnesota Press, 1989), p. 177.

29. Goethe, *Maximen und Reflexionen*, in *Werke* (Hamburger Ausgabe), vol. 12 (1953), p. 474.

30. Goethe, *Maximen und Refltxionen*, p. 474. 歌德用谢林提出的"凝固的音乐"替代了"沉默的音乐"。

31. E. T. A. Hoffmann, "The Sandman", *in Tales*, pp. 277-308. 所有关于这个故事的引用都源于此版本，并以"S"标示。

32. Jacques Lacan, *The Four Fundamental Concepts of Psychoanalysis*, edited by Jacques-Alain Miller and translated from the French by Alan Sheridan (New York: W. W.Norton, 1978), pp. 102-103.

33. Maria Tatar, *Spellbound: Studies on Mesmerism and Literature* (Princeton: Princeton University Press, 1978), p. 126.

34. Hoffmann, "Der unheimliche Gast", in *Die Serapionsbrüder*, 7: 103-153.

35. Thomas De Quincey, *Confessions of an English opium Eater* (Harmondsworth: Pen-guin Books, 1971), p. 93.

36. 对皮拉内西的蚀刻画《卡瑟利》最完全的评论要数卢齐厄斯·凯勒（Luzius Keller）的Piranèse et les romantiques français, le mythe des escaliers enspriale (Paria: Libraire José Corti, 1966)。凯勒概括了关于皮拉内西的一系列的幻想作品：诸如德·昆西、阿尔弗雷德·德·缪塞（Alfred de Musset）、查尔斯·诺迪埃、泰奥菲勒·戈蒂埃。与此同时，凯勒还追溯了他们对巴尔扎克、雨果、波德莱尔、马拉美的影响。这种神秘运动的现代主义的继承者是谢尔盖·艾森斯坦（Sergei Eisenstein）。关于《卡瑟利》的评论参见：Manfredo Tafuri, *The sphere and the Labyrinth* (Cambridge, Mass.: MIT Press, 1988)。

37. 参见：Mario Praz, "Introductory Essay" to *Three Gothic Novels*, edited by Peter Fair- clough（Harmondsworth: Penguin Books, 1968），费尔克拉夫（Fairclough）注意到《卡瑟利》对霍勒斯·沃波尔（Horace Walpole）《奥特朗托海峡的城堡》（The Castle of Otranto, 1765）、威廉·贝克福德（William Beckford）《梦》（Dreams）、《行走的想法和事件》（Walking Thoughts and Incidents, 1783）都有影响，并在更普遍的意义上，对革命时代（Revolutionary period）的文学有影响。普拉兹(Praz)引用了关于这种派生关系的两个经典研究：Jorgen Andersen, "Giant Dreams, Piranesi's Influence in England," English Miscellany 3 (Rome, 1952), and Luzius Keller, *Piranèse et les romantiques français* (cited above).

38. Thomas De Quincey, *Confessions of an English Opium Eater*, pp. 105-106.

39. Arden Reed, "Abysmal Influence: Baudelaire, Coleridge, De Quincey, Piranesi, Wordsworth", *Glyph* 4 (1978): 189-206.

40. Jacques Derrida, "Speculations-On Freud", translated by Ian McLeod, *Oxford Literary Review* 3, no. 2 (1978): 78-97.

41. Charles Nodier, "Piranèse, contes psychologiques, à propos de la monomanie Réflective", in *Oeuvres complètes de Charees Nodier*, 12 vols. (Paris: Eugène Renduel, 1832—1837), 11: 167-204. 关于诺迪埃的图书馆的传统主题，参见：Didier Barrière, *Nodier l'homme du livre* (Bassac, Charente: Plein Chant, 1989).

42. Nodier, "Piranèse", pp. 188-189（我的重点）。以下的引文同样来源于这个故事。

43. Nodier, "Piranèse", p. 193. 诺迪埃在关于德·昆西的冗长阐述后，独到地说，"我所谈到的那些画或许被很多人描述过，但它们都是皮拉内西画的"。（p.193）

44. Nodier, "Piranese," pp. 194-200.

45. 诺迪埃的挣扎是一个图书管理员在疯狂的爱书症和恐书症之间的挣扎。而恐书症是来自他对在印刷时代从不间断的印刷的憎恨。参见他的短小说："Le Bibliomane," Oeuvres, 11：25-49. 另一方面，诺迪埃无疑发现了这个最为平常（heimlich）的地方，一个平静地学习和安详的隐匿处。诺迪埃的剖析标志了一个几乎是神圣的领域。这些剖析是从在惊恐时期写的"Mes rêveries"的文学乌托邦，到三十多年之后马克西姆（Maxime）在"L'Amour et le grimoire"中的图书馆（参见：Barrière, Nodier, pp.28-31)。不论是在旧城堡里，还是在特别建造的房屋里，这座图书馆是由其建筑所构成的："整座房子由一个长方形的狭长房间组成，由东、西两端有尖顶的窗户照明，并朝向南面花园开敞。花园虽小，但设计得很好。"［Nodier, "L'Amour et le grimoire," Contes（Paris：Garnier, 1961）, p.530］在长方形的房间中间，是一个长条桌。它重复着房间的平面，并在周边留下了流通空间。墙上，除了皮书背，没有其他东西。房间与花园的接近表现了书与自然这本大书之间的关系，而房间本身是一本无穷无尽的字典。仿佛期待着亨利·拉布鲁斯特（Henri Labrouste）的圣·吉纳维芙图书馆（Bibliothèque Sainte-Geneviève）的形式，建筑的首层模仿着哲学家的花园。诺迪埃小心地营造了一个范围。其中的英雄们或许会不理睬剧院这个无足轻重的圈子，以此拒绝社会的"面具"，却在自己的图书馆里"沉思"。另一方面，与那些藏书者的庇护所井井有条的状况相反，图书馆的实质就像巴别塔（Babel) 一样混乱。

46. Michael Riffaterre, "Hermeneutic Models", *Poetics Today* 4, no. 1 (1983)：7-16.

47. Arthur Rimbaud, "Veillées [*Illuminations*]", in *Oeuvres*, edited by S. Bernard and André Guyaux (Paris：Classiques Garnier, 1987), pp. 281-282, my translation.

48. Herman Melville, "I and My Chimney", in *Pierre*, *Israel Potter*, *The Confidence-Man*, *Tales and Billy Budd* (New York：The Library of America, 1984). pp. 1298-1327.

49. See, for example, V. H. Litman, "The Cottage and the Temple：Melville's Symbolic Use of Architecture", *American*, *Quarterly* 2 (1969)：638ff.

50. Melville, "I and My Chimney", p. 1311.

活埋

1. Wilhelm Jensen, *Gradiva*: *A Pompeiian Fancy* (1903), translated by Helen M. Downey, quoted in Sigmund Freud, *Delusion and Dream*, edited by Philip Rieff (Boston: The Beacon Press, 1956), PP. 175-176, 唐尼 (Downey) 翻译的《格拉迪娃》(Gradiva) 于1917年首次出版。

2. Baron Taylor, letter to Charles Nodier, "Sur les villes de Pompéi et d'Herculanum", in François-René de Chateaubriand, *Oeuvres romanesques et voyages*, vol. 9 (Paris: Bib-Iiothèque de la Pléiade, 1969), p. 1505.

3. Chateaubriand, *Oeuvres romanesques et voyages*, 2: 1475.

4. Gustave Flaubert, *Correspondance*, *I*, *1830—1851* (Paris: Gallimard, 1973), 773。给路易斯・布耶（Louis Bouilhet）的信："可怜的家伙，我在庞贝的时候好想念你啊！我从树立着阳物像的妓院门前采来花朵送给你。在这座房子里比别处有更多的花朵。远古时代的精液落在地上，或许使土地更肥沃。"

5. Chateaubriand, *Oeuvres romanesques et voyages*, 2: 1783, 1472; Gérard de Nerval, *Oeuvres*, 2 vols. (Paris: Bibliothèque de la Pléiade, 1952), 1: 1175.

6. Théophile Gautier, "Arria Marcella, souvenir de Pompéi", in *Récits fantastiques* (Paris: Flammarion, 1981), p. 246.

7. Gautier, "Arria Marcella", pp. 240ff.

8. Schelling, *Philosophie der Mythologie*, 2: 653.

9. Chateaubriand, *Oeuvres romanesques et voyages*, 2: 1474.

10. Friedrich Schlegel, *Athenaeum*, fragment 206, quoted in Philippe Lacoue-Labarthe and Jean-Luc Nancy, L'A*bsolu littéraire* (Paris: Seuil, 1978), pp. 126, 101.

11. Gautier, "Arria Marcella", pp. 237-238.

12. Gautier, "Arria Marcella", p. 253.

13. Gautier, "Jettatura", in *Récits fantastiques*, p. 379.

14. Gautier, "Arria Marcella", p. 243.

15. Gautier, "Arria Marcella", p. 245.

16. Freud, "Delusions and Dreams in Jensen's Gradiva", *Standard Edition* 9：1~95 corrected reprint in *Art and Literature*, pp. 33-118.

17. Freud, *The Interpretation of Dreams*, *Standard Edition* 5：452.

18. Freud, *The Interpretation of Dreams*, p. 454.

19. Freud, *The Future of an Illusion*, *Standard Edition* 21：17.

乡愁

1. Walter Pater, "The Child in the House" (1878), in Harold Bloom, ed., *Selected Writings of Walter Pater* (New York：Columbia University Press, 1974), pp. 1-16.

2. 乔治・巴塔伊在他所著的"Historire de l'oeil"注意到那个马塞尔住的令人精神错乱的庇护所，是个闹鬼的庄园。这是一种由于发音中的省音和"maison de santé"、"château"这两个词的关联而产生的一种感觉。所以他误以为"那个在寂静的大宅院里出现的精神病人是鬼影"。他同时还惊讶于这样的感受：当走近这座不详的宅院的时候，感觉像是回到了自己的家。"j'allais chez moi"给了他可以舒适地生病的感觉。Oeuvres complètes, 9 vols. (Paris：Gallimard, 1970), 1：41.

3. Walter Pater, "Winckelmann" (1867), in *The Renaissance*：*Studies in Art and Poetry* (London：Macmillan, I873), pp. 177, 178, 220, 190, 213.

4. Pater, conclusion to *The Renaissance* (omitted in the second edition), p. 236.

5. Pater, "Winckelmann", p. 227.

6. Pater, "Winckelmann", pp. 230, 210, 210-211, 230, 209.

7. Pater, “Winckelmann”, p. 226.

8. Walter Pater, *Marius the Epicurean*, edited with an introduction and notes by Michael Levey (London: Penguin Books, 1985), p. 218.

9. Pater, *Marius the Epicurean*, pp. 233, 228.

怀旧

1. Gaston Bachelard, *La Terre et les rêveries du repos* (Paris: Librairie josé Corti, 1948), pp. 6, 95, 96. The first volume of this study was *La Terre et les rêveries de la volonté* (Paris: Librairie José Corti, 1948).

2. Theodor Adorno, *Minima Moralia: Reflections from Damaged Life*, translated from the German by E. F. N.Jephcott (London: Verso, 1974), p. 38.

3. Paul Claudel, *Oiseau noir dans le soleil levant*, quoted in Gaston Bachelard, *La Poétique de l'espace* (Paris: Presses Universitaires de France, 1957), p. 42.

4. Vladimir Jankélévitch, *L'Irréversible et la nostalgie* (Paris: Flammarion, 1983), pp 346ff.

第二部分　身体

被肢解的建筑

本章深受这本书籍的启发：

Elaine Scarry's *The Body in Pain: The Making and Unmaking of the World*（New York: Oxford University Press, 1985）.

1. 这个为建筑所设的三阶段模型，也可以被看成是体现外界典型的、非时间的模型。伊莱恩・斯开瑞（Elaine Scarry）认为这是日渐扩大的精神存在论。以椅子为例：作为身体的一部分，椅子模拟着脊柱（就像德・昆西著名的对类型这一概念的形成的讨论）；作为物理特征的投影，椅子模仿着身体的重量；作为渴望的容器以期待不适的终结，椅子最终是对整体意识的仿效。三个阶段中的每一个都逐渐地深化到身体里去：

   将身体理解成组成部分、形状和机制，也就是从外部理解它：虽然身体有自身的泵和镜头，但“泵性”和“镜头性”并不是有感情存在的体验。相反，如果将身体理解成功能和需要（不是“镜头”而是“观看，”不是“泵”而是“一颗跳动的心，”或者更直接的“渴望”和“恐惧”），则是更深入地指向了体验的内在。最后，将身体理解成“生命力”，或“意识到的生命力”，则终于是存在于有感情的体验里。Scarry, *The Body in Pain*, pp. 285-286.

2. 关于这种传统的简明论述，参见：Françoise Choay，“La Ville et le domaine bâti comme corps”，*Nouvetle Revue de Psychanalyse* 9 (Spring 1974)：239-252.

3. Burke, *A Philosophical Enquiry*, p. 100.

4. Heinrich Wölfflin, *Renaissance and Baroque*, trans. K. Simon, intro. Peter Murray (Ithaca：Cornell University Press, 1966), p. 77.

5. Wölfflin, *Renaissance and Baroque*, pp. 78-87.

6. Coop Himmelblau, *Die Faszination der Stadt. The Power of the City*, with a foreword by Frank Weiner (Darmstadt and London, 1988), pp. 95, 72; the latter from “In the Beginning Was the City” (1968).

7. Coop Himmelblau, *Die Faszination der Stadt*, p. 14.

8. Coop Himmelblau, *Die Faszination der Stadi*, p. 93.

9. Coop Himmelblau, *Architecture Is Now：Projects, (Un) buildings, Statements, Sketches, Commentaries, 1968—1983* (New York：Rizzoli International, 1983), p. 106.

10. Jacques Lacan, *Ecrits：A Selection*, translated from the French by Alan Sheridan (New York：W. W. Norton, 1977), pp. 4-5.

11. Roland Barthes, *A Lover's Discourse：Fragments*, translated by Richard Howard (New York：Hill and Wang, 1978), p. 71.

12. Roland Barthes, S/Z, translated by Richard Miller, preface by Richard Howard (New York：Hill and Wang, 1974), p. 112.

13. Coop Himmelblau, *Architecture Is Now*, p. 1I.

14. Coop Himmelblau, *Architecture Is Now*, p. 73.

15. Jean-Paul Sartre, *Being and Nothingness*, translated with an introduction by Hazel E. Barnes (New York: Philosophical Library, 1956), pp. 323-325.

失面

1. Colin Rowe, "James Stirling: A Highly Personal and Very Disjointed Memoir", in *James Stirling: Buildings and Projects*, compiled and edited by Peter Arnell and Ted Bickford (New York: Rizzoli Publications, 1984), pp. 22-23.

2. Wölfflin, *Renaissance and Baroque*, p. 77; Geoffrey Scott, *The Architecture of Humanism* (1914; New York: W. W. Norton, 1974), p. 177.

3. Scott, *Architecture of Humanism*, p. 159

4. 学界对建筑外貌学还没有综合研究。简短的概述可参见维德勒所著的: *The Writing of the Walls: Architectural Theory in the Late Enlightenment* (Princeton: Princeton Architectural Press, 1987), pp. 118ff.

5. Georg Simmel, "The Aesthetic Significance of the Face" ["Die ästhetische Bedeutung des Gesichts", 1901], translated by Lore Ferguson in *Georg Simmel, 1858—1918*, edited by Kurt H. Wolff (Columbus: Ohio State University Press, 1959), pp. 276-281.

6. Simmel, "The Aesthetic Significance of the Face", pp. 278, 280.

7. Simmel, "The Aesthetic Significance of the Face", p. 281.

8. Charles-Edouard Jeanneret (Le Corbusier), "La Construction des villes", unpublished manuscript, c. 1910, quoted in H. Allen Brooks, "Jeanneret and Sitte: Le Corbusier's Earliest Ideas on Urban Design", in Helen Searing, ed., In Search of Modern Architecture: A Tribute to Henry-Russell Hitchcock (New York: The Architectural History Foundation and MIT Press, 1982), p. 286.

9. Colin Rowe, "La Tourette: " in *The Mathematics of the Ideal*

Villa and Other Essays (Cambridge, Mass.: MIT Press, 1976), pp. 186-200.

10. Colin Rowe, "The Mathematics of the Ideal Villa", in *The Mathematics of the Ideal Villa*, p. 16.

11. Sigfried Giedion, *Architecture*, *You and Me* (Cambridge, Harvard University Press 1958), p. 29.

12. 在由梅隆基金会赞助的博士研讨会上的发言，普里斯顿大学建筑系，1988年春。

13. Theodor Adorno, "Valéry Proust Museum," in *Prisms*, translated by Samuel and Shierry Weber (Cambridge: MIT Press, 1981), p. 175.

14. Arnold Gehlen, "über kulturelle Kristallisation", in *Studien zur Anthropologie* (Neu-wied, 1963), p. 321, quoted in Jürgen Habermas, *The Philosophical Discourse of Modernity*, translated by Frederick Lawrence (Cambridge: MIT Press, 1987), p. 3.

15. Georges Bataille, "Musée", Documents, 5 (1930): 300; reprinted in *Oeuvres* complètes, 1: 239.

诡计 / 踪迹

1. Bernard Tschumi, "Disjunctions", in *Perspecta* 23 (1987): 116.

2. Roland Barthes, "From Work to Text", in *The Rustle of Language*, translated by Richard Howard (Berkeley: University of California Press, 1989), pp. 56-64; the essay was first published in the *Revue d'esthétique* (1971).

3. Bernard Tschumi, *The Manhattan Transcripts* (London: Academy Editions, 1981).

4. David Carroll, *Paraesthetics*: *Foucault*, *Lyotard*, *Derrida* (New York: Methuen, 1987) p. xiv.

5. Gilles Deleuze, L'Image-temps (Paris: Minuit, 1985), p. 27.

1. 黑格尔将起源作为问题是需要对自身进行分析的。他致力于肢解古典理论的机构，推崇对建筑工程的哲学概念化。参见：
   Jacques Derrida, "The Pit and the Pyramid: Introduction to Hegel's Semiology", in *Margins of Philosophy*, translated with additional notes by Alan Bass (Chicago: Chicago University Press, 1982), and the evocative essay by Paul de Man, "Sign and Symbol in Hegel's 'Aesthetics' ",Critical In quiry 8 (1982): 761-765.

2. G. W. F. Hegel, *Aesthetics: Lectures on Fine Art*, 2 vols., translated by T. M. Knox (Oxford: Oxford University Press, 1975), 2: 630. This edition will be cited in the text as "HA" .

3. See Peter D. Eisenman, *Fin d'Ou T Hou S*, with introductory essays by Nina Hofer and Jeffrey Kipnis (London: Architectural Association, 1985).

4. See, for example, Eisenman, "Misreading Peter Eisenman", in *Houses of Cards* (New York, Rizzoli International, 1987).

5. Neil Hertz, *The End of the Line: Essays on Psychoanalysis and the Sublime* (New York Columbia University Press, 1985), pp. 217-239.

6. 被肯尼思・伯克引用：The Philosophy of Literary Form: Studies in Symbolic Action, 3d ed., revised (Berkeley: University of California Press, 1973), pp. 84-89. 伯克在描述罗伯特・潘・沃伦（Robert Penn Warren）的小说《夜骑》(Night Rider）时写道，"在某点上……成熟的过程被比喻为剥去洋葱的一层层皮，完美地暗示了一种内省，指向一个不存在的核心。这正是我所说的典型的'穷途末路'式的情节"。(p.84)

7. 在《文学形式的哲学》中，伯克预示了"文字的末端"这个模式，他说："我们应该注意到一种在'一行的最后'的'序列'特性——就像'证人的证人'，就像在'白昼'公司之中的'夜晚'公司（在经济的范畴中，由类似的发展由'内部的人'控制，从操作公司到掌握公司）。或许我们可以从科尔里奇（Coleridge）的'雪堆上的一片雪花'中看到类似的情形。在《白鲸》（Moby Dick）中十分有效的一段预言性地揭示了以实玛利（Ishmael）旅程的特征：在走过了'大片的黑暗'之后，他进入了一扇门，但被一个装灰的盒子畔了一下。继续往里走，他来到一个黑人教堂，'牧师的文字是关于黑人的黑人性'。"（p.88)

8. 另一个浪漫主义作家维克托·雨果在几乎是黑格尔的同时期得出相似结论。这绝对不是巧合。

9. Emile Zola, *Correspondance* (1858—1871) (Paris: Editions de Bernouard, 1928), p 250.

10. Marcel Duchamp, *The Writings of Marcel Duchamp*, edited by Michel Sanouillet and Elmer Peterson (New York: Da Capo, 1989), p. 26.

11. P. D. Eisenman, *Moving Arrows, Eros and Other Errors* (London: The Architectural Association, 1986). 在威尼斯嵌板的展览中，建筑联盟遵循了透明的逻辑，将这些嵌板装在了窗子上，眺望贝德福德广场。

12. Jacques Lacan, *The Four Fundamental Concepts of Psychoanalysis*, edited by Jacques-Alain Miller, translated by Alan Sheridan (New York: Norton, 1978), P. 97.

13. 这些白空间被一针见血地指代为"节点"或者"Knotenpünkte"，"着迷的（或闹鬼的）固定点"，参见查尔斯·莫龙（Charles Mauron）Introduction à la psychanalyse de Mallaremé (Neuchatel, 1950) 他继续将这一强调与另一种低层次的强调联系起来。他写道："在罗马式的教堂下，我们不会因为发现一个有建筑价值的地下密室而惊奇"（Paris, 1964）。杰弗里·梅尔曼的观察与肯尼思·伯克的l'ecclesia super cloacam (The Philosophy of Literary Form, p. 259) 的文学形象相一致。参见梅尔曼"Entre psychanalyse et psychocritique," Poétique 3 (1970)。关于隐蔽的思考将在本章后半部分加以讨论。

14. Jacques Derrida, "Freud and the Scene of Writing", in *Writing and Difference*, translated with an introduction and notes by Alan Bass (Chicago: Chicago University Press, 1978), p. 227.

15. Derrida, "Freud and the Scene of Writing", p. 230.

16. Philippe Sollers, Nombres (Paris: Seuil, 1968), p. 22.

17. 或许，我们可以在这个极端的时刻，与罗密欧朱丽叶《运动中的箭、性欲、和其他的错误》(Moving Arrows, Eros and Other Errors) 联系起来。1986年伦敦建筑联盟盒装 (the Architectural Association, London, 1986)。

18. 以弗所的色诺芬，见Ephesiaca, Book III, V.8。在这个故事中，安西亚被佩瑞拉斯从强盗手中救出，为了保护她最先的婚姻。他想从医生那找毒药，但幸运的是找到的只是安眠药。类似的药的双重性在以下的文学作品中也出现过：马苏科 (Masucao) 所著的 Il Novellino (1476)，路易吉·达·波尔图 (Luigi da Porto) 所著的Istoria novettamente ritrovata di due Nibili Amanti (c. 1530)，班戴洛 (Bandello) 所著的Le Novelle (1554)，以及阿瑟·布鲁克 (Arthur Brooke) 所著的The tragicall Historye of Romeus and Jutiet (1562)。其中布鲁克 (Brooke) 的文字来源于皮埃尔·布瓦托 (Pierre Boiastuau) 翻译的班戴洛 (Bandello) 所著的Histoires tragiques extraictes des oeuvres italiens de Bandel (Paris, 1559)，这部作品奠定了莎士比亚 (Shakespeare) 的戏剧的基础。所有这些故事中的地下密室的特殊作用可以结合肯尼思·伯克 (Kenneth Burke) 提出的每个教堂下的阴沟相联系(参见注释14)。

19. 参见：Benoit B. Mandelbrot, *Fractals: Form, Chance, and Dimension* (San Francisco: W. H. Freeman, 1977).

20. Duchamp, *Writings of Marcel Duchamp*, p. 79.

21. See Mandelbrot, *Fractals*, p. 87, on the "Random Walk".

22. Jacques Derrida, *Margins of Philosophy*, translated by Alan Bass (Chicago: University of Chicago Press, 1982), p. 86.

23. Lewis Mumford, "Monumentalism, Symbolism and Style", *Architectural Review* (April 1949), 179, quoted in Sigfried Giedion, *Architecture, You and Me* (Cambridge, Mass.: Harvard University Press, 1958), p. 23.

24. Kurt W. Forster, "Traces and Treason of a Tradition: A Critical Commentary on Graves, and Eisenman/Robertson's Projects for the Ohio State University Center for the Visual

Arts", *A Center for the Visual Arts*: *The Ohio State University Competition*, (New York: Rizzoli International, 1984), P. 135.

25. Sigfried Giedion, J. L. Sert, and F. Léger", Nine Points on Monumentality" (1943), in Giedion, *Architecture*, *You and Me*, p. 48.

26. Georges Bataille, "Architecture", in *Oeuvres complètes* (Paris: Gallimard, 1970) 1: 171, first published in *Documents* 2 (May 1929): 117.

27. Rosalind E. Krauss, "Grids", in *The Originality of the Avant-Garde and Other Modernist Myths* (Cambridge: MIT Press, 1985), p. 10.

28. Krauss, "Grids", pp. 18-19.

29. Krauss, "Grids", p. 17.

30. Krauss, "Grids", p. 18.

31. Jacques Lacan, "Ecrits inspirés: Schizographie" (1931), in *De la psychose paranoïque dans ses rapports avec la personnalité* (Paris: Seuil, 1975), pp. 365-382.

32. Lacan, "Ecrits inspirés", p. 379.

33. Georges Bataille, "Informe", in *Oeuvres complètes*, 1: 217.

34. Bataille, "Architecture", 172.

半机械人的家

1. Walter Benjamin, *Das Passagen-Werk*, in *Gesammelte Schriften* vol. 5 (Frankfurt Suhrkamp, 1982), p. 513.

2. Donna Haraway, "A Manifesto for Cyborgs: Science, Technology, and Socialist Feminism in the 1980s", in *Coming to Terms*: *Feminism*, *Theory*, *Politics*, edited by Elizabeth Weed (New York: Routledge, 1989), pp. 174, 176. (First published in Socialist Review, no. 80, 1985).

3. See Alice Jardine, “Of Bodies and Technologies”, in *Discussions in Contemporary Culture*, no. 1, edited by Hal Foster (Seattle: The Bay Press for The Dia Art Foundation, 1987), pp. 151-158.

4. Haraway, “Manifesto for Cyborgs”, p.176.

5. Leonora Carrington, *The House of Fear Notes from Down Below*, introduction to the English edition by Marina Warner (New York: E. P. Dutton, 1988), p. 2.

6. Carrington, *House of Fear*, p. 72.

7. Carrington, *House of Fear*, pp. 42, 134, 135.

8. Le Corbusier, “Louis Soutter. L'inconnu de la soixantaine”, *Minotaure* 9 (October 1936): 62.

9. Walter Benjamin, *Passagen-Werk*, p. 573.

10. Tristan Tzara, “D'un certain automarisme du Goùt”, *Minotaure* 3-4 (December 1933): 84.

11. Tristan Tzara, “D'un certain automatisme du Goùt”, p. 84

12. 弗洛伊德对子宫内的存在的异样渴望的解释，是从他对《狼人》（“Wolf Man”）的分析演化来的。《狼人》在1914—1915年的冬天写成，于1918年发表在《来自婴儿恐惧症的历史》（“From the History of an Infantile Neurosis”）标题之下（Collected Papers, vol. 3, translated by Alix and James Strachey [New York, 1959]）。弗洛伊德写道，狼人的抱怨是，“对他而言这个世界被面纱所掩盖”，这层面纱只能从内部撕裂。但这层面纱也是异样性的发生器：“他没有隐藏在面纱背后。面纱变成一种微光的感觉，一种黑暗，变成其他不可捉摸的事物。”在他的论述中，这层面纱越来越清晰地成为对出生时的胎膜环境的反映（Glückshaube，或“幸运罩”）。直到遭遇去雄恐惧的进攻，他一直认为自己是个“幸运儿”。
那层胎膜曾经将他从世界中隔开，也将世界从他身边隔开。他所抱怨的实际是一个实现了的幻想：它向他展示了回到子宫里的感觉，同时也是从世界飞离的幻想。可以这样翻译：“生活让我如此不快！我必须回到子宫里！”（Collected

Papers，3：580-581）
这样，弗洛伊德解释了肠运动的特殊功能——撕裂那层面纱，促成一种“重生”。狼人所幻觉的树林中的狼，被弗洛伊德解释成狼人父母的性交。撕裂那层面纱也相类似于睁开双眼，因此也类似于打开窗户。对子宫的幻想与他对父亲的依恋相关，这暗示了他渴望进入母亲的子宫，并且在性交的时候代替她，代替父亲占据她的位置。弗洛伊德得意地得出结论，“两种乱伦的渴望就这样合并了”。正如内德·勒卡舍尔（Ned Lukacher）所说，弗洛伊德“希望讲述一个在当下之前的故事，以及早已被遗忘的故事”。(Ned Lukacher，Primal Scenes：Literature，Philosophy，Psychoanalysis [Ithaca：Cornell University Press，1986]，pp. 36-37.)

13. Matta Echaurren，“Mathématique sensible-Architecture du temps” (adaptation by Georges Hugnet)，*Minotaure* 11 (1938)：43.

14. Cited by Dalibor Veseley in “Surrealism and Architecture”，*Architectural Design* 48，nos. 2-3 (1978)：94.

15. Salvador Dalí，“De la beauté terrifiante et comestible，de l’archirecture modern’style，” *Minotaure* 3-4 (December 1933)：72.

16. Dalí，“De la beauté terrifiante et comestible”，p. 73.

17. Le Corbusier，*The Decorative Art of Today*，translated and introduced by James I. Dunnett (Cambridge，Mass.：MIT Press，1987)，p. 72.

18. Benjamin，*Passagen-Werk*，P. 680，citing Salvador Dalí，“L’Ane pourri”，in Surréalisme au service de la Révolution，vol. 1 (Paris，1930)，p. 12. 最初的“运用技术”的尝试是现实主义，而后是新艺术运动。

19. Benjamin，*Passagen-Werk*，p. 694.

20. Benjamin，*Passagen-Werk*，pp. 693，118.

21. 关于马克思·恩斯特和关于“机械的装饰”有号召力的文字，参见：

Giedion's *Mechanization Takes Command* (New York: (Oxford University Press, 1948), pp. 360-361, 387-388.

22. *Mechanization Takes Command*, p. 388. 文中讨论的插图 (fig. 199, P. 341) 是恩斯特（Ernst）的《巢穴里的尖叫……》（Night Shrieks in Her Lair . . .）（来自 La Femme 100 têtes (Paris, 1929)）。

23. Le Corbusier, *Decorative Art of Today*, p. 77.

24. See Jean-Francois Lyotard, *Les TRANSformateurs DUchamp* (Paris: Galilée, 1977) pp. 46-47.

25. Jardine, "Of Bodies and Technologies", p. 157.

26. Michel de Certeau, *The Practice of Everyday Life*, translated by Steven Rendall (Berkeley and Los Angeles: University of California Press, 1984), p. 147.

27. Le Corbusier, *L'Art decoratif d'aujourd'hui* (Paris, 1925), pp. 76, 79.

28. Jardine, "Of Bodies and Technologies", p. 155.

29. Alfred Jarry, *Les Jours et les nuits* (Paris, 1897), ated in de Certeau, *The Practice of Everyday Life*, p. 151.

30. Haraway, "Manifesto for Cyborgs", p. 194.

31. 参见米歇尔·德·塞尔托关于"半机械人系统"的描述。它"自己向前发展，自我推动，并且是技术统治论的；它将控制的主体变成曾经操纵它们的写作机器的操作者。这是一个半机械人社会"。（The Practice of Everyday Life, p. 136）

32. De Certeau, *The Practice of Everyday Life*, p. 146.

33. William Gibson, *Neuromancer* (New York: The Berkeley Publishing Group, 1984) p. 11.

34. William Gibson, "Johnny Mnemonic", in *Burning Chrome* (New York: The Berkeley Publishing Group, 1986), pp. 13-14.

35. 参见：Mahmoud Sami-Ali, *Le banal* (Paris, 1980).

36. Theodor Adorno, *Stadien auf dem Lebensweq* (Jena, 1914), 1: 289:“乡愁来源于距离的拉开。欣赏它的艺术就在于在家里感受它，需要魔术师般的精湛技巧。”

37. Jardine,“Of Bodies and Technologies”, p. 171. 贾丁列出了四种对哈拉维描写的“半机械人的放荡”的反映。第一种是反技术的立场。它的回归自然的伪装在政治上是左翼的，而它的反堕胎的假象则是坚定的右翼的。第二种是推崇技术的立场，它对无论怎样的用意都会说“去吧，做个半机械人，会很好的”。第三种立场会认为技术是男人从真正的女人中解放的方法。投入生殖技术，以耗尽女人身体里的最后的女性。第四种立场是第三种的疯狂变形，就是把机器想象成女人。这两个版本的基础看似母性身体的男性幻影，通过心理分析被神秘化。这些版本使半机械人这个概念具体化，但没有一个是接受哈拉维（Haraway）的政治讽刺立场。

38. Haraway,“Manifesto for Cyborgs”, p. 173.

39. 在哈拉维比较乌托邦的时期，半机械人“性交”被描述为恢复“那些可爱的复制的蕨类和无脊椎动物的奇形怪状。其中的一个版本是查尔斯·傅立叶关于第三种性别的梦”。“Manifesto for Cyborgs”, p.174.

第三部分　空间

黑暗空间

1. François Delaporte, in *Disease and Civilization: The Cholera Epidemic in Paris*, 1832, translated by Arthur Goldhammer (Cambridge, Mass.: MIT Press, 1986), characterized these realms as follows (p. 80):“生活环境对两打领域有影响。其一是在身体里，另一是在身体之外：有机空间和社会空间。社会空间是生物生活生息的空间，在其中存在的条件——生活条件，决定生存和死亡的几率。”

2. Michel Foucault,“The Eye of Power”, in *Power/Knowledge: Selected Interviews and Other Writings 1972—1977*, edited by Colin Gordon (New York: Pantheon Books, 1980), pp. 153, 154.

3. Etienne-Louis Boullée, *Architecture. Essai sur l'art*, texts selected and presented by Jean-Marie Pérouse de Montclos (Paris: Hermann, 1968), p. 113.

4. Boullée, *Architecture*, pp. 136, 78.

5. Sarah Kofman, *The Childhood of Art: An Inlerpretation of Freud's Aesthetics*, translated by Winifred Woodhull (New York, 1988), p. 128.

6. Roger Caillois, "Mimicry and Legendary Psychasthenia", translated by John Shepley, in *October: The First Decade, 1976—1986*, edited by Annette Michelson, Rosalind Krauss, Douglas Crimp, and Joan Copjec (Cambridge, Mass.: MIT Press, 1987), p. 70. Caillois's essay was first published in *Le Mythe et l'homme* (Paris: Gallimard, 1938), and in a shortened version in *Minotaure* a year before.

7. Caillois, "Mimicry and Legendary Psychasthenia", p. 72.

8. Eugène Minkowski, *Lived Time: Phenomenological and Psychopathological Studies*, translated and with an introduction by Nancy Metzel (Evanston: Northwestern University Press, 1970), p. 427.

9. Caillois, "Mimicry and Legendary Psychasthenia", p. 72. Caillois is quoting from Eugène Minkwoski, "Le temps vécu," Etudes phenomenologiques et psychopathologiques (Paris, 1933), pp. 382-398.

后城市主义

1. Albert Camus, "A Short Guide to Towns without a Past", in Lyrical and Critical Essays, edited by Philip Thody and translated by Ellen Conroy Kennedy (New York: Vintage Books, 1970), p. 143. First published in 1947, this essay appeared in the collection L'été (Paris, 1954).

2. Alois Riegl, "The Modern Cult of Monuments: Its Character and Origin", translated by Kurt W. Forster and Diane Ghirardo, oppositions 25 (Fall 1982): 21.

3. Quintillian, Institutio oratoria, XI, ii. 17-22, quoted in Frances Yates, The Art of Memory (London: Routledge and Kegan Paul, 1966), p. 37.

4. Sartre, Being and Nothingness, p. 10.

5. Peter Handke, Across, translated by Ralph Manheim (New York: Farrar, Straus and Giroux, 1986), pp. 27, 11, 66, 67.

6. Berthold Brecht, quoted in Walter Benjamin, *Understanding Brecht*, translated by Anna Bostock (London: New Left Books, 1973), pp. 59, 60. Benjamin is quoting from the first poem in Brecht's *Handbook for City Dwellers.*

7. Robert Musil, *The Man without Qualities*, translated and with a foreword by Eithne Wilkins and Ernst Kaiser, 3 vols. (London: Picador, 1954), 1: 1.

心理的都会

1. Karel Teige, "Mundaneum", translated by Ladislav and Elizabeth Holovsky and Lubamir Dolezel, *Oppositions 4* (October 1974): 89. This criticism was first published in *Stavba 7* (1929): 145.

2. Roland Barthes, *Leçon inaugurale de la chaire de sémiologie littéraire du Collège de France* (Paris: Seuil, 1978), p. 23.

3. Pierre Fontanier, *Les Figures du discours* (Paris: Flammarion, 1977), p. 146.

4. Hayden White, *Metahistory: The Historical Imagination in Nineteenth-Century Europe* (Baltimore: The Johns Hopkins University Press, 1973), p. 38.

5. Rem Koolhaas, *Delirious New York: A Retrospective Manifesto for Manhattan* (New York Oxford University Press, 1978).

6. Michel Foucault, "Language to Infinity", in *Language, Counter-Memory, Practice Selected Essays and Interviews*, edited and translated by Donald F. Bouchard (Ithaca: Cornell University Press, 1977).

7. Roland Barthes, *Sade*, *Fourier*, *Loyola* (Paris: Seuil, 1971).

梦幻症

1. Le Corbusier, *Urbanisme* (Paris, 1925), p. 280.

2. Maurice Halbwachs, *La Mémoire collective*, preface by Jean Duvignaud (Paris: Presses Universitaires de France, 1968), p. 134.

3. Halbwachs, *La Mémoire collective*, p. 133.

4. Julien Gracq, *La Forme* d'u*ne ville* (Paris: José Corti, 1985), p. 213.

流浪者建筑

1. John Hejduk, *Vladivostock* (New York: Rizzoli, 1989), p. 15.

2. John Hejduk, *Victims* (London: The Architectural Assoaation, 1986).

3. Kristin Ross, *The Emergence of Social space*: *Rimbaud and the Paris Commune* (Minneapolis: University of Minnesota Press, 1988), pp. 55-59, 17. 罗斯（Ross）从这本书中作了引用：Theodore Homberg, *Etudes sur le vagabondagt* (Paris: Forestier, 1880), p. ix.

4. Benjamin, *Passagen-Werk*, p. 614.

5. Guillaume Apollinaire, L'A*ntitradition futuriste* (Milan: Direction du Mouvement Futuriste, [1913]), pp. 1-2.

6. Michel Beaujour, "Qu'est-ce que Nadja? " *Nouvelle Revue Fran ξ aise* 15, no. 172 (April1967): 797-798, cited in Dawn Ades, "La Photographie et le texte surréaliste", *Explosante-Fixe* (Paris: Hazan), pp. 161-163.

7. "Définitions", *Internationale situationniste* 1 (June 1958): 13.

8. *Internationale situationniste 1* (June 1958): 28.

9. Abdelhafid Khatib, "Essai de description psychogéographique des Halles", *Inter nationale situationniste* 2 (December 1958): 13-17.

10. "Définitions", p. 13.

11. "Définitions", p. 13.

12. Gilles Ivain, "Formulaire pour un urbanisme nouveau", *Internationale situationniste* 1 (June 1958): 19.

13. Constant, "New Babylon", in Ulrich Conrads, *Programs and Manifestos on 20th Century Architecture*, translated by Michael Bullock (Cambridge, Mass.: MIT Press, 1970), p. 178.

14. Constant, "Description de la zone jaune", *Internationale situationniste* 4 (June 1960): 23-26.

15. Gilles Deleuze and Félix Guattari, *Nomadology: The War Machine*, translated by Brian Massumi (New York: Semiotext(e), 1986), pp. 50-53.

16. Michael Ignatieff, *The Needs of Strangers* (Harmondsworth: Penguin Books, 1985).

透明性

1. Sigfried Giedion, *Bauen in Frankreich* (Berlin, 1928), p. 85, quoted in Benjamin *Passagen-Werk*, p. 533.

2. Walter Benjamin, "Die Wiederkehr des Flaneurs", in *Gesammelte Schriften*, 7 vols., edited by Rolf Tiedemann and Hermann Schweppenhauser (Frankfurt am Main Suhrkamp Verlag, 1972ff.), 3: 168.

3. André Breton, *Nadja* (Paris: Gallimard, 1964), pp. 18-19.

4. Benjamin, "Surrealism", in *Reflections: Essays, Aphonrisms, Autobiographical Writings*, edited by Peter Demetz, translated by Edmund Jephcott (New York: Harcourt Brace Jovanovich, 1978), 180.

5. Bataille, *Oeuvres complètes*, 1：197.

6. Colin Rowe, "Transparency：Literal and Phenomenal" (with Robert Slutzky), in *The Mathematics of the Ideal Villa*, pp. 160-176.

7. Guy de Maupassant, "Le Horla", in *Le Horla et autres contes d'angoisse* (Paris：Garnier- Flammarion, 1984), pp. 77- 80.

8. Sarah Kofman, *The Childhood of Art：An Interpretation of Freud's Aesthetics*, translated by Winifred Woodhull (New York：Columbia University Press, 1988), p. 128.

9. Mahmoud Sami-Ali, "L'espace de l'inquiétante étrangeté," *Nouvelle Revue de Psychanalyse* 9 (Spring 1974)：33, 43.

10. Jacques Lacan, *Ecrits, a Selection*, translated by Alan Sheridan (New York：Norcon, 1977), p. 5.

11. Lacan, *Ecrits*, p. 4.

12. Jacques Lacan, "Le Stade du miroir", in *Ecrits*, 2 vols. (Paris：Seuil, 1966), 1：94 维德勒（Vidler）的翻译。

13. Victor Burgin, "Paranoiac Space", *New Formations* 12 (Winter 1990)：61-75.

14. Jacques Lacan, unpublished seminar, "L'Angoisse", 19 December 1962.

致谢

插图部分

约翰·海杜克,《无家可归者的家》(House for the Homeless), 发表于: Vladivostock (New York: Rizzoli, 1989), p.147.

维克托·雨果,《闹鬼的宅子》(La Maison visionnée) [朴兰山之宅, 格恩西岛 (House at Pleinmont, Guernsey)], 1866.

蓝天组, "维克托宅之二" (House Vektor II) (Haus Meier-Hahn), 杜塞尔多夫 (Düsseldorf).

卡尔·弗雷德里克·申克尔 (Karl Freidrich Schnikel), 阿尔特美术馆 (Altes Museum), 柏林, 建筑平面.

詹姆斯·斯特林, 斯图加特新美术馆 (the New Staatsgalerie in Stuttgart) 建筑平面, 发表于: Assemblage 9 (1989): 50-51.

伯纳德·屈米, 拉维莱特公园 (Park of La Villette), 巴黎, 设计项目.

彼得·埃森曼,《罗密欧与朱丽叶》(Romeo and Juliet project), 模型照片.

伊丽莎白·迪勒和里卡多·斯科菲迪欧,《躺着也行》, 装置设计, 帽街, 旧金山 (Cap Street, San Francisco).

艾蒂安-路易·部雷,《死亡神庙》(Temple of Death, c. 1790. Bibliothèque Natioale).

让-克劳戴尔·戈特朗,《厅》(Les Halles), 1971, 照片.

都市建筑工作室 (The Office of Metropolitan Architecture), 玛德琳·弗里森多夫 (Madelon Vriesendorp),《无限弗洛伊德》(Freud Unlimited).

维姆·凡·登·贝格,《半透明城市》(Translucent City) 鹿特丹市北中心 (North Urban Core, Rotterdam).

约翰·海杜克,《客体 / 主体》(Object/Subject),《里加》(Riga) 发表于: Vladivostock (New York: Rizzoli, 1989), p.49.

都市建筑工作室 (The Office of Metropolitan Architecture) [雷姆·库哈斯] 国家图书馆, 巴黎, 竞赛项目, 建筑立面。摄影: 汉斯·沃勒曼 (Hans Werleman) 忙乱摄影 (Hectic Pictures), 1989.

出版

第一部分《住宅》的部分章节首次发表于“The Architecture of the Uncanny：The Unhomely Houses of the Roamntic Sublime from Hoffmann to Freud”，*Assemblage 3*，Spring 1987。《被肢解的建筑》曾以不同的形式发表于“The Building in Pain：The Body and Architecutre in Post-Modern Culture，”*AA Files*，19，1990。《失面》曾发表于*Assemblage 9*，1989。《诡计 / 踪迹》曾发表于Bernard Tschumi，*La Case Vide*，London，The Architectural Association，1986，以及“The Pleasure of the Architect：On the Work of Bernard Tschumi”，*A+U*，September 1988。《移位的地面》曾发表于“After the End-of-the-Line：Notes on the Architecture of Peter Eisenman”，*A+U*，special issue，Spring-Summer，1988；以及“Counter-Monumentality in Practice：Peter Eisenman's Wexner Center”，*The Wexner Center for the Visual Arts. The Ohio State University*，New York，Rizzoli and The Ohio State University Press，1989。《半机械人的家》曾以减短的版本发表于“Home for Cyborgs：Domestic Prostheses from Salvador Dali to Elizabeth Diller and Ricardo Scofidio”，*Ottagono*，Winter 1990。《黑暗空间》曾发表于Frances Morin，ed.，*The Interrupted Life*，New York，The New Museum of Contemporary Art，1991。《心理的都会》首次不同的形式发表于“The Ironies of Metropolis：Notes on the Work of OMA”，*Skyline*，May 1982。《梦幻症》曾发表于“The Resistance of the City：Notes on the Urban Architecture of Wiel Arets”，introduction to *Wiel Arets Architect*，Rotterdam，1989。《流浪者建筑》曾发表于*Lotus International*，Spring 1991。《透明性》曾发表于*Anyone*，1992。

索引

本索引列出页码均为原英文版页码。为方便读者检索，已将英文版页码作为边码附在中文版两侧相应位置。

C

D

G

H

K

L

N

O

P

译后记

本书融汇了文学、哲学、政治、心理学，以及建筑学的有关素材，对异样性（uncanny，德语：unheimlich）自两百年前的起源，到近现代在艺术、设计和社会领域的影响， 进行了深入论述和解析。围绕着异样性这个关键概念与内涵，安东尼·维德勒追溯了19世纪早期文学史，涉及浪漫主义关于闹鬼住宅这一反复出现的主题，以及之后美学和心理学对非凡（the sublime）和无意识（the unconscious）的关注与讨论。在本书的阐述中，著名的文学家及其作品成为对异样性进行定义的基石，例如，E·T·A·霍夫曼、唐纳·哈拉维、威廉·吉布森等。有影响的哲学家及其作品对异样性的思辨提供了理论视角，比如，雅克·拉康、沃尔特·本雅明、乔治·巴塔伊、罗杰·凯卢瓦（Roger Caillois）。同时，本书还引入了超现实主义和情境主义等背景。维德勒基于其独特的理论框架和视角，对20世纪的建筑和城市设计展开了观点犀利的评论，诸如，蓝天组、詹姆斯·斯特林、伯纳德·屈米（Bernard Tschumi）、彼得·埃森曼、伊丽莎白·迪勒和里卡多·斯科菲迪欧、雷姆·库哈斯和OMA、维尔·阿瑞兹和约翰·海杜克。

以异样性这个概念融汇多维考量，并不偶然。2012年春，我对安东尼·维德勒在库柏联盟作了第二次采访，并专门谈及不仅是本书，更是关于采取异样性这个解析视角的缘由。维德勒回忆道，在20世纪80年代，他被邀请主持一个有关神话故事的会议，会上一位普林斯顿大学德国语言与文学系的教授建议他看看德国浪漫主义早期作家霍夫曼的作品，这个建议促使他对此问题进行更深刻的思考和探索。维德勒一直对《异样性》（The Uncanny）一书的著者弗洛伊德感兴趣，对霍夫曼的关注，尤其是霍夫曼的《睡魔》和《议员克雷斯佩尔》（Councillor Krespel）这两本书，展开了维德勒对异样性的更为广泛的观察视角。正如维德勒所说："让我感到触动的是霍夫曼和弗洛伊德在思考异样性时，都没有仅仅把它看作是一种心理感觉，而是将其看作是一种源于空间的感受——一种既是情感上也是空间上的感受。"

异样性可以是一种情感，一种归属个人的感受和认知的境界，同时也是理性的，值得注意的是，异样性是一个多义的和微妙的理论概念。《建筑的异样性》对"uncanny"的讨论基点是弗洛伊德的《异样性》。"Heimlich"在德语中的意思是"平常的”，但unheimlich既有“不平常”也有“异样”的含义。在《异样性》中，弗洛伊德试图将“uncanny-ness”和恐惧、害怕进行区分，异样性是一种令人不安的感觉，却不是极度恐惧。弗洛伊德还将异样性作为一个美学的范畴，与埃德蒙·伯克提出的非凡感进行比较。伯克的非凡感是一种来自于对死亡本身的恐惧的不安，于弗洛伊德而言，异样性则是一种细微而意义重大的情感。或者说，相比非凡感，异样性是一种寻常的心理感受。

异样性是因个体和空间中或事件里的某种元素之间的关系而产生的。空间或事件激发了个体在历史无意识中潜在的意识，因此，异样性可以是一种个人化的认知和感悟。维德勒这样概括：“当人有一种似曾相识的奇怪感觉时，所迸发出的就是异样感。你明明在一个地方，却又感到它很遥远，或者感到自己被从这个地方转移了。这使我想到，在最近许多试图动摇、‘分解’现代建筑作品的纯净性的背后隐藏着一个相似的过程。因此，它触动我的是，将其作为一个重要的主题或比喻，从不同的角度看待当代建筑对现代主义抽象概念表层的突破与超越。”

但是，建筑自身在本质上不是异样的，也无法把异样性定为设计目的。对某个人异样的空间未必对其他人异样。既然异样性不具备普适性，讨论异样性的意义又何在呢？我认为，对异样性的意识可以是一种认知与感悟的机制。它引导我们感知自身，觉察自身与客观空间的关系，以及与潜在的恐惧之间的关系。当这些曾经是无意识的感觉，成为有意识的认知，然后或许再回归到不着意的感悟，我们对自身和环境的认知敏感性或许就在这个循环的过程中被陶冶和升华了。而敏感性，无论对于理性或感性，抑或对于推理或直觉，都是至关重要的。

异样性具备举足轻重的社会相关性。异样性曾以不同的形式，出现在浪漫主义、现代主义以及后现代主义的作品中。对异样性在文学、哲学、心理学中的多元理解，有助于我们解读建筑学中有关现代性的疏远、陌生以及怀旧等情境。对于现代性的恍惚与不安，终于可以借助异样性这个认知的线索，在过去两百多年的历史中找到了理解的根基。维德勒在书的前言中写道，“从18世纪末开始，建筑与异样性的概念紧密相连。”在18世纪末的启蒙运动过程中出现个体意识。个体依赖认知存在，其思想源自外部世界，也因此越来越脱离了依赖于宗教规则下的安全感。世俗化和科学思想能够解释这个世界，却不能使它变得稳定可靠。受到启蒙的自我是一个孤独的自我，总会受到所有不可控的自然力量和社会动荡的影响。在过去的两个世纪中，由于工业化及大都市文化快速转变，个体有可能在不同时刻感受到某种异化的空间体验或转变。因此，异化的问题，空间恐惧的问题在现代比较普遍并且值得关注。恐惧，无论是强烈的恐惧感，或者仅仅是个体对于无法掌控环境的担心，从19

世纪末已开始影响和支配着城市中的日常生活。正如维德勒总结的，恐惧是当代世界政治的助推器。这种恐惧的诱发时常是以一种神出鬼没的异样作为途径。因此，《建筑的异样性》不仅是一部关于建筑和艺术的评论，更是一部从个体的视角去体察社会空间的一种辨析。

《建筑的异样性》与《扭曲的空间》（Warped Space）是姊妹篇。前者勾画了一种不稳定的情景，论及建筑内部空间以及家居的不稳定感。后者是同一主题在更大范围的扩展。《扭曲的空间》与恐惧症有关，包括心理学家、心理分析家和哲学家在现代空间——大都市空间——的形成与发展过程中，发现的广场恐惧症、幽闭恐惧症等所有的恐惧症反应。

《建筑的异样性》由安东尼·维德勒著于1993年，22年后的现在，这本著作终于能够与中文读者见面。在向本书原作者致贺的同时，我也为有幸对此书的中译版助一臂之力而深感荣幸。但翻译工作毕竟是一门专门的学问，加之阅读和翻译本书的特殊难度在于，它其实是一部比较文学的论著，对我的学术背景而言，具有一定的挑战性。为此，我十分感谢孟博恩博士（Brian McNeil）。他从比较文学的角度，帮助我加深了对异样性的文脉的理解，从理念把握到细节推敲，使翻译超越了文字层面。我同时希望现译本中可能的欠妥帖之处，能与读者们共同切磋。

与其他的任何事情一样，本书的翻译是一个协作努力的结果。感谢中国东南大学建筑系的李华博士和葛明博士对我的信任。他们两位在建筑论坛孜孜不倦的耕耘，对中国建筑理论的推进意义重大。具体的翻译工作得到了多方的支持：姜芃翻博士译了其中的三章的第一稿（《活埋》、《被肢解的建筑》和《失面》）；金成先生翻译了《诡计/踪迹》的第一稿；贺镇东教授对全书译文做了细致的斟酌和调整。美国得克萨斯州布林大学文学系的伊潄·匡特里尔（Esther Quantrill）博士、美国佐治亚理工大学建筑系的索尼特·巴弗那（Sonit Bafna）博士、美国得克萨斯大学建筑系的彼得·朗（Peter Lang）博士和克雷格·贝布（Craig Babe）教授，为翻译的疑难之处给予了热情的帮助。中国建筑工业出版社的编辑戚琳琳和李婧为本书的出版提供了不遗余力的支持。以上各位投入的时间和精力，为翻译的完成提供了有力的推动。

最后，我要深切感谢《建筑的异样性》的作者——安东尼·维德勒博士。他对中国建筑理论界和中国当代发展的关注，他在百忙之中找到最为便利的时间与我进行会面访谈，更有他博学严谨的从容态度以及德高望重的学者风范，都成为对本书翻译工作过程的坚实支持。

安东尼·维德勒被学界誉为对现代时期最为善于表达的建筑历史学家，以及对二次世界大战后的先锋派思潮最有共鸣的评论家。本书中的文章虽然陆续发表于1982年至1992年之间，但是维德勒对异样性的直觉，则无可否认地从他儿时在伦敦躲避二战德军轰炸时就开始萌发了。维德勒打趣地说，熟悉他的人说这本书是他的自传。毋庸多言，让我们审慎地步入异样性这个社会与个体、城市与建筑的交汇空间，分享这本著作的丰富内涵以及源自于作者隽智与深思的心灵感悟吧。

贺玮玲

2015年7月

大学城，得克萨斯

著作权合同登记图字：01-2017-6471号

图书在版编目（CIP）数据

建筑的异样性：关于现代不寻常感的探寻／(美)维德勒著；贺玮玲译．—北京：中国建筑工业出版社，2017.12（2023.7重印）
(AS当代建筑理论论坛系列读本)
ISBN 978-7-112-21333-7

Ⅰ．①建…　Ⅱ．①维…　②贺…　Ⅲ．①建筑艺术－艺术评论－世界
Ⅳ．①TU-861

中国版本图书馆CIP数据核字（2017）第248798号

责任编辑：戚琳琳　李　婧
责任校对：芦欣甜　焦　乐
封面设计：邵星宇
版式设计：刘筱丹

AS当代建筑理论论坛系列读本
建筑的异样性：关于现代不寻常感的探寻
[美]安东尼·维德勒　著
贺玮玲　译
贺镇东　校

*
中国建筑工业出版社出版、发行（北京海淀三里河路9号）
各地新华书店、建筑书店经销
北京锋尚制版有限公司制版
建工社（河北）印刷有限公司印刷
*
开本：850×1168毫米　1/16　印张：14¾　字数：273千字
2018年1月第一版　2023年7月第二次印刷
定价：55.00元
ISBN 978－7－112－21333－7
(31034)